VDE-Schriftenreihe **69**

Zu den Autoren

Dipl.-Ing. **Norbert Barz** (Jahrgang 1951) begann seine berufliche Laufbahn im Januar 1991 im Bundesministerium für Arbeit und Soziales in der Abteilung Arbeitsrecht/Arbeitsschutz. Ab 1999 leitete er dort das Referat, in dessen Zuständigkeitsbereich Fragen der Gerätesicherheit – insbesondere der Elektro- und Maschinensicherheit – sowie Grundsatzfragen der Normung fallen. Im November 2005 übernahm er im Bundesministerium für Wirtschaft und Technologie das Referat, das u. a. für die Themen Normung, Konformitätsbewertung und Messwesen zuständig ist.

Dipl.-Ing. **Dirk Moritz** (Jahrgang 1965) ist seit Dezember 1999 als Referent im Bundesministerium für Arbeit und Soziales tätig. Hier ist er, nachdem er in den Jahren 1995 bis 1999 als Mitarbeiter einer gewerblichen Berufsgenossenschaft umfangreiche Erfahrungen im Bereich des Arbeitsschutzes sammeln konnte, mit Fragen der Geräte- und Produktsicherheit befasst, insbesondere im Bereich der Elektroprodukte.

Die Autoren vertreten die Bundesregierung in den entsprechenden Arbeitsgremien der EU-Kommission und leiten die diesbezüglichen nationalen Beraterkreise. Wegen der Bedeutung der Normung für die Konkretisierung der grundlegenden Sicherheitsanforderungen in den sogenannten Binnenmarkt-Richtlinien arbeiten die Autoren in den verschiedenen Lenkungsgremien in Brüssel sowie beim DIN und der DKE mit.
Der europäische Leitfaden zur Anwendung der Niederspannungsrichtlinie wurde von ihnen initiiert und maßgeblich mitgestaltet.

VDE-Schriftenreihe Normen verständlich **69**

EG-Niederspannungsrichtlinie

Erläuterungen der Richtlinie, ihre Umsetzung in deutsches Recht und Anwendungsfragen

Dipl.-Ing. Norbert Barz
Dipl.-Ing. Dirk Moritz

3., aktualisierte Auflage 2008

VDE VERLAG GMBH • Berlin • Offenbach

Auszüge aus DIN-Normen mit VDE-Klassifikation sind für die angemeldete limitierte Auflage-wiedergegeben mit Genehmigung des DIN Deutsches Institut für Normung e.V. und des VDE Verband der Elektrotechnik Elektronik Informationstechnik e. V. Für weitere Wiedergaben oder Auflagen ist eine gesonderte Genehmigung erforderlich. Die zusätzlichen Erläuterungen geben die Auffassung der Autoren wieder. Maßgebend für das Anwenden der Normen sind deren Fassungen mit dem neuesten Ausgabedatum, die bei der VDE VERLAG GMBH, Bismarck-straße 33, 10625 Berlin und der Beuth Verlag GmbH, Burggrafenstraße 6, 10787 Berlin erhältlich sind.

Bibliografische Information der Deutschen Nationalbibliothek
Die Deutsche Nationalbibliothek verzeichnet diese Publikation in der Deutschen National-bibliografie; detaillierte bibliografische Daten sind im Internet über http://dnb.d-nb.de abrufbar:

ISBN 978-3-8007-3105-3

ISSN 0506-6719

© 2008   VDE VERLAG GMBH, Berlin und Offenbach
Bismarckstraße 33, 10625 Berlin

Alle Rechte vorbehalten

Satz: Manuela Treindl, Laaber
Druck: H. Heenemann GmbH & Co, Berlin
Printed in Germany   2008-06

Inhalt

0	**Einleitung**	**7**
1	**Der Binnenmarkt – technische Rechtsangleichung in Europa**	**11**
1.1	Allgemeines	11
1.2	Die Hauptelemente der technischen Rechtsangleichung	12
1.2.1	Das EG-Informationsverfahren	12
1.2.2	Die neue Konzeption der technischen Harmonisierung	13
1.2.3	Die Einheitliche Europäische Akte	14
1.2.4	Die Bedeutung der Normung für die technische Harmonisierung	16
1.2.5	Die Konformitätsbewertungsverfahren	18
1.2.6	Die CE-Kennzeichnung	20
1.3	Wichtige Binnenmarktrichtlinien	21
2	**Die Niederspannungsrichtlinie**	**25**
2.1	Text der Richtlinie für elektrische Betriebsmittel (2006/95/EG)	25
2.2	Die Umsetzung in nationales Recht	36
2.2.1	Allgemeines	36
2.2.2	Das Geräte- und Produktsicherheitsgesetz (GPSG)	36
2.2.3	Erste Verordnung zum GPSG – Elektrische Betriebsmittel	39
2.2.4	Weitere nicht rechtliche Umsetzungsmaßnahmen	42
2.2.5	Marktüberwachung	43
2.3	Anwendung der Niederspannungsrichtlinie	44
2.3.1	Offizieller Leitfaden der EU-Kommission zur Anwendung der Richtlinie 2006/95/EG	44
2.3.2	Begriffsbestimmungen	70
2.3.3	Geltungsbereich	73
2.3.4	Voraussetzungen für das Inverkehrbringen	77
2.3.5	Einander ergänzende gemeinschaftliche Rechtsvorschriften im Bereich elektrischer Betriebsmittel	79
2.3.6	Konformitätsbewertungsverfahren	86
2.3.7	Technische Unterlagen	87
2.3.8	CE-Konformitätskennzeichnung	88
2.3.9	Konformitätserklärung	89
2.3.10	Schutzklauselverfahren	91
2.3.11	Die in Artikel 11 genannten Stellen	92
2.3.12	Harmonisierte Normen	93
3	**Anhang**	**95**
3.1	Geräte- und Produktsicherheitsgesetz	95
3.2	Verzeichnis der deutschen notifizierten Stellen	121
3.3	Normenverzeichnis	124
Stichwortverzeichnis		**229**

0 Einleitung

Europa verändert fast täglich sein Gesicht. Mit dem Beitritt von Bulgarien und Rumänien zum 01.01.2007 bilden nunmehr 27 Staaten die Europäische Union. Kernstück des geeinten Europas ist der **Binnenmarkt,** ein Raum ohne Binnengrenzen, in dem der freie Verkehr von Waren, Personen, Dienstleistungen und Kapital gewährleistet ist. Mit der 1989 beschlossenen Sozialcharta wurde klargestellt, dass mit der wirtschaftlichen Entwicklung eine soziale Annäherung der Mitgliedstaaten einhergehen muss.
Fragen der Sicherheit spielen in Wirtschafts- und Sozialpolitik gleichermaßen eine maßgebliche Rolle. Geht es im Bereich der **technischen Harmonisierung,** der wohl wichtigsten Voraussetzung zum Abbau von Handelshemmnissen, primär um Produkt- und Anlagensicherheit, besteht ein zentrales Anliegen **europäischer Sozialpolitik** darin, die Arbeitsumwelt zu verbessern, um so zum Schutz der Gesundheit und der Sicherheit der Arbeitnehmer beizutragen.
Das bedeutet, Unternehmen sind zumeist in zweierlei Hinsicht vom europäischen Recht betroffen: als Hersteller von Produkten, die im Binnenmarkt vertrieben werden sollen, und als Arbeitgeber mit entsprechenden sozialen Pflichten gegenüber den Beschäftigten.
Für den weitaus größten Teil der Produkte können die Hersteller auf die Freiverkehrsgarantien der Binnenmarktrichtlinien zurückgreifen. Bisherige Erfahrungen zeigen jedoch, dass die Unternehmen häufig zu spät auf die neue Situation eingestellt sind und die Vorteile des einheitlichen Markts nicht oder mit einer gewissen Skepsis angenommen werden.
Bislang hat sich die **Niederspannungsrichtlinie** (RL 2006/95/EG)[1] für den freien Warenverkehr elektrischer Betriebsmittel bewährt. Die ursprüngliche Version stammte aus dem Jahr 1973. Mit ihren sehr grundsätzlich gehaltenen Sicherheitsanforderungen einerseits und dem Verweis auf elektrotechnische Normen andererseits hat sie bereits sehr früh wesentliche Elemente des späteren **New Approach** („Neuer Ansatz"), einer Rechtssetzungstechnik, die heute Grundlage für die meisten Richtlinien des Binnenmarkts ist, vorweggenommen.
1993 wurde die Niederspannungsrichtlinie durch die sogenannte CE-Kennzeichnungsrichtlinie (RL 93/68/EWG)[2] geändert. Die Änderung betraf insbesondere die **Konformitätsbewertung und -kennzeichnung.** Sie war notwendig, um die Verfahren der Richtlinie den anderen Richtlinien nach dem Gesamtkonzept („Neuer Ansatz") anzupassen. Im Rahmen dieses Gesamtkonzepts wurden inzwischen über

---

1) Richtlinie (EG) Nr. 2006/95/EG des Europäischen Parlaments und des Rates vom 13. Dezember 2006 zur Angleichung der Rechtsvorschriften der Mitgliedstaaten betreffend elektrische Betriebsmittel zur Verwendung innerhalb bestimmter Spannungsgrenzen; ABl. EU L 473 vom 27.12.2006
2) Richtlinie des Rates vom 22. Juli 1993 zur Änderung der Richtlinien ... 73/23/EWG (elektrische Betriebsmittel innerhalb bestimmter Spannungsgrenzen); ABl. EG L 220 vom 30.08.1993, S. 1

Entstehungsgeschichte der Niederspannungsrichtlinie

1962	Beschluss zur Aufnahme von Harmonisierungsarbeiten
1966	Europäischer Studientag über Normung auf elektrotechnischem Gebiet
1968	Richtlinienvorschlag der EG-Kommission
1968	Erlass des Maschinenschutzgesetzes in Deutschland
1973	Verabschiedung der Niederspannungsrichtlinie 73/23/EWG
1985	Beschluss des Rates über die Konzeption für die technische Harmonisierung – „New Approach"
1992	Novelle des Gerätesicherheitsgesetzes
1993	Änderung der Niederspannungsrichtlinie durch die sogenannte CE-Kennzeichnungs-Richtlinie
2004	Geräte- und Produktsicherheitsgesetz
2008	EU-Verordnung und Beschluss zur Revision des „New Approach"
20xx	Revision der Niederspannungsrichtlinie?

Bild 1 Entstehungsgeschichte der Niederspannungsrichtlinie

25 Richtlinien auf der Grundlage des Artikels 95 EG-Vertrag erlassen, die unter bestimmten Voraussetzungen auch elektrische Betriebsmittel betreffen und die Niederspannungsrichtlinie ergänzen können. Im Jahr 2003 hat die EU-Kommission im Rahmen ihres Programms zur Rechtsbereinigung/Rechtsvereinfachung die Kodifizierung der Niederspannungsrichtlinie angestoßen. Dieses Vorhaben wurde mit dem Erlass der Richtlinie 2006/95/EG vom 12. Dezember 2006 zum Abschluss gebracht. Die Richtlinie wurde am 27.12.2006 im Amtsblatt der Europäischen Union veröffentlicht. Sie trat am 16. Januar 2007 in Kraft, gleichzeitig trat die Richtlinie 73/23/EWG außer Kraft. Die Richtlinie 2006/95/EG fasst die Richtlinien 73/23/EWG und 93/68/EWG zusammen und passt sie redaktionell an. Inhaltliche Änderungen wurden nicht vorgenommen, daher war eine Umsetzung in nationales Recht nicht erforderlich. Die Kodifizierung wurde jedoch auch zum Anlass genommen, Übersetzungsfehler in verschiedenen Sprachfassungen der Richtlinie 73/23/EWG zu bereinigen. Betroffen davon war auch die deutsche Sprachfassung. Dort heißt es in Artikel 10 Absatz 1: *„Die CE-Kennzeichnung gemäß Anhang III wird vom Hersteller oder seinem in der Gemeinschaft ansässigen Bevollmächtigten auf den elektrischen Betriebsmitteln **oder** auf der Verpackung bzw. der Gebrauchsanleitung oder dem Garantieschein sichtbar, leserlich und dauerhaft angebracht."* In Artikel 10 Nr. 1 der „neuen" Richtlinie 2006/95/EG heißt es nun: *„Die CE-Kennzeichnung gemäß Anhang III wird vom Hersteller oder seinem in der Gemeinschaft ansässigen Bevollmächtigten auf den elektrischen Betriebsmitteln **oder, sollte dies nicht möglich sein,** auf der Verpackung bzw. der Gebrauchsanleitung oder dem Garantieschein sichtbar, leserlich und dauerhaft angebracht."* Damit wird klargestellt, dass das Anbringen der CE-Kennzeichnung auf dem elektrischen Betriebsmittel selbst Vorrang hat vor anderen Lösungen. Diese Berichtigung der deutschen Sprachfassung musste in der deutschen Umsetzung der Niederspannungsrichtlinie (1. GPSGV) nachvollzogen

werden. Faktisch stellt diese Berichtigung jedoch keine Neuerung dar, da der Leitfaden zur „alten" Niederspannungsrichtlinie 73/23/EWG das bisherige „**oder**" schon immer im Sinne der neuen Textfassung interpretiert hatte. Die nationale Umsetzung der Niederspannungsrichtlinie erfolgt durch das Geräte- und Produktsicherheitsgesetz[3] und die darauf gestützte Erste Verordnung[4].

Rechtsgrundlage §

RICHTLINIE (EG) Nr. 2006/95/EG
DES EUROPÄISCHEN PARLAMENTS UND DES RATES

vom 12. Dezember 2006

zur Angleichung der Rechtsvorschriften der Mitgliedstaaten
betreffend
elektrische Betriebsmittel zur Verwendung
innerhalb bestimmter Spannungsgrenzen

Bild 2 Rechtsgrundlage

Umsetzung in deutsches Recht §

durch das

Gesetz über technische Arbeitsmittel und Verbraucherprodukte
(**Geräte- und Produktsicherheitsgesetz – GPSG**)
vom 06. Januar 2004 (BGBl. I S. 2 ff.)

und die

Erste Verordnung zum Geräte- und Produktsicherheitsgesetz
(1. GPSG-V)

Bild 3 Umsetzung in deutsches Recht

---

3) Geräte- und Produktsicherheitsgesetz vom 06. Januar 2004 (BGBl. I S. 2 (219)), zuletzt geändert durch Artikel 3 Absatz 33 des Gesetzes vom 07. Juli 2005 (BGBl. I S. 1970)
4) Erste Verordnung zum Geräte- und Produktsicherheitsgesetz (Verordnung über das Inverkehrbringen elektrischer Betriebsmittel zur Verwendung innerhalb bestimmter Spannungsgrenzen) vom 11. Juni 1979 (BGBl. I S. 629), Artikel 3 der Verordnung zur Änderung von § 3 des Geräte- und Produktsicherheitsgesetzes (Juni 2008)

1 Der Binnenmarkt – technische Rechtsangleichung in Europa

1.1 Allgemeines

Nach der Definition des EG-Vertrags umfasst der **Binnenmarkt** einen Raum ohne Binnengrenzen, in dem der **freie Verkehr** von Waren, Personen, Dienstleistungen und Kapital gemäß den Bestimmungen dieses Vertrags gewährleistet ist. Europäischen Unternehmen steht nunmehr ein Binnenmarkt offen, der die Absatzmärkte der amerikanischen und japanischen Konkurrenz im Umfang bei weitem übersteigt. Dies verschafft ihnen einen wesentlichen Vorsprung gegenüber ihren Konkurrenten auf den Weltmärkten.
Bereits seit der Gründung der Europäischen Gemeinschaft zählt die Arbeit zur **technischen Rechtsangleichung** zu einem wesentlichen Bestandteil des Instrumentariums zur Verwirklichung des Binnenmarkts, denn unterschiedliche **technische Vorschriften, Normen** sowie **Prüfungs- und Zulassungsverfahren** stellen erhebliche Handelshemmnisse im grenzüberschreitenden Warenverkehr dar.
Nach dem Willen der Gründungsväter der EG sollte für die Bereiche, in denen unterschiedliche nationale Regelwerke bestehen, die sich auf den grenzüberschreitenden Warenverkehr auswirken, ein europaweit einheitliches technisches Regelwerk geschaffen werden und an die Stelle der einzelstaatlichen Regelwerke treten. Der Abbau von technischen Handelshemmnissen steht seit jeher im Mittelpunkt aller Bemühungen um den gemeinsamen Markt.
Artikel 100 EWG-Vertrag ermächtigte den Ministerrat, zum Abbau der technischen Handelshemmnisse Maßnahmen zur Angleichung der Rechts- und Verwaltungsvorschriften der Mitgliedstaaten zu ergreifen und hierzu Richtlinien zu erlassen, die die Schaffung und das Funktionieren des Binnenmarkts zum Gegenstand haben.

Der europäische Binnenmarkt

	EU	USA
Fläche:	**4,3 Mio. km²**	9,6 Mio. km²
Einwohner:	**490 Mio.**	300 Mio.
BIP:	**11 000 Mrd. €**	10 000 Mrd. €

... der größte Wirtschaftsraum der Welt

Bild 4 Der europäische Binnenmarkt

Über Jahre hinweg hat sich die EG-Kommission bemüht, mit Hilfe von allgemeinen **Rahmenrichtlinien** und einer Vielzahl von **Einzelrichtlinien**, die zu bestimmten Produkten detaillierte Anforderungen enthalten, eine vollständige Harmonisierung zu erreichen. Dieser Strategie war bis auf wenige Ausnahmen kein Erfolg beschieden, denn es erwies sich als überaus schwierig, die Harmonisierung auf diesem Weg zügig voranzubringen. Bedingt durch das geltende Prinzip der Einstimmigkeit fanden Richtlinien technischen Inhalts im Rat häufig nicht die erforderliche Zustimmung aller Mitgliedstaaten. Darüber hinaus ergab sich das Problem, dass Gemeinschaftsbestimmungen für gewisse Produkte durch die langwierige Konsensfindung schon bei ihrer Verabschiedung veraltet waren. Es waren daher große Anstrengungen notwendig, um von 1969 bis 1980 etwa 200 Richtlinien zur Angleichung der technischen Rechtsvorschriften für gewerbliche Erzeugnisse gemäß Artikel 100 EWG-Vertrag (heute Artikel 95 EG Vertrag) zu verabschieden.

Das Streben der Kommission, auch die letzten technischen Details zu regeln, musste letztlich in eine Sackgasse führen, denn angesichts einer Gesamtzahl von rund 100 000 unterschiedlichen Einzelbestimmungen der Mitgliedstaaten ist die Fülle der technischen Sachverhalte viel zu groß, um sie mit vertretbarem Zeitaufwand in Richtlinien regeln zu können.

Grundlegende Schritte zur Beschleunigung bei dem Abbau von technischen Handelshemmnissen waren:

- das **Informationsverfahren** auf dem Gebiet der Normen und technischen Vorschriften
- die Entschließung des Rates vom Mai 1985 über eine **neue Konzeption** auf dem Gebiet der technischen Harmonisierung und der Normung
- das Inkrafttreten der **Einheitlichen Europäischen Akte** im Juli 1987
- das **globale Konzept** für **Zertifizierung** und **Prüfung** und der Beschluss des Rates über die in technischen Harmonisierungsrichtlinien zu verwendenden Module für die verschiedenen Phasen der Konformitätsbewertung

1.2 Die Hauptelemente der technischen Rechtsangleichung

1.2.1 Das EG-Informationsverfahren

Als ein Instrument zur Vermeidung von neuen Handelshemmnissen führte der Rat mit der im April 1984 in Kraft getretenen Richtlinie über ein Informationsverfahren auf dem Gebiet der Normen und technischen Vorschriften (heute Richtlinie 98/34/EG[5]) ein Verfahren ein, das die Mitgliedstaaten verpflichtet, sowohl die Entwürfe aller national geplanten technischen Vorschriften (Gesetze, Verordnungen, Unfallverhütungsvorschriften, Technische Regeln usw.) als auch die Entwürfe von Normen

---

5) Richtlinie 98/34/EG des Europäischen Parlaments und des Rates vom 22. Juni 1998 über ein Informationsverfahren auf dem Gebiet der Normen und technischen Vorschriften

im EG-Bereich transparent zu machen. Gleichzeitig kann die Kommission aus den notifizierten (gemeldeten) nationalen technischen Vorschriften und Normen den möglichen **Harmonisierungsbedarf** ableiten.

Von der Bundesregierung werden die Entwürfe von allen geplanten technischen Vorschriften, einschließlich dazugehöriger Begründungen, der EG-Kommission zur Kenntnis gegeben. Entsprechend der **EG-Informationsrichtlinie** sind anschließend **Stillhaltefristen** zu beachten. Innerhalb dieser Fristen können sowohl die Kommission als auch die übrigen Mitgliedstaaten zu den **notifizierten Vorschriften** Stellung nehmen und ggf. eigene Maßnahmen einleiten.

Mit der 1994 vorgenommenen Änderung soll noch wirksamer Handelshemmnissen vorgebeugt werden. Dies soll u. a. durch eine weitergehende Definition der „**Technischen Vorschrift**" erzielt werden. Nunmehr werden auch solche Vorschriften erfasst, die nur mittelbar auf den Binnenmarkt wirken.

Geändert wurden auch die **Stillhaltefristen**. Nach Artikel 9 sind Fristen von vier, sechs, zwölf bzw. achtzehn Monaten unter bestimmten Voraussetzungen einzuhalten.

1.2.2 Die neue Konzeption der technischen Harmonisierung

Die Einführung des **Informationssystems** für Normen und technische Vorschriften sowie das Versprechen eines zügigen Ausbaus der europäischen Normungskapazität waren die Vorstufen für die „Entschließung des Rates vom 07. Mai 1985 über eine neue Konzeption auf dem Gebiet der technischen Harmonisierung und der Normung". Dieser neue Ansatz schuf ein gänzlich neues Konzept einer zweistufig gegliederten technischen Harmonisierung. Statt technischer Einzelregelungen sollen nur noch die grundlegenden technischen Sicherheitsanforderungen in Richtlinien festgelegt werden.

Der neue Ansatz ist ein Mittelweg zwischen der Detailregelung früherer Richtlinien nach Artikel 100 EWG-Vertrag und der weitgefassten Generalklausel der **Niederspannungsrichtlinie**. Die Anwendung der neuen Konzeption ermöglicht es, den Umfang der technischen Details, die im Rat ausgehandelt werden müssen, erheblich zu verringern. In seiner Entschließung vom Mai 1985 billigte der Rat folgende Grundprinzipien:

1. In Richtlinien nach Artikel 100 EWG-Vertrag (heute Artikel 95 EG-Vertrag) wird die Harmonisierung der Rechtsvorschriften auf die Festlegung **grundlegender Sicherheitsanforderungen** beschränkt. Diese werden in der Richtlinie verbindlich festgelegt. Sie müssen allerdings ausreichend präzise sein, damit die Überwachungs- und Prüfstellen der Mitgliedstaaten daraus die notwendige Sicherheit ableiten können und die Nichteinhaltung dieser Grundsätze notfalls mit Strafe bedroht werden kann. Für Erzeugnisse, die diesen Anforderungen entsprechen, muss der **freie Warenverkehr** gewährleistet sein.
2. Zur Ausfüllung/Konkretisierung dieser grundlegenden Sicherheitsanforderungen dienen **harmonisierte Normen**. Den europäischen Normungsgremien CEN und

CENELEC werden unter Berücksichtigung des Stands der Technik die Aufgaben übertragen, **technische Normen** zu erarbeiten, damit Erzeugnisse hergestellt und in den Verkehr gebracht werden können, die den in den Richtlinien festgelegten grundlegenden Sicherheitsanforderungen entsprechen. Diese technischen Normen erhalten keinerlei obligatorischen Charakter, ihre Anwendung bleibt freiwillig.

3. Bei der Beachtung der den grundlegenden sicherheitstechnischen Anforderungen entsprechenden harmonisierten Normen sind die Behörden der Mitgliedstaaten verpflichtet, Richtlinienkonformität anzunehmen – **Vermutungswirkung der harmonisierten Normen.** Das bedeutet, dass der Hersteller die Wahl hat, nicht nach den Normen zu produzieren, dass aber in diesem Falle die Beweislast für die Übereinstimmung seiner Erzeugnisse mit den grundlegenden Anforderungen der jeweiligen EG-Richtlinie bei ihm liegt.

Entsprechend dem neuen Ansatz wird der Anwendungsbereich solcher Richtlinien mit Normenverweis nach großen Produktkategorien (Maschinenrichtlinie, Bauproduktenrichtlinie), dem abzudeckenden Gefahrentyp (Druckgeräterichtlinie) und/oder einem physikalischen Phänomen (Richtlinie über elektromagnetische Verträglichkeit) festgelegt und verhindert damit eine weitere Zunahme allzu zahlreicher technischer Einzelrichtlinien. Beabsichtigter Nebeneffekt ist die gezielte Förderung der Aufstellung europäischer Normen, deren Nutzen für eine bessere Wettbewerbsfähigkeit der europäischen Wirtschaft gleichzeitig betont wird.

1.2.3 Die Einheitliche Europäische Akte

Mit der am 01. Juli 1987 in Kraft getretenen **Einheitlichen Europäischen Akte** sind die Mitgliedstaaten der EG die politische Verpflichtung eingegangen, bis Ende 1992 den Europäischen Binnenmarkt zu verwirklichen.
Vor allem zwei grundlegende Neuerungen sind eingeführt worden:
Die erste wichtige Neuerung des EG-Vertrags infolge der Einheitlichen Europäischen Akte ist die Ergänzung durch Artikel 100a (heute Artikel 95 EGV[6]), der die Abkehr vom bislang geltenden Prinzip der Einstimmigkeit hin zum Prinzip einer **qualifizierten Mehrheit** bei Abstimmungen über Maßnahmen zur Verwirklichung eines gemeinsamen Binnenmarkts regelt. Des Weiteren verpflichtet Artikel 95 die Gemeinschaftsgesetzgeber, Recht auf einem möglichst hohen Niveau zu setzen. Gemäß Artikel 95 Absatz 3 EG-Vertrag geht die Kommission bei ihren Vorschlägen zur Vollendung des Binnenmarkts in den Bereichen Gesundheit, Sicherheit, Umweltschutz und Verbraucherschutz von einem hohen Schutzniveau aus.
Artikel 95 Absatz 4 EGV regelt das Recht der Mitgliedstaaten, strengere einzelstaatliche Bestimmungen anzuwenden, wenn dies zum Schutz der Arbeitsumwelt oder des Umweltschutzes gerechtfertigt ist.

---

6) Vertrag zur Gründung der Europäischen Gemeinschaft (EG) in der konsolidierten Fassung vom 24. Dezember 2002 (Amtsblatt der EU C 325)

Die auf Artikel 95 EGV gestützten Richtlinien sind stets abschließend, d. h., es ist keinerlei nationaler Spielraum mehr gegeben. Aus dieser Sicht ist der Hinweis auf ein **hohes Schutzniveau** von besonderer Bedeutung, bedenkt man, dass das vorrangige Ziel der Richtlinie wirtschafts- bzw. handelspolitischer Natur ist. Befürchtungen, dass sich das Schutzniveau irgendwo in der Mitte einpegelt, haben sich jedoch grundsätzlich nicht bestätigt. Offenbar ist dies ein Grund für Bestrebungen der Europäischen Kommission, die „Neue Konzeption" auch auf andere Gebiete anzuwenden. Andererseits ist die Diskussion über die Funktionsfähigkeit des Systems nicht abgeschlossen. Bezweifelt wird z. B., ob die grundlegenden Anforderungen der auf Artikel 95 EGV gestützten Richtlinien ausreichend präzise sind. Ein zu großer Interpretationsspielraum würde letztlich zu einem unterschiedlichen Sicherheitsniveau führen, d. h., eine **vollständige Harmonisierung** findet nicht statt.

Die Diskussionen über die Funktionsfähigkeit des Systems betreffen insbesondere die Normung. Zentrales Problem ist die rechtzeitige Bereitstellung praxistauglicher Normen.

Die zweite wichtige Neuerung des EG-Vertrags infolge der Einheitlichen Europäischen Akte ist die Ergänzung durch Artikel 118a, heute Artikel 137. Hiermit werden erstmals Rechtsetzungskompetenzen auf dem Gebiet des Arbeitsschutzes geschaffen. Danach kann die EG auf dem Gebiet der Sicherheit der Arbeitsstätten und des Gesundheitsschutzes der Arbeitnehmer Richtlinien erlassen, die in den Mitgliedstaaten schrittweise anzuwenden sind. Diese Richtlinien enthalten verbind-

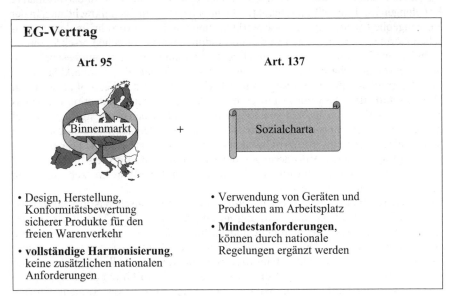

Bild 5 EG-Vertrag

liche **Mindestvorschriften** und können ebenso mit qualifizierter Mehrheit vom Rat beschlossen werden. Die Festschreibung einheitlicher europäischer Mindeststandards im Bereich der **Arbeitsumwelt** sowie der Maßnahmen zum Schutz von Sicherheit und Gesundheit der Arbeitnehmer im Gemeinschaftsrecht bildet die Grundlage der EG-Politik auf diesem Gebiet. Artikel 137 Absatz 5 stellt jedoch klar, dass einzelne Mitgliedstaaten nicht gehindert sind, Maßnahmen zum verstärkten Schutz der Arbeitnehmer beizubehalten oder zu ergreifen, die weitergehen als die von der EG erlassenen Mindestvorschriften. Im Gegensatz zu Vorhaben des Binnenmarkts belässt das Gemeinschaftsrecht den nationalen Gesetzgebern einen weitgehenden Handlungsspielraum auf dem Gebiet der sozialpolitischen Mindestanforderungen. Die weitergehenden nationalen Regelungen, die sich auf Artikel 137 stützen, dürfen allerdings nicht die Belange der Binnenmarktpolitik nach Artikel 95 beeinträchtigen. Hier wird das **Subsidiaritätsprinzip** vorbildlich angewendet.

1.2.4 Die Bedeutung der Normung für die technische Harmonisierung

Nach allgemein anerkannter Definition ist eine **Norm** eine für jedermann zugängliche technische Beschreibung. Sie wird unter Mitarbeit und mit allgemeiner Zustimmung aller interessierten Kreise erstellt. Die Ergebnisse der Normungsarbeit basieren auf den abgestimmten Ergebnissen von Wissenschaft, Technik und Praxis. Sie strebt den größtmöglichen Nutzen für die Allgemeinheit an. Aus sich heraus sind technische Normen nicht rechtsverbindlich. Vielmehr handelt es sich um unverbindliche normative Regelungen mit Empfehlungscharakter. Dennoch gab es im Technikrecht auch in der Vergangenheit schon eine gewisse Verknüpfung von Rechtsvorschriften mit technischen Normen. Am lockersten ist die Verbindung zwischen Rechtsvorschriften und technischen Normen, wo Gesetze und Rechtsverordnungen sich darauf beschränken, die technischen Sicherheitspflichten mit normativen Standards („Technikklauseln") wie **allgemein anerkannten Regeln der Technik, Stand der Technik, Stand von Wissenschaft und Technik** zu umschreiben. Mit der neuen Konzeption wurde das Zusammenwirken von gesetzlichen Regelungen und Normen neu festgelegt. Die auf die Festlegung grundlegender Sicherheits- oder sonstiger Gemeinwohlanforderungen beschränkten Harmonisierungsrichtlinien nehmen ebenfalls Normen in Bezug. Aber nur die grundlegenden Anforderungen der Richtlinien sind für die Mitgliedstaaten bindend. Für richtlinienkonforme Erzeugnisse ist der freie Warenverkehr innerhalb der Gemeinschaft gewährleistet.
Die in Bezug genommenen Normen werden von den europäischen Normenorganisationen auf der Grundlage von Normungsaufträgen, sogenannten **Mandaten,** ausgearbeitet. Die Mandate, die inhaltliche und zeitliche Vorgaben enthalten, werden von der Kommission erteilt. Ungeachtet dessen sind diese harmonisierten Normen nicht verbindlich. Ihre Anwendung bleibt nach wie vor freiwillig. Allerdings begründen diese Normen die widerlegbare **Vermutung der Konformität** mit den sogenannten Harmonisierungsrichtlinien. Die Mitgliedstaaten sind angewiesen, normenkonforme Erzeugnisse frei verkehren zu lassen. Damit wird die Beweislast umgekehrt. Nicht

der Hersteller eines normenkonformen Produkts hat die Einhaltung der grundlegenden Anforderungen nachzuweisen, sondern die zuständige Verwaltungsbehörde hat erforderlichenfalls deren Nichtberücksichtigung zu belegen.
Damit das System funktioniert, müssen die Normen Qualitätsgarantien hinsichtlich der in den Richtlinien aufgestellten grundlegenden Sicherheitsanforderungen bieten. Die Güte der Normen muss durch **Mandate** sichergestellt werden. Den Mandaten kommt folglich eine Schlüsselstellung zu. Ungeachtet dessen sind sogenannte **formelle Einwände** vorgesehen, um die Qualität einer Norm anfechten zu können, denn die nationalen Behörden bleiben weiterhin für die Sicherheit auf ihrem Hoheitsgebiet verantwortlich.

Definition der harmonisierten Normen:
Harmonisierte Normen sind technische Spezifikationen, die von einer Europäischen Normenorganisation auf der Grundlage der von den Europäischen Normenorganisationen und der Kommission unterzeichneten **allgemeinen Leitsätze** im Rahmen eines von der Kommission entsprechend der Richtlinie 98/34/EG erteilten Normungsauftrags angenommen wurden.
Diese Definition enthält die Elemente

- Normungsauftrag (Mandat)
- allgemeine Leitsätze vom 13. November 1984
- technische Spezifikationen

Normungsaufträge sind das Instrument, mit Hilfe dessen die Kommission nach Anhörung des gemäß der Richtlinie 98/34/EG eingesetzten Ständigen Ausschusses und, sofern dies vorgesehen ist, des jeweiligen sektoralen Ausschusses, die Europäische Normenorganisationen förmlich auffordert, harmonisierte Normen im Sinne der nach dem neuen Konzept verfassten Richtlinien, für die die Normungsaufträge erteilt werden, vorzulegen.
Bei der Ausarbeitung und Verwendung von Normen sind eine Reihe von Grundsätzen und Verpflichtungen zu berücksichtigen, auf die sich die Kommission und die Europäischen Normenorganisationen in den allgemeinen Leitsätzen geeinigt haben. Mit dem Begriff der technischen Spezifikation wird der eigene rechtliche Status dieser Europäischen Normen verdeutlicht.
Damit eine harmonisierte Norm die Vermutung der Richtlinienkonformität auslöst, bedarf es in der Regel noch zwei weiterer Schritte:

- Veröffentlichung der Fundstelle durch die Kommission im Amtsblatt der Europäischen Gemeinschaften
- Umsetzung der Europäischen Norm in eine einzelstaatliche Norm

Anmerkung: Das Verfahren nach der **Niederspannungsrichtlinie** weicht von dem hier beschriebenen Verfahren teilweise ab (s. a. Abschnitt 2.3.12).

Verantwortung im Rahmen des Normungsverfahrens:
Durch die allgemeinen Leitsätze sind die Europäischen Normenorganisationen zu demokratischem, transparentem und unabhängigem Vorgehen angehalten. Möglichkeiten der Teilnahme der betroffenen Parteien sind zu gewährleisten. Gemäß den Leitsätzen können die Kommission und die einzelstaatlichen Behörden an der Normung im Rahmen eines Normungsauftrags teilnehmen. Für den Inhalt der Normen tragen allerdings die Normenorganisationen die volle Verantwortung. Es ist kein Verfahren vorgesehen, das eine systematische Überprüfung der Normen bezüglich ihrer Übereinstimmung mit den grundlegenden Sicherheitsanforderungen vorsieht. Das wirft in der Praxis eine Reihe von Fragen auf, zumal die Behörden weiterhin für die Einhaltung der Sicherheitsbestimmungen und anderer Rechtsvorschriften verantwortlich bleiben. In der Diskussion ist vor allem, wie eine noch größere Transparenz erreicht werden kann. Die faktische Mitwirkung der betroffenen Kreise, so auch vor allem der Sozialpartner, ist derzeit nur punktuell gewährleistet. Aufgrund der weiter zunehmenden rechtlichen und faktischen Bedeutung der Europäischen Normung sind die Normungsverfahren weiter zu verbessern.

Formeller Einwand gegen eine harmonisierte Norm:
Die Richtlinien nach dem neuen Konzept und die Niederspannungsrichtlinie enthalten eine Klausel, aufgrund derer eine harmonisierte Norm angefochten werden kann. Ist ein Mitgliedstaat oder die Kommission der Ansicht, dass eine harmonisierte Norm den grundlegenden Anforderungen nicht entspricht, kann die Angelegenheit im Ausschuss 98/34 vorgetragen werden. Auf der Grundlage der Stellungnahme dieses Ausschusses setzt die Kommission die Mitgliedstaaten davon in Kenntnis, ob die Verweise auf diese Normen in Veröffentlichungen zu annullieren sind. Veröffentlichungen durch die Kommission im Amtsblatt der Europäischen Gemeinschaft können ebenfalls zurückgezogen werden.

1.2.5 Die Konformitätsbewertungsverfahren

Die neue Konzeption wurde 1989 durch ein **globales Konzept für Zertifizierung und Prüfwesen** ergänzt, dem der Rat durch seine Entschließung vom 21. Dezember 1989 zustimmte und seine grundsätzliche Verbindlichkeit in einem Beschluss vom 13. Dezember 1990 festlegte. 1993 erfolgte eine Kodifizierung dieser Bestimmungen[7].
Es ist das Hauptziel der Konformitätsbewertungsverfahren, die Behörden in die Lage zu versetzen, sich zu vergewissern, dass die in den Verkehr gebrachten Produkte insbesondere in Bezug auf den Gesundheitsschutz und die Sicherheit der Benutzer und Verbraucher den Anforderungen der EG-Richtlinien gerecht werden.
Grundsätzlich sind zwei Arten von Bescheinigungen möglich:

---

7) Beschluss des Rates vom 22. Juli 1993 über die in den technischen Harmonisierungsrichtlinien zu verwendenden Module für die verschiedenen Phasen der Konformitätsbewertungsverfahren und die Regeln für die Anbringung und Verwendung der CE-Konformitätskennzeichnung (93/465/EWG), ABl. EG L220/24 vom 30.08.1993

- eine unabhängige Stelle erteilt die Bescheinigung – **Drittzertifizierung**
- der Hersteller nimmt die Bescheinigung selbst vor – **Herstellerselbstbescheinigung**

Soweit die Richtlinien Drittzertifizierungen vorsehen, enthalten sie zumeist zwei unterschiedliche Verfahren zur Bewertung: **Produktzertifizierung** und/oder **Qualitätssicherung.**
Bei der **Produktzertifizierung** prüft und bewertet eine unabhängige Stelle in der Entwicklungsphase des Produkts einen Prototypen (**Baumusterprüfung**). Danach wird in der Herstellungsphase durch Kontrolle der Serienproduktion die Übereinstimmung des Endprodukts mit dem Baumuster geprüft (Stückprüfung oder Stichprobenprüfung).
Mit der **Qualitätssicherung** soll das Entwurfs- und Herstellungsverfahren so sicher gestaltet werden, dass keine Sicherheitsmängel auftreten. Die entsprechenden Maßnahmen sind in den Europäischen Normen EN ISO 9000 ff. niedergelegt. Zu solchen Maßnahmen gehören z. B. die Feststellung und Dokumentation der Qualifikation des Personals, die Organisation der Aus- und Weiterbildung, die Überprüfung der Organisationsstruktur, Vorschriften über die Wareneingangskontrolle bei Vorprodukten (z. B. Festlegung und Kontrolle der Prüfmittel) etc. Von vielen wird bezweifelt, dass die Qualitätssicherung allein geeignet sein kann, ausreichende Rückschlüsse auf die sicherheitstechnische Beschaffenheit eines Produkts zu ziehen. Maßnahmen der Qualitätssicherung sind jedoch geeignet, eine gleichbleibende sicherheitstechnische Qualität eines Produkts zu erreichen. Die bisher verabschiedeten Binnenmarktrichtlinien beschränken sich daher bei der Anwendung des Qualitätssicherungsverfahrens auf die Produktionsphase oder nehmen in der Entwurfsphase Elemente der Produktzertifizierung mit auf. Alternativ wird in der Regel die reine Produktzertifizierung zugelassen.
Im Rahmen der Produktzertifizierung und bei der Zertifizierung von Qualitätssicherungssystemen werden folgende Stellen tätig:

- **Prüflaboratorien ermitteln** die technischen Spezifikationen eines Produkts ohne selbst seine Bewertung vorzunehmen
- **Zertifizierungsstellen bewerten** die eigentliche Übereinstimmung eines Erzeugnisses oder eines Qualitätssicherungsverfahrens mit vorgegebenen Anforderungen

Die Tätigkeit der Zertifizierungsstellen und Prüflaboratorien unterschiedlicher Mitgliedstaaten ist nur vergleichbar, wenn sie übereinstimmende personelle, sachliche und organisatorische Anforderungen erfüllen. Die neuen EG-Richtlinien enthalten solche verbindlichen Anforderungen in Form von Mindestkriterien. In Richtlinien sind beispielsweise folgende Grundanforderungen an Prüflaboratorien und Zertifizierungsstellen festgelegt:

- ausreichende sachliche Mittel und Ausrüstungen
- Anforderungen an das Personal

- organisatorische Unabhängigkeit der Führungskräfte und des technischen Personals
- Abschluss einer Haftpflichtversicherung

Die EG-Richtlinien sehen vor, dass die Konkretisierung der Anforderungen an Prüflaboratorien und Zertifizierungsstellen durch harmonisierte europäische Normen erfolgt. Das Ergebnis liegt als Normenreihe EN 17000 (früher EN 45000) vor. Sie enthalten im Wesentlichen alle Präzisierungen, die für die Anerkennung (**Akkreditierung**) von Prüflaboratorien und Zertifizierungsstellen notwendig sind. Auch diese Normen sind nicht verbindlich, lösen aber die Vermutung der Übereinstimmung mit den zuvor genannten Anforderungen der Richtlinien an Prüflaboratorien und Zertifizierungsstellen aus.

Voraussetzung für die Tätigkeit von Zertifizierungsstellen in Umsetzung von EG-Richtlinien ist deren Meldung (**Notifizierung**) an die Kommission durch den Mitgliedstaat, in dessen Hoheitsgebiet sie ihren Sitz haben. Die Richtlinien sprechen daher auch von „**gemeldeten**" oder „**benannten Stellen**". Mit der Meldung übernimmt der Mitgliedstaat die Gewähr dafür, dass die Stellen den Anforderungen der Richtlinie entsprechen. Im Gegenzug müssen die Zertifikate der gemeldeten Stellen von allen Staaten der EG anerkannt werden.

Die gemeldeten Stellen sind gehalten, sich an einem europäischen Erfahrungsaustausch zu beteiligen. Der Erfahrungsaustausch hat u. a. die Aufgabe, die vorhandenen technischen Interpretationsspielräume näher zu bestimmen. Dabei ist eine enge Zusammenarbeit mit den meldenden Mitgliedstaaten und der Kommission unerlässlich, um europaweit anerkannte technische Lösungen zu erarbeiten. Normen enthalten häufig auch keine Angaben über Prüfverfahren. Diese Lücke kann durch die Zusammenarbeit der gemeldeten Stellen geschlossen werden.

1.2.6 Die CE-Kennzeichnung

Mit der Richtlinie 93/68/EWG wurden alle bis dato bestehenden Binnenmarktrichtlinien bezüglich der CE-Kennzeichnung aneinander weitgehend angepasst.
Zur **Bedeutung** der CE-Kennzeichnung:
Am Ende jedes Konformitätsbewertungsverfahrens steht die Konformitätserklärung durch den Hersteller sowie die CE-Kennzeichnung der konformen Produkte. Mit der auf einem Erzeugnis angebrachten CE-Kennzeichnung gibt der Hersteller an, dass sein Erzeugnis den einschlägigen Gemeinschaftsvorschriften zur technischen Harmonisierung entspricht.
Zur **Verantwortung für das Anbringen** der CE-Kennzeichnung:
Grundsätzlich ist der Hersteller oder sein in der Gemeinschaft niedergelassener Bevollmächtigter verantwortlich. Dies gilt auch, wenn eine unabhängige dritte Stelle im Rahmen der Konformitätsbewertung tätig wird.
Für den Fall, dass ein Erzeugnis nicht nur einer der genannten Harmonisierungsrichtlinien nach der neuen Konzeption unterliegt (was in der Praxis häufig der Fall sein

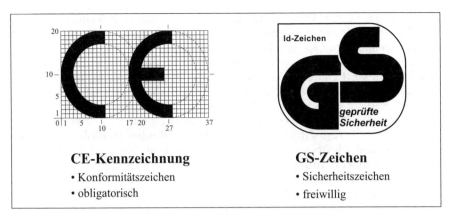

Bild 6 CE-Kennzeichnung und GS-Zeichen

wird), so darf an diesem Erzeugnis die CE-Kennzeichnung nur angebracht werden, wenn es den Anforderungen aller einschlägigen Richtlinien entspricht, denen das Produkt unterliegt.

Nach Auffassung der EG-Kommission ist die CE-Kennzeichnung eine Art „Verwaltungszeichen". Das Zeichen soll der Behörde die Anwendung der Richtlinien erleichtern. Seine Bedeutung darf jedoch nicht überschätzt und fehlinterpretiert werden. **Die CE-Kennzeichnung ist kein Qualitätszeichen.** Daraus ergibt sich, dass auch andere nationale Zeichen, wie z. B. das deutsche Zeichen „geprüfte Sicherheit (GS)", ihre Berechtigung behalten, da ihre Aussage in der Regel mit einem zusätzlichen Nutzen verbunden ist.

Auf das **GS-Zeichen** soll allerdings verzichtet werden, wenn es mit der CE-Kennzeichnung „sachidentisch" ist. Sachidentisch bedeutet in diesem Zusammenhang, dass bei beiden Zeichen Identität hinsichtlich der Aussagen zu den **Beschaffenheitsanforderungen** *und* **Zertifizierungsverfahren** (Entwurfs- und Produktionsphase) vorliegt. Weichen demgegenüber die Zertifizierungsverfahren nach den einschlägigen Richtlinien von dem für das GS-Zeichen vorgeschriebenem ab, ist neben der obligatorischen CE-Kennzeichnung auch das freiwillige GS-Zeichen möglich.

1.3 Wichtige Binnenmarktrichtlinien

Wie bereits an anderer Stelle erwähnt, hatte die **Niederspannungsrichtlinie** aus dem Jahr 1973 Beispielfunktion für die Richtlinien nach der „Neuen Konzeption". Sie berücksichtigt ebenfalls einen zweistufigen Harmonisierungsansatz, in der Weise, dass nur sehr allgemeine Schutzziele für elektrische Betriebsmittel festgelegt wurden, die durch Normen zu spezifizieren sind. Die Einschaltung von Drittstellen ist auf freiwilliger Basis möglich.

Die Niederspannungsrichtlinie wurde durch die sogenannte **CE-Kennzeichnungs-Richtlinie** (RL 93/68/EWG) geändert und weitgehend den Binnenmarktrichtlinien angepasst, ohne jedoch als Richtlinie nach der „Neuen Konzeption" zu gelten. Eingeführt wurden die CE-Kennzeichnung und die EG-Konformitätserklärung nach dem Modul A. Die CE-Kennzeichnungs-Richtlinie regelt auch das Verhältnis zu anderen möglicherweise zutreffenden Richtlinien. Falls elektrische Betriebsmittel von solchen Richtlinien erfasst werden, gibt die CE-Kennzeichnung an, dass diese Betriebsmittel auch mit den Bestimmungen dieser Richtlinien konform sind. Von besonderer Bedeutung sind in dem Zusammenhang die **Bauproduktenrichtlinie** (RL 89/106/EWG), die **Richtlinie über elektromagnetische Verträglichkeit** (RL 2004/108/EG) und die **Maschinenrichtlinie** (RL 2006/42/EG). Hinsichtlich der Abgrenzung von Maschinenrichtlinie und Niederspannungsrichtlinie hat es mit dem Übergang von der alten Maschinenrichtlinie 98/37/EG zur neuen Maschinenrichtlinie 2006/42/EG eine wichtige Neuerung gegeben. War bei der alten Maschinenrichtlinie noch die Frage entscheidend, ob die Gefahren überwiegend elektrischer Art sind (dann galt ausschließlich die Niederspannungsrichtlinie), so enthält die neue Maschinenrichtlinie eine produktbezogene Abgrenzung in Form einer Liste mit Ausnahmen.

Die **Tabelle 1** gibt eine Übersicht der wichtigsten Richtlinien der „Neuen Konzeption".

Richtlinie (Kurzbezeichnung)	Kurztitel
87/404/EWG	Einfache Druckbehälter
88/378/EWG	Spielzeug
89/106/EWG	Bauprodukte
2004/108/EG	Elektromagnetische Verträglichkeit
2006/42/EG	Maschinen
89/686/EWG, geändert durch 93/95/EWG	Persönliche Schutzausrüstungen
90/384/EWG	Nicht selbsttätige Waagen
90/385/EWG	Aktive implantierbare Medizingeräte
90/396/EWG	Gasverbrauchseinrichtungen
99/5/EG	Funkanlagen und Telekommunikationsendeinrichtungen
92/42/EWG	Wirkungsgradrichtlinie
93/15/EWG	Explosivstoffe für zivile Zwecke
2007/47/EG	Medizinprodukte
94/9/EG	Geräte zum Betrieb in explosionsgefährdeten Bereichen
95/16/EG	Aufzüge

Tabelle 1 Richtlinien der „Neuen Konzeption"

Wie schon weiter vorn erwähnt, wurden die bis 1992 verabschiedeten Richtlinien außerdem durch die sogenannte CE-Kennzeichnungs-Richtlinie (93/68/EWG) geändert.

Mit ihr wurde in alle Binnenmarktrichtlinien die Pflicht zur CE-Kennzeichnung aufgenommen, die nun seit 01.01.1998 mit Ablauf der letzten Übergangsfrist für alle Produkte, die unter eine dieser Richtlinien fallen, obligatorisch ist. Seitdem kommt der Überschneidung bzw. kumulativen Anwendung der verschiedenen Binnenmarktrichtlinien größere praktische Bedeutung zu.

Für die gleichzeitige Anwendung mehrerer Richtlinien sind auch die verschiedenen Schutzziele der Richtlinien zu berücksichtigen. Einige Beispiele enthält **Tabelle 2**.

Richtlinie	Schutzziel
RL 2006/42/EG	Sicherheit und Gesundheit von Personen und ggf. von Haustieren und Sachen
RL 90/396/EWG	Sicherheit von Personen, Haustieren und Gütern
RL 2006/95/EG	Sicherheit von Menschen und Nutztieren sowie die Erhaltung von Sachwerten
RL 89/106/EWG	Mechanische Festigkeit und Standsicherheit, Brandschutz, Hygiene, Gesundheit, Umweltschutz, Nutzungssicherheit, Schallschutz, Energieeinsparung
RL 92/42/EWG	Energieeinsparung
RL 2004/108/EG	Vermeidung elektromagnetischer Störungen, Störfestigkeit

Tabelle 2 Schutzziele der Richtlinien

Sind mehrere Richtlinien auf ein Produkt anzuwenden, sind die Anforderungen insgesamt zu erfüllen. Das betrifft folglich sowohl die grundlegenden Sicherheitsanforderungen als auch die Anforderungen an die Konformitätsbewertung und -nachweisführung. Mögliche Konstellationen zeigt **Tabelle 3**.

Richtlinie	Module
RL 2006/42/EG	A, B oder H
RL 87/404/EWG	A oder B
RL 90/396/EWG	B + C, D, E, oder F
RL 2006/95/EG	A
RL 89/106/EWG	A, B, B + D
RL 92/42/EWG	B + C, D oder E
RL 2004/108/EG	A

Tabelle 3 Anforderungen an die Konformationsbewertung und -nachweisführung

Zu beachten sind außerdem unterschiedliche Festlegungen in den Richtlinien hinsichtlich der dem Produkt beizufügenden Unterlagen (**Tabelle 4**).

Richtlinie	Was wird an der Grenze verlangt?
RL 2006/42/EG	CE-Kennzeichnung + Konformitätserklärung (vollständige Maschine) oder Montageanleitung + Einbauerklärung (unvollständige Maschine)
RL 87/404/EWG	CE-Kennzeichnung + Konformitätserklärung
RL 90/396/EWG	CE-Kennzeichnung + Konformitätserklärung
RL 2006/95/EG	CE-Kennzeichnung
RL 89/106/EWG	CE-Kennzeichnung + Konformitätserklärung
RL 2004/108/EG	CE-Kennzeichnung + Konformitätserklärung

Tabelle 4 Festlegungen der dem Produkt beizufügenden Unterlagen

Für die meisten elektrotechnischen Anlagen und ihre Komponenten sind die einschlägigen Binnenmarktrichtlinien anzuwenden. Sofern es sich um für den Verbraucher bestimmte Produkte handelt, ist außerdem die **Richtlinie über die allgemeine Produktsicherheit (2001/95/EG)**[8] zu beachten. Diese Richtlinie enthält allerdings nur eine allgemeine Sicherheitsverpflichtung und sieht keine CE-Kennzeichnung vor.

---

8) Richtlinie 2001/95/EG des Europäischen Parlaments und des Rates vom 03. Dezember 2001 über die allgemeine Produktsicherheit (ABl. EG Nr. L 11 S. 4)

2 Die Niederspannungsrichtlinie

2.1 Text der Richtlinie für elektrische Betriebsmittel (2006/95/EG)

**RICHTLINIE (EG) Nr. 2006/95/EG
DES EUROPÄISCHEN PARLAMENTS UND DES RATES
vom 12. Dezember 2006
zur Angleichung der Rechtsvorschriften der Mitgliedstaaten
betreffend elektrische Betriebsmittel zur Verwendung
innerhalb bestimmter Spannungsgrenzen
(kodifizierte Fassung)
(Text von Bedeutung für den EWR)**

DAS EUROPÄISCHE PARLAMENT UND DER RAT DER EUROPÄISCHEN UNION –

gestützt auf den Vertrag zur Gründung der Europäischen Gemeinschaft, insbesondere auf Artikel 95, auf Vorschlag der Kommission, nach Stellungnahme des Europäischen Wirtschafts- und Sozialausschusses[9], gemäß dem Verfahren des Artikels 251 des Vertrags[10], in Erwägung nachstehender Gründe:

(1) Die Richtlinie 73/23/EWG des Rates vom 19. Februar 1973 zur Angleichung der Rechtsvorschriften der Mitgliedstaaten betreffend elektrische Betriebsmittel zur Verwendung innerhalb bestimmter Spannungsgrenzen[11] ist in wesentlichen Punkten geändert worden[12]. Aus Gründen der Klarheit und Übersichtlichkeit empfiehlt es sich, die genannte Richtlinie zu kodifizieren.

(2) Die in den Mitgliedstaaten geltenden Vorschriften zur Gewährleistung der Sicherheit bei der Verwendung elektrischer Betriebsmittel innerhalb bestimmter Spannungsgrenzen beruhen auf verschiedenen Konzeptionen und haben somit Handelshemmnisse zur Folge.

(3) In einigen Mitgliedstaaten wendet der Gesetzgeber zur Erreichung dieses Sicherheitsziels im Wege verbindlicher Vorschriften für einige elektrische Betriebsmittel vorbeugende und repressive Maßnahmen an.

(4) In anderen Mitgliedstaaten verweist der Gesetzgeber zur Erreichung des gleichen Ziels auf technische Normen, die von den Normungsstellen im Rahmen der wirtschaftlichen Selbstverwaltung erarbeitet wurden. Dieses System bietet – ohne die Erfordernisse der Sicherheit außer Acht zu lassen – den Vorteil einer schnellen Anpassung an den technischen Fortschritt.

---

9) ABl. C 10 vom 14.01.2004, S. 6
10) Stellungnahme des Europäischen Parlaments vom 21. Oktober 2003 (ABl. C 82 E vom 01.04.2004, S. 68) und Beschluss des Rates vom 14. November 2006
11) ABl. L 77 vom 26.03.1973, S. 29; geändert durch die Richtlinie 93/68/EWG (ABl. L 220 vom 30.08.1993, S. 1)
12) Vgl. Anhang V Teil A

(5) Einige Mitgliedstaaten genehmigen die Normen durch Verwaltungsmaßnahmen. Diese Genehmigung berührt in keiner Weise den technischen Gehalt der Normen, noch beschränkt sie ihre Anwendung. Eine solche Genehmigung kann folglich die vom Standpunkt der Gemeinschaft aus einer harmonisierten und publizierten Norm beigemessenen Auswirkungen nicht ändern.

(6) Auf Gemeinschaftsebene muss der freie Verkehr elektrischer Betriebsmittel erfolgen, wenn diese Betriebsmittel bestimmten, in allen Mitgliedstaaten anerkannten Anforderungen in Bezug auf die Sicherheit entsprechen. Unbeschadet jedes sonstigen Nachweises kann der Nachweis dafür, dass diesen Anforderungen entsprochen worden ist, durch Verweis auf harmonisierte Normen erbracht werden, in denen sie konkret niedergelegt werden. Diese harmonisierten Normen müssen im gegenseitigen Einvernehmen von Stellen, die jeder Mitgliedstaat den anderen Mitgliedstaaten und der Kommission mitteilt, festgelegt werden und Gegenstand breitester Veröffentlichung sein. Eine solche Harmonisierung muss die Möglichkeit bieten, die aus Unterschieden zwischen den einzelstaatlichen Normen für den Handel entstehenden Nachteile zu beseitigen.

(7) Unbeschadet jedes sonstigen Nachweises kann der Nachweis der Übereinstimmung der elektrischen Betriebsmittel mit diesen harmonisierten Normen durch Anbringung von Konformitätszeichen oder Aushändigung von Bescheinigungen durch die zuständigen Stellen oder, in Ermangelung dessen, durch eine Konformitätserklärung des Herstellers als erbracht angesehen werden. Um die Beseitigung der Handelshemmnisse zu erleichtern, müssen die Mitgliedstaaten jedoch diese Konformitätszeichen oder Bescheinigungen oder die genannte Erklärung als Nachweis anerkennen. Diese Konformitätszeichen oder Bescheinigungen müssen zu diesem Zweck vor allem durch Veröffentlichung im Amtsblatt der Europäischen Union publiziert werden.

(8) Für elektrische Betriebsmittel, für die noch keine harmonisierten Normen bestehen, kann der freie Verkehr übergangsweise durch die Verwendung von Normen oder Sicherheitsvorschriften erfolgen, die bereits von anderen internationalen Stellen oder von einer der Stellen, die die harmonisierten Normen festlegen, ausgearbeitet worden sind.

(9) Es könnte vorkommen, dass elektrische Betriebsmittel in den freien Verkehr gebracht werden, obgleich sie den Anforderungen in Bezug auf die Sicherheit nicht gerecht werden. Daher ist es zweckmäßig, entsprechende Vorschriften zur Behebung dieser Gefahr vorzusehen.

(10) In dem Beschluss 93/465/EWG des Rates[13] sind die in den technischen Harmonisierungsrichtlinien zu verwendenden Module für die verschiedenen Phasen der Konformitätsbewertungsverfahren festgelegt worden.

---

13) Beschluss 93/465/EWG des Rates vom 22. Juli 1993 über die in den technischen Harmonisierungsrichtlinien zu verwendenden Module für die verschiedenen Phasen der Konformitätsbewertungsverfahren und die Regeln für die Anbringung und Verwendung der CE-Konformitätskennzeichnung (ABl. L 220 vom 30.08.1993, S. 23)

(11) Die Wahl der Verfahren sollte nicht zu einer Abschwächung der in der Gemeinschaft bereits festgelegten Sicherheitsniveaus für elektrische Betriebsmittel führen.

(12) Diese Richtlinie sollte die Verpflichtungen der Mitgliedstaaten hinsichtlich der in Anhang V Teil B aufgeführten Fristen für die Umsetzung in innerstaatliches Recht und für die Anwendung der Richtlinien unberührt lassen.

HABEN FOLGENDE RICHTLINIE ERLASSEN:

Artikel 1

Als elektrische Betriebsmittel im Sinne dieser Richtlinie gelten elektrische Betriebsmittel zur Verwendung bei einer Nennspannung zwischen 50 V und 1 000 V für Wechselspannung und zwischen 75 V und 1 500 V für Gleichspannung mit Ausnahme der Betriebsmittel und Bereiche, die in Anhang II aufgeführt sind.

Artikel 2

1. Die Mitgliedstaaten treffen alle zweckdienlichen Maßnahmen, damit die elektrischen Betriebsmittel nur dann in Verkehr gebracht werden können, wenn sie – entsprechend dem in der Gemeinschaft gegebenen Stand der Sicherheitstechnik – so hergestellt sind, dass sie bei einer ordnungsgemäßen Installation und Wartung sowie einer bestimmungsgemäßen Verwendung die Sicherheit von Menschen und Nutztieren sowie die Erhaltung von Sachwerten nicht gefährden.
2. Anhang I enthält eine Zusammenfassung der wichtigsten Angaben über die in Absatz 1 genannten Sicherheitsziele.

Artikel 3

Die Mitgliedstaaten treffen alle zweckdienlichen Maßnahmen, damit der freie Verkehr der elektrischen Betriebsmittel innerhalb der Gemeinschaft nicht aus Sicherheitsgründen behindert wird, wenn diese Betriebsmittel unter den Voraussetzungen der Artikel 5, 6, 7 oder 8 den Bestimmungen des Artikels 2 entsprechen.

Artikel 4

Die Mitgliedstaaten tragen dafür Sorge, dass die Elektrizitätsversorgungsunternehmen den Anschluss an das Netz und die Versorgung mit Elektrizität gegenüber den Elektrizitätsverbrauchern für die elektrischen Betriebsmittel nicht von höheren als den in Artikel 2 vorgesehenen Anforderungen in Bezug auf die Sicherheit abhängig machen.

Artikel 5

Die Mitgliedstaaten treffen alle zweckdienlichen Maßnahmen, damit die zuständigen Verwaltungsbehörden für das Inverkehrbringen nach Artikel 2 oder den freien

Verkehr nach Artikel 3 insbesondere solche elektrischen Betriebsmittel als mit den Bestimmungen des Artikels 2 übereinstimmend erachten, die den Sicherheitsanforderungen der harmonisierten Normen genügen.

Als harmonisierte Normen gelten diejenigen Normen, die im gegenseitigen Einvernehmen von den Stellen, die von den Mitgliedstaaten nach Artikel 11 Absatz 1 Buchstabe a mitgeteilt wurden, festgelegt und die im Rahmen der einzelstaatlichen Verfahren bekannt gegeben worden sind. Die Normen werden entsprechend dem technologischen Fortschritt sowie der Entwicklung der Regeln der Technik im Bereich der Sicherheit auf den neuesten Stand gebracht.

Die Liste der harmonisierten Normen und deren Fundstellen werden zur Unterrichtung im Amtsblatt der Europäischen Union veröffentlicht.

Artikel 6

1. Soweit noch keine harmonisierten Normen im Sinne von Artikel 5 festgelegt und veröffentlicht worden sind, treffen die Mitgliedstaaten alle zweckdienlichen Maßnahmen, damit die zuständigen Verwaltungsbehörden im Hinblick auf das in Artikel 2 genannte Inverkehrbringen oder im Hinblick auf den in Artikel 3 genannten freien Verkehr auch solche elektrischen Betriebsmittel als mit den Bestimmungen des Artikels 2 übereinstimmend erachten, die den Sicherheitsanforderungen der International Commission on the Rules for the Approval of Electrical Equipment (CEE-él) (Internationale Kommission für die Regelung der Zulassung elektrischer Ausrüstungen) oder der International Electrotechnical Commission (IEC) (Internationale Elektrotechnische Kommission) genügen, soweit auf diese Bestimmungen das in den Absätzen 2 und 3 vorgesehene Veröffentlichungsverfahren angewendet worden ist.
2. Die in Absatz 1 genannten Sicherheitsanforderungen werden den Mitgliedstaaten von der Kommission mitgeteilt, sobald diese Richtlinie in Kraft getreten ist, und danach jeweils unmittelbar nach deren Veröffentlichung. Die Kommission weist nach Konsultation der Mitgliedstaaten auf diejenigen Bestimmungen sowie namentlich auf diejenigen Varianten hin, deren Veröffentlichung sie empfiehlt.
3. Die Mitgliedstaaten teilen der Kommission binnen drei Monaten ihre etwaigen Einwände gegen die ihnen übermittelten Bestimmungen mit und geben dabei die sicherheitstechnischen Gründe an, die der Annahme der einen oder anderen Bestimmung entgegenstehen.
Diejenigen Sicherheitsanforderungen, gegen die keine Einwände erhoben worden sind, werden zur Unterrichtung im Amtsblatt der Europäischen Union veröffentlicht.

Artikel 7

Soweit noch keine harmonisierten Normen im Sinne von Artikel 5 oder keine gemäß Artikel 6 veröffentlichten Sicherheitsanforderungen bestehen, treffen die Mitgliedstaaten alle zweckdienlichen Maßnahmen, damit die zuständigen Verwaltungsbehörden im Hinblick auf das in Artikel 2 genannte Inverkehrbringen oder im Hinblick auf den in Artikel 3 genannten freien Verkehr auch solche elektrischen Betriebsmittel, die entsprechend den Sicherheitsanforderungen der im herstellenden Mitgliedstaat angewandten Normen gebaut worden sind, als mit den Bestimmungen des Artikels 2 übereinstimmend erachten, wenn sie die gleiche Sicherheit bieten, die in ihrem eigenen Hoheitsgebiet gefordert wird.

Artikel 8

1. Vor dem Inverkehrbringen müssen die elektrischen Betriebsmittel mit der in Artikel 10 vorgesehenen CE-Kennzeichnung versehen werden, die anzeigt, dass sie den Bestimmungen dieser Richtlinie einschließlich den Konformitätsbewertungsverfahren gemäß Anhang IV entsprechen.
2. Bei Beanstandungen kann der Hersteller oder Importeur einen von einer nach Artikel 11 Absatz 1 Buchstabe b mitgeteilten Stelle ausgearbeiteten Gutachterbericht über die Übereinstimmung mit den Bestimmungen des Artikels 2 vorlegen.
3. Falls elektrische Betriebsmittel auch von anderen Richtlinien erfasst werden, die andere Aspekte behandeln und in denen die CE-Kennzeichnung vorgesehen ist, wird mit dieser Kennzeichnung angegeben, dass auch von der Konformität dieser Betriebsmittel mit den Bestimmungen dieser anderen Richtlinien auszugehen ist.

Steht jedoch laut einer oder mehrerer dieser Richtlinien dem Hersteller während einer Übergangszeit die Wahl der anzuwendenden Regelung frei, so wird durch die CE-Kennzeichnung lediglich die Konformität mit den Bestimmungen der vom Hersteller angewandten Richtlinien angezeigt. In diesem Fall müssen die dem Betriebsmittel beiliegenden Unterlagen, Hinweise oder Anleitungen die Nummern der jeweils angewandten Richtlinien entsprechend ihrer Veröffentlichung im Amtsblatt der Europäischen Union tragen.

Artikel 9

1. Wenn ein Mitgliedstaat aus Sicherheitsgründen das Inverkehrbringen von elektrischen Betriebsmitteln untersagt oder den freien Verkehr dieser Betriebsmittel behindert, setzt er die betroffenen Mitgliedstaaten und die Kommission unter Angabe der Gründe seiner Entscheidung hiervon unverzüglich in Kenntnis und gibt insbesondere an,
    a) ob die Nichterfüllung von Artikel 2 auf die Unzulänglichkeit der harmonisierten Normen nach Artikel 5, der Bestimmungen nach Artikel 6 oder der Normen nach Artikel 7 zurückzuführen ist;
    b) ob die Nichterfüllung von Artikel 2 auf die schlechte Anwendung der genannten Normen bzw. Veröffentlichungen oder die Nichteinhaltung der Regeln der Technik nach jenem Artikel zurückzuführen ist.

2. Erheben andere Mitgliedstaaten Einspruch gegen die in Absatz 1 erwähnte Entscheidung, so konsultiert die Kommission unverzüglich die betreffenden Mitgliedstaaten.
3. Kommt kein Einvernehmen zustande, so holt die Kommission innerhalb von drei Monaten, vom Zeitpunkt der in Absatz 1 vorgesehenen Unterrichtung an gerechnet, die Stellungnahme einer der nach Artikel 11 Absatz 1 Buchstabe b mitgeteilten Stellen ein, die ihren Sitz außerhalb des Hoheitsgebiets der betreffenden Mitgliedstaaten haben muss und im Rahmen des Verfahrens des Artikels 8 nicht tätig geworden ist. In der Stellungnahme wird angegeben, inwieweit die Bestimmungen des Artikels 2 nicht eingehalten worden sind.
4. Die Kommission teilt die Stellungnahme der in Absatz 3 genannten Stelle allen Mitgliedstaaten mit; diese können der Kommission binnen einem Monat ihre Bemerkungen mitteilen. Die Kommission nimmt gleichzeitig Kenntnis von den Bemerkungen der beteiligten Parteien zu dieser Stellungnahme.
5. Im Anschluss daran spricht die Kommission gegebenenfalls entsprechende Empfehlungen aus oder gibt entsprechende Stellungnahmen ab.

Artikel 10

1. Die CE-Kennzeichnung gemäß Anhang III wird vom Hersteller oder seinem in der Gemeinschaft ansässigen Bevollmächtigten auf den elektrischen Betriebsmitteln oder, sollte dies nicht möglich sein, auf der Verpackung bzw. der Gebrauchsanleitung oder dem Garantieschein sichtbar, leserlich und dauerhaft angebracht.
2. Es ist verboten, auf den elektrischen Betriebsmitteln Kennzeichnungen anzubringen, durch die Dritte hinsichtlich der Bedeutung und des Schriftbildes der CE-Kennzeichnung irregeführt werden könnten. Jede andere Kennzeichnung darf auf den elektrischen Betriebsmitteln, deren Verpackung, Gebrauchsanleitung oder Garantieschein angebracht werden, wenn sie Sichtbarkeit und Lesbarkeit der CE-Kennzeichnung nicht beeinträchtigt.
3. Unbeschadet des Artikels 9
   a) ist bei der Feststellung durch einen Mitgliedstaat, dass die CE-Kennzeichnung unberechtigterweise angebracht wurde, der Hersteller oder sein in der Gemeinschaft ansässiger Bevollmächtigter verpflichtet, das Produkt wieder in Einklang mit den Bestimmungen für die CE-Kennzeichnung zu bringen und den weiteren Verstoß unter den von diesem Mitgliedstaat festgelegten Bedingungen zu verhindern;
   b) der Mitgliedstaat ergreift – falls die Nichtübereinstimmung weiter besteht – alle geeigneten Maßnahmen, um das Inverkehrbringen des betreffenden Produkts einzuschränken oder zu untersagen bzw. um zu gewährleisten, dass es nach Artikel 9 vom Markt zurückgezogen wird.

Artikel 11

Jeder Mitgliedstaat teilt den anderen Mitgliedstaaten und der Kommission Folgendes mit:
a) die Liste der in Artikel 5 Absatz 2 genannten Stellen;
b) die Liste der Stellen, die Gutachterberichte gemäß Artikel 8 Absatz 2 ausarbeiten oder Stellungnahmen gemäß Artikel 9 abgeben;
c) die Fundstelle der in Artikel 5 Absatz 2 genannten Bekanntmachung.

Jede Änderung dieser Angaben teilt der betreffende Mitgliedstaat den anderen Mitgliedstaaten und der Kommission mit.

Artikel 12

Diese Richtlinie findet keine Anwendung auf elektrische Betriebsmittel, die zur Ausfuhr in Drittländer bestimmt sind.

Artikel 13

Die Mitgliedstaaten teilen der Kommission den Wortlaut der wichtigsten innerstaatlichen Rechtsvorschriften mit, die sie auf dem unter diese Richtlinie fallenden Gebiet erlassen.

Artikel 14

Die Richtlinie 73/23/EWG wird unbeschadet der Verpflichtung der Mitgliedstaaten hinsichtlich der in Anhang V Teil B genannten Fristen für die Umsetzung in innerstaatliches Recht und für die Anwendung der Richtlinien aufgehoben.
Verweisungen auf die aufgehobene Richtlinie gelten als Verweisungen auf die vorliegende Richtlinie und sind nach der Entsprechungstabelle in Anhang VI zu lesen.

Artikel 15

Diese Richtlinie tritt am zwanzigsten Tag nach ihrer Veröffentlichung im Amtsblatt der Europäischen Union in Kraft.

Artikel 16

Diese Richtlinie ist an die Mitgliedstaaten gerichtet.

Geschehen zu Straßburg am 12. Dezember 2006.

In Namen des Europäischen Parlaments	*Im Namen des Rates*
Der Präsident	*Der Präsident*
J. BORRELL FONTELLES	M. PEKKARINEN

ANHANG I
WICHTIGSTE ANGABEN ÜBER DIE SICHERHEITSZIELE FÜR ELEKTRISCHE BETRIEBSMITTEL ZUR VERWENDUNG INNERHALB BESTIMMTER SPANNUNGSGRENZEN

1. Allgemeine Bedingungen

a) Die wesentlichen Merkmale, von deren Kenntnis und Beachtung eine bestimmungsgemäße und gefahrlose Verwendung abhängt, sind auf den elektrischen Betriebsmitteln oder, falls dies nicht möglich ist, auf einem beigegebenen Hinweis angegeben.

b) Das Herstellerzeichen oder die Handelsmarke ist deutlich auf den elektrischen Betriebsmitteln oder, wenn dies nicht möglich ist, auf der Verpackung angebracht.

c) Die elektrischen Betriebsmittel sowie ihre Bestandteile sind so beschaffen, dass sie sicher und ordnungsgemäß verbunden oder angeschlossen werden können.

d) Die elektrischen Betriebsmittel sind so konzipiert und beschaffen, dass bei bestimmungsgemäßer Verwendung und ordnungsgemäßer Unterhaltung der Schutz vor den in den Nummern 2 und 3 aufgeführten Gefahren gewährleistet ist.

2. Schutz vor Gefahren, die von elektrischen Betriebsmitteln ausgehen können

Technische Maßnahmen sind gemäß Nummer 1 vorgesehen, damit:

a) Menschen und Nutztiere angemessen vor den Gefahren einer Verletzung oder anderen Schäden geschützt sind, die durch direkte oder indirekte Berührung verursacht werden können;

b) keine Temperaturen, Lichtbogen oder Strahlungen entstehen, aus denen sich Gefahren ergeben können;

c) Menschen, Nutztiere und Sachen angemessen vor nicht elektrischen Gefahren geschützt werden, die erfahrungsgemäß von elektrischen Betriebsmitteln ausgehen;

d) die Isolierung den vorgesehenen Beanspruchungen angemessen ist.

3. Schutz vor Gefahren, die durch äußere Einwirkungen auf elektrische Betriebsmittel entstehen können

Technische Maßnahmen sind gemäß Nummer 1 vorgesehen, damit die elektrischen Betriebsmittel:

a) den vorgesehenen mechanischen Beanspruchungen so weit standhalten, dass Menschen, Nutztiere oder Sachen nicht gefährdet werden;

b) unter den vorgesehenen Umgebungsbedingungen den nicht mechanischen Einwirkungen so weit standhalten, dass Menschen, Nutztiere oder Sachen nicht gefährdet werden;

c) bei den vorgesehenen Überlastungen Menschen, Nutztiere oder Sachen in keiner Weise gefährden.

ANHANG II

BETRIEBSMITTEL UND BEREICHE, DIE NICHT UNTER DIESE RICHTLINIE FALLEN

Elektrische Betriebsmittel zur Verwendung in explosibler Atmosphäre,
Elektro-radiologische und elektro-medizinische Betriebsmittel,
Elektrische Teile von Personen- und Lastenaufzügen,
Elektrizitätszähler,
Haushaltssteckvorrichtungen,
Vorrichtungen zur Stromversorgung von elektrischen Weidezäunen,
Funkentstörung,
Spezielle elektrische Betriebsmittel, die zur Verwendung auf Schiffen, in Flugzeugen oder in Eisenbahnen bestimmt sind und den Sicherheitsvorschriften internationaler Einrichtungen entsprechen, denen die Mitgliedstaaten angehören.

ANHANG III

CE-KONFORMITÄTSKENNZEICHNUNG UND EG-KONFORMITÄTSERKLÄRUNG

A. CE-Konformitätskennzeichnung

Die CE-Konformitätskennzeichnung besteht aus den Buchstaben „CE" mit folgendem Schriftbild:

- Bei Verkleinerung oder Vergrößerung der CE-Kennzeichnung müssen die sich aus dem oben abgebildeten Raster ergebenden Proportionen eingehalten werden.
- Die verschiedenen Bestandteile der CE-Kennzeichnung müssen etwa gleich hoch sein; die Mindesthöhe beträgt 5 mm.

B. EG-Konformitätserklärung

Die EG-Konformitätserklärung muss beinhalten:
- Name und Anschrift des Herstellers oder seines in der Gemeinschaft ansässigen Bevollmächtigten,
- Beschreibung der elektrischen Betriebsmittel,
- Bezugnahme auf die harmonisierten Normen,
- gegebenenfalls Bezugnahme auf die Spezifikationen, die der Konformität zugrunde liegen,

- Identität des vom Hersteller oder seinem in der Gemeinschaft ansässigen Bevollmächtigten beauftragten Unterzeichners,
- die beiden letzten Ziffern des Jahres, in dem die CE-Kennzeichnung angebracht wurde.

ANHANG IV
INTERNE FERTIGUNGSKONTROLLE

1. Unter der internen Fertigungskontrolle versteht man das Verfahren, bei dem der Hersteller oder sein in der Gemeinschaft ansässiger Bevollmächtigter, der die Verpflichtungen nach Nummer 2 erfüllt, sicherstellt und erklärt, dass die elektrischen Betriebsmittel die für sie geltenden Anforderungen dieser Richtlinie erfüllen. Der Hersteller oder sein in der Gemeinschaft ansässiger Bevollmächtigter bringt an jedem Produkt die CE-Kennzeichnung an und stellt eine schriftliche Konformitätserklärung aus.
2. Der Hersteller erstellt die unter Nummer 3 beschriebenen technischen Unterlagen; er oder sein in der Gemeinschaft ansässiger Bevollmächtigter halten diese im Gebiet der Gemeinschaft mindestens zehn Jahre lang nach Herstellung des letzten Produkts zur Einsichtnahme durch die nationalen Behörden bereit.
   Sind weder der Hersteller noch sein Bevollmächtigter in der Gemeinschaft ansässig, so fällt diese Verpflichtung der Person zu, die für das Inverkehrbringen des Produkts auf dem Gemeinschaftsmarkt verantwortlich ist.
3. Die technischen Unterlagen müssen eine Bewertung der Übereinstimmung der elektrischen Betriebsmittel mit den Anforderungen der Richtlinie ermöglichen. Sie müssen in dem für diese Bewertung erforderlichen Maße Entwurf, Fertigung und Funktionsweise der elektrischen Betriebsmittel abdecken. Sie enthalten:
   - eine allgemeine Beschreibung der elektrischen Betriebsmittel,
   - die Entwürfe, Fertigungszeichnungen und -pläne von Bauteilen, Montage-Untergruppen, Schaltkreisen usw.,
   - die Beschreibungen und Erläuterungen, die zum Verständnis der genannten Zeichnungen und Pläne sowie der Funktionsweise der elektrischen Betriebsmittel erforderlich sind,
   - eine Liste der ganz oder teilweise angewandten Normen sowie eine Beschreibung der zur Erfüllung der Sicherheitsaspekte dieser Richtlinie gewählten Lösungen, soweit Normen nicht angewandt worden sind,
   - die Ergebnisse der Konstruktionsberechnungen, Prüfungen usw.,
   - die Prüfberichte.
4. Der Hersteller oder sein Bevollmächtigter bewahrt zusammen mit den technischen Unterlagen eine Kopie der Konformitätserklärung auf.
5. Der Hersteller trifft alle erforderlichen Maßnahmen, damit das Fertigungsverfahren die Übereinstimmung der Produkte mit den in Nummer 2 genannten technischen Unterlagen und mit den für sie geltenden Anforderungen dieser Richtlinie gewährleistet.

ANHANG V

Teil A
Aufgehobene Richtlinie und ihre Änderung

Richtlinie 73/23/EWG des Rates　　(ABl. L 77 vom 26.03.1973, S. 29)
Richtlinie 93/68/EWG des Rates
nur Artikel 1 Nummer 12 und Artikel 13　　(ABl. L 220 vom 30.08.1993, S. 1)

Teil B
Fristen für die Umsetzung in innerstaatliches Recht und die Anwendung
(gemäß Artikel 14)

Richtlinie	Frist für die Umsetzung	Datum der Anwendung
73/23/EWG	21. August 1974*	–
93/68/EWG	01. Juli 1994	01. Januar 1995**

*　Für Dänemark war die Frist auf fünf Jahre verlängert worden, d. h. bis 21. Februar 1978. Siehe Artikel 13 Absatz 1 der Richtlinie 73/23/EWG.
**　Die Mitgliedstaaten mussten bis zum 01. Januar 1997 das Inverkehrbringen und die Inbetriebnahme von Erzeugnissen, die den vor dem 01. Januar 1995 geltenden Kennzeichnungsregeln entsprachen, gestatten. Siehe Artikel 14 Absatz 2 der Richtlinie 93/68/EWG.

ANHANG VI

ENTSPRECHUNGSTABELLE

Richtlinie 73/23/EWG	Vorliegende Richtlinie
Artikel 1–7	Artikel 1–7
Artikel 8 Absatz 1	Artikel 8 Absatz 1
Artikel 8 Absatz 2	Artikel 8 Absatz 2
Artikel 8 Absatz 3 Buchstabe a	Artikel 8 Absatz 3 Unterabsatz 1
Artikel 8 Absatz 3 Buchstabe b	Artikel 8 Absatz 3 Unterabsatz 2
Artikel 9 Absatz 1 erster Gedankenstrich	Artikel 9 Absatz 1 Buchstabe a
Artikel 9 Absatz 1 zweiter Gedankenstrich	Artikel 9 Absatz 1 Buchstabe b
Artikel 9 Absätze 2 bis 5	Artikel 9 Absätze 2 bis 5
Artikel 10	Artikel 10
Artikel 11 erster Gedankenstrich	Artikel 11 Buchstabe a
Artikel 11 zweiter Gedankenstrich	Artikel 11 Buchstabe b
Artikel 11 dritter Gedankenstrich	Artikel 11 Buchstabe c
Artikel 12	Artikel 12
Artikel 13 Absatz 1	–
Artikel 13 Absatz 2	Artikel 13
–	Artikel 14
–	Artikel 15
Artikel 14	Artikel 16
Anhänge I bis IV	Anhänge I–IV
–	Anhang V
–	Anhang VI

2.2 Die Umsetzung in nationales Recht

2.2.1 Allgemeines

Auf nationaler Ebene müssen die juristischen Plattformen geschaffen werden, damit die Verpflichtungen aus dem Gemeinschaftsrecht vollständig und fristgerecht umgesetzt werden können.
EG-Richtlinien sind keine Gesetze mit direkter Wirkung. Sie müssen von den Mitgliedstaaten in das nationale Rechtsgefüge umgesetzt werden, um Rechtsgeltung für die Bürger der Mitgliedstaaten zu erlangen. EG-Richtlinien sind für jeden Mitgliedstaat hinsichtlich des zu erreichenden Ziels verbindlich, die Wahl der Form und der Mittel zur Umsetzung bleibt jedoch dem Mitgliedstaat vorbehalten.

2.2.2 Das Geräte- und Produktsicherheitsgesetz (GPSG)

Die technische Sicherheit von Geräten, Produkten und Anlagen ist für den Schutz von Verbrauchern und Beschäftigten von besonderer Bedeutung. Zentrale Rechtsvorschrift in diesem Zusammenhang ist das Gesetz über technische Arbeitsmittel und Verbraucherprodukte (**Geräte- und Produktsicherheitsgesetz – GPSG**) vom 06. Januar 2004 (BGBl. I S. 2 ff.). Das Geräte- und Produktsicherheitsgesetz (Text siehe Anhang 3.1) fasst das bis zum Jahr 2004 eigenständige Gerätesicherheitsgesetz und das Produktsicherheitsgesetz zu einem Gesetz zusammen. Anlass für diese Zusammenführung war die notwendige Umsetzung der europäischen Produktsicherheitsrichtlinie 2001/95/EG, die das Inverkehrbringen von Produkten, die für den Verbraucher bestimmt sind, regelt. Damit kommt dem Geräte- und Produktsicherheitsgesetz umfassende Bedeutung für den Arbeits- und Verbraucherschutz zu. Diese folgerichtige Entwicklung trägt der Tatsache Rechnung, dass zunehmend Produkte aus dem Arbeitsbereich auch im Verbraucherbereich Verwendung finden und umgekehrt. Man spricht in diesem Zusammenhang auch von sogenannten „Migrationsprodukten".
Das Geräte- und Produktsicherheitsgesetz knüpft – wie auch schon das alte Gerätesicherheitsgesetz – zunächst an die Begriffe „Inverkehrbringen" und „Ausstellen" an. **Inverkehrbringen** ist nach § 2 Absatz 8 GPSG „jedes Überlassen eines Produkts an einen anderen". Wesentlich ist dabei der Wechsel der Verfügungsgewalt über das Produkt. Beim Inverkehrbringen spielt es keine Rolle, ob es sich um neue oder gebrauchte Produkte handelt. Im Gegensatz zum alten Gerätesicherheitsgesetz, das lediglich neue Produkte erfasste, wird vom Geräte- und Produktsicherheitsgesetz zunächst jedes Produkt, egal ob neu oder gebraucht, erfasst.
Eine Einschränkung erfährt dieser Grundsatz lediglich durch § 1 Absatz 1 GPSG. Danach gilt das Geräte- und Produktsicherheitsgesetz nicht für Antiquitäten und für solche Produkte, die vor ihrer Verwendung einer Instandsetzung oder Aufarbeitung bedürfen. Im letzteren Fall muss der Inverkehrbringer seinen Kunden darüber ausreichend informieren.

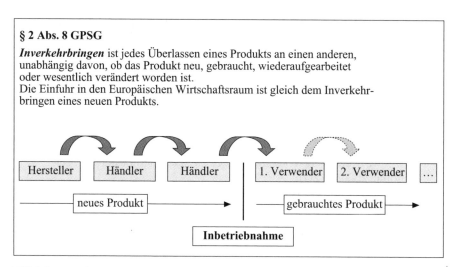

Bild 7   Der Begriff des Inverkehrbringens

Neben dem Begriff des Inverkehrbringens ist der Begriff „**Produkt**" von zentraler Bedeutung für das Geräte- und Produktsicherheitsgesetz. Produkte sind **technische Arbeitsmittel** und **Verbraucherprodukte**. Dabei ist zu beachten, dass nach der Systematik des Geräte- und Produktsicherheitsgesetzes ein Produkt niemals gleichzeitig technisches Arbeitsmittel und Verbraucherprodukt sein kann. Gegenüber dem Gerätesicherheitsgesetz hat der Begriff „technisches Arbeitsmittel" eine erhebliche Einschränkung erfahren. Technische Arbeitsmittel sind nach § 2 Absatz 2 „verwendungsfertige Arbeitseinrichtungen, die bestimmungsgemäß *ausschließlich* bei der Arbeit verwendet werden". Die weitaus größere Produktkategorie ist die der **Verbraucherprodukte**. Verbraucherprodukte sind nach § 2 Absatz 4 GPSG „Gebrauchsgegenstände und sonstige Produkte, die für Verbraucher bestimmt sind oder unter vernünftigerweise vorhersehbaren Bedingungen von Verbrauchern benutzt werden können, selbst wenn sie nicht für diese bestimmt sind".
Bezüglich des Inverkehrbringens von Produkten sind grundsätzlich zwei Bereiche zu unterscheiden:
1. der durch EU-Recht harmonisierte Bereich
2. der nicht harmonisierte, durch nationales Recht geregelte Bereich
Der größere und mittlerweile weitaus bedeutendere Bereich ist der europäisch harmonisierte Bereich. Er wird in § 4 Absatz 1 erfasst. Da dieser Bereich durch die entsprechenden europäischen Rechtsvorschriften abschließend geregelt ist, verweist § 4 Absatz 1 hinsichtlich der Voraussetzungen für das Inverkehrbringen konsequenterweise auf die Anforderungen der entsprechenden Rechtsverordnungen nach § 3 Absatz 1, die die jeweilige EG-Richtlinie „1 zu 1" in nationales Recht umsetzen. Die in den Verordnungen niedergelegten Anforderungen sind grundlegend und abstrakt.

Nach der Vorstellung des europäischen Rechts sollen europäisch harmonisierte Normen zur Ausfüllung/Konkretisierung herangezogen werden. Diese Normen sind zwar nicht verbindlich, aber bei Beachtung kommt ihnen die Wirkung einer widerlegbaren Vermutung zu, dass die verbindlichen Anforderungen der Verordnung und damit der EG-Richtlinie erfüllt sind (§ 4 Absatz 1 Satz 2). Daher ist ihre Bedeutung in der Praxis groß.

Auf der Grundlage von § 3 Absatz 1 GPSG wurden bisher insbesondere folgende Verordnungen erlassen:

- die Erste Verordnung zum Geräte- und Produktsicherheitsgesetz (1. GPSGV), die das Inverkehrbringen elektrischer Betriebsmittel regelt (Richtlinie 2006/95/EG)
- die Zweite Verordnung zum Geräte- und Produktsicherheitsgesetz (2. GPSGV), die das Inverkehrbringen von Spielzeug regelt (Richtlinie 88/378/EWG)
- die Sechste Verordnung zum Geräte- und Produktsicherheitsgesetz (6. GPSGV), die das Inverkehrbringen einfacher Druckbehälter regelt (Richtlinie 87/404/EWG)
- die Siebte Verordnung zum Geräte- und Produktsicherheitsgesetz (7. GPSGV), die das Inverkehrbringen von Gasverbrauchseinrichtungen regelt (Richtlinie 90/396/EWG)
- die Achte Verordnung zum Geräte- und Produktsicherheitsgesetz (8. GPSGV), die das Inverkehrbringen persönlicher Schutzausrüstungen regelt (Richtlinie 89/686/EWG)
- die Neunte Verordnung zum Geräte- und Produktsicherheitsgesetz (9. GPSGV), die das Inverkehrbringen von Maschinen regelt (Richtlinie 2006/42/EG)
- die Zehnte Verordnung zum Geräte- und Produktsicherheitsgesetz (10. GPSGV), die das Inverkehrbringen von Sportbooten regelt (Richtlinie 94/25/EG)
- die Elfte Verordnung zum Geräte- und Produktsicherheitsgesetz (11. GPSGV), die das Inverkehrbringen von Geräten und Schutzsystemen für explosionsgefährdete Bereiche regelt (Richtlinie 94/9/EG)
- die Zwölfte Verordnung zum Geräte- und Produktsicherheitsgesetz (12. GPSGV), die das Inverkehrbringen von Aufzügen regelt (Richtlinie 95/16/EG)
- die Dreizehnte Verordnung zum Geräte- und Produktsicherheitsgesetz (13. GPSGV), die das Inverkehrbringen von Aerosolpackungen regelt (Richtlinie 75/324/EWG)
- die Vierzehnte Verordnung zum Geräte- und Produktsicherheitsgesetz (14. GPSGV), die das Inverkehrbringen von Druckgeräten regelt (Richtlinie 97/23/EG)

2.2.3 Erste Verordnung zum GPSG – Elektrische Betriebsmittel

Erste Verordnung zum Geräte- und Produktsicherheitsgesetz
(Verordnung über das Inverkehrbringen elektrischer Betriebsmittel zur Verwendung innerhalb bestimmter Spannungsgrenzen)

1. GPSGV
vom 11. Juni 1979
(BGBl. I 1979, S. 629),

zuletzt geändert durch Artikel 3 der Verordnung zur Änderung von Verordnungen nach § 3 des Geräte- und Produktsicherheitsgesetzes (Juni 2008)

Aufgrund des § 4 Absatz 1 Nr. 1 des Gesetzes über technische Arbeitsmittel vom 24. Juni 1968 (BGBl. I S. 717), wird nach Anhörung des Ausschusses für technische Arbeitsmittel im Einvernehmen mit dem Bundesminister für Wirtschaft und mit Zustimmung des Bundesrats verordnet:

§ 1

Diese Verordnung regelt die Beschaffenheit elektrischer Betriebsmittel zur Verwendung bei einer Nennspannung zwischen 50 V und 1 000 V für Wechselspannung und zwischen 75 V und 1 500 V für Gleichspannung, soweit es sich um technische Arbeitsmittel oder Teile von technischen Arbeitsmitteln handelt. Sie gilt nicht für

1. elektrische Betriebsmittel zur Verwendung in explosionsfähiger Atmosphäre
2. elektro-radiologische und elektro-medizinische Betriebsmittel
3. elektrische Teile von Personen- und Lastenaufzügen
4. Elektrizitätszähler
5. Haushaltssteckvorrichtungen
6. Vorrichtungen zur Stromversorgung von elektrischen Weidezäunen
7. spezielle elektrische Betriebsmittel, die zur Verwendung auf Schiffen, in Flugzeugen oder in Eisenbahnen bestimmt sind und den Sicherheitsvorschriften internationaler Einrichtungen entsprechen, denen die Mitgliedstaaten der Europäischen Gemeinschaft angehören

Sie gilt ferner nicht für die Funk-Entstörung elektrischer Betriebsmittel.

§ 2

(1) Neue elektrische Betriebsmittel dürfen nur in den Verkehr gebracht werden, wenn

1. sie entsprechend dem in der Europäischen Gemeinschaft gegebenen Stand der Sicherheitstechnik hergestellt sind
2. sie bei ordnungsgemäßer Installation und Wartung sowie bestimmungsgemäßer Verwendung die Sicherheit von Menschen, Nutztieren und die Erhaltung von Sachwerten nicht gefährden

Der für elektrische Betriebsmittel maßgebende Stand der Sicherheitstechnik ist unter Berücksichtigung des Netzversorgungssystems zu bestimmen, für das sie vorgesehen sind.

(2) Die elektrischen Betriebsmittel müssen insbesondere folgenden Sicherheitsgrundsätzen entsprechend beschaffen sein:
1. Die wesentlichen Merkmale, von deren Kenntnis und Beachtung eine bestimmungsgemäße und gefahrlose Verwendung abhängt, sind auf den elektrischen Betriebsmitteln oder, falls dies nicht möglich ist, auf einem beigegebenen Hinweis anzugeben.
2. Das Herstellerzeichen oder die Handelsmarke ist deutlich auf den elektrischen Betriebsmitteln oder, wenn dies nicht möglich ist, auf der Verpackung anzubringen.
3. Die elektrischen Betriebsmittel sowie ihre Bestandteile müssen so beschaffen sein, dass sie sicher und ordnungsgemäß verbunden oder angeschlossen werden können.
4. Zum Schutz vor Gefahren, die von elektrischen Betriebsmitteln ausgehen können, sind technische Maßnahmen vorzusehen, damit bei bestimmungsgemäßer Verwendung und ordnungsgemäßer Unterhaltung
   a) Menschen und Nutztiere angemessen vor den Gefahren einer Verletzung oder anderen Schäden geschützt sind, die durch direkte oder indirekte Berührung verursacht werden können
   b) keine Temperaturen, Lichtbogen oder Strahlungen entstehen, aus denen sich Gefahren ergeben können
   c) Menschen, Nutztiere und Sachen angemessen vor nicht elektrischen Gefahren geschützt werden, die erfahrungsgemäß von elektrischen Betriebsmitteln ausgehen
   d) die Isolierung den vorgesehenen Beanspruchungen angemessen ist
5. Zum Schutz vor Gefahren, die durch äußere Einwirkungen auf elektrische Betriebsmittel entstehen können, sind technische Maßnahmen vorzusehen, die sicherstellen, dass die elektrischen Betriebsmittel bei bestimmungsgemäßer Verwendung und ordnungsgemäßer Unterhaltung
   a) den vorgesehenen mechanischen Beanspruchungen so weit standhalten, dass Menschen, Nutztiere oder Sachen nicht gefährdet werden
   b) unter den vorgesehenen Umgebungsbedingungen den nicht mechanischen Einwirkungen so weit standhalten, dass Menschen, Nutztiere oder Sachen nicht gefährdet werden
   c) bei den vorgesehenen Überlastungen Menschen, Nutztiere oder Sachen nicht gefährden

§ 3

(1) Beim Inverkehrbringen muss das elektrische Betriebsmittel mit der CE-Kennzeichnung nach § 6 des Geräte- und Produktsicherheitsgesetzes versehen sein, durch die der Hersteller oder sein in der Gemeinschaft oder einem anderen Vertragsstaat des Abkommens über den Europäischen Wirtschaftsraum niedergelassener Bevollmächtigter bestätigt, dass die Sicherheitsanforderungen nach § 2 erfüllt und die Konformitätsbewertungsverfahren nach Anhang IV der Richtlinie 2006/95/EG des Europäischen Parlaments und des Rates vom 12. Dezember 2006 zur Angleichung der Rechtsvorschriften der Mitgliedstaaten betreffend elektrische Betriebsmittel zur Verwendung innerhalb bestimmter Spannungsgrenzen (ABl. EU Nr. L 374 S. 10) eingehalten sind.

(2) Die CE-Kennzeichnung muss auf jedem elektrischen Betriebsmittel oder, sollte dies nicht möglich sein, auf der Verpackung oder Gebrauchsanleitung oder dem Garantieschein sichtbar, leserlich und dauerhaft angebracht sein. Ihre Mindesthöhe beträgt 5 mm.

(3) Unterliegt das elektrische Betriebsmittel auch anderen Rechtsvorschriften, die die CE-Kennzeichnung vorschreiben, wird durch die CE-Kennzeichnung auch bestätigt, dass das elektrische Betriebsmittel ebenfalls den Bestimmungen dieser anderen einschlägigen Rechtsvorschriften entspricht. Steht jedoch gemäß einer oder mehrerer dieser Rechtsvorschriften dem Hersteller während einer Übergangszeit die Wahl der anzuwendenden Regelung frei, bestätigt in diesem Fall die CE-Kennzeichnung lediglich, dass das elektrische Betriebsmittel den vom Hersteller angewandten Rechtsvorschriften nach Satz 1 entspricht. In diesen Fällen sind dem Betriebsmittel Unterlagen, Hinweise oder Anleitungen beizufügen, in denen alle Nummern der den vom Hersteller angewandten Rechtsvorschriften zugrunde liegenden Gemeinschaftsrichtlinien entsprechend ihrer Veröffentlichung im Amtsblatt der Europäischen Union aufgeführt sind.

(4) Vom Hersteller oder seinem in der Gemeinschaft oder einem anderen Vertragsstaat des Abkommens über den Europäischen Wirtschaftsraum niedergelassenen Bevollmächtigten müssen folgende Unterlagen für die zuständigen Behörden bereitgehalten werden:
1. eine Konformitätserklärung
   gemäß Anhang III B der Richtlinie 2006/95/EG
2. die technischen Unterlagen
   gemäß Anhang IV Nr. 3 der Richtlinie 2006/95/EG

§ 4

Ordnungswidrig im Sinne des § 19 Absatz 1 Nr. 1 des Geräte- und Produktsicherheitsgesetzes handelt, wer vorsätzlich oder fahrlässig

1. entgegen § 3 Absatz 1 in Verbindung mit Absatz 2 ein elektrisches Betriebsmittel in den Verkehr bringt, das nicht oder nicht in der vorgeschriebenen Weise mit der CE-Kennzeichnung versehen ist
2. entgegen § 3 Absatz 4 Nr. 1 die vorgesehene Konformitätserklärung gemäß Anhang III B der Richtlinie 2006/95/EG nicht bereithält
3. entgegen § 3 Absatz 4 Nr. 2 die vorgesehenen technischen Unterlagen gemäß Anhang IV Nr. 3 der Richtlinie 2006/95/EG nicht bereithält

2.2.4 Weitere nicht rechtliche Umsetzungsmaßnahmen

Die meisten Binnenmarktrichtlinien fordern die Mitgliedstaaten auf, die **Fundstellen der nationalen Normen** bekannt zu machen, die harmonisierte Normen umsetzen. Die Aufgabe der Bekanntmachung wird im Geltungsbereich des Geräte- und Produktsicherheitsgesetzes von der Bundesanstalt für Arbeitsschutz und Arbeitsmedizin wahrgenommen. Diese veröffentlicht in regelmäßigen Abständen zwei Verzeichnisse, das Verzeichnis 1 für den harmonisierten Bereich sowie das Verzeichnis 2 für den nicht harmonisierten Bereich.
Das Verzeichnis 1 gliedert sich in verschiedene Teile, jeweils ein Teil für die verschiedenen Richtlinien bzw. GPSG-Verordnungen. Die harmonisierten Normen zur Niederspannungsrichtlinie/1. GPSGV finden sich in Verzeichnis 1 **Teil 1** (siehe auch Abschnitt 3.3).
Bestimmte elektrische Betriebsmittel sind vom Anwendungsbereich der Niederspannungsrichtlinie ausdrücklich ausgenommen (vergleiche Abschnitt 2.3.3), wie z. B. die Haushaltssteckvorrichtungen. Normen oder andere technischen Spezifikationen zu solchen Betriebsmitteln fallen in den nicht harmonisierten Bereich. Sie können gemäß § 4 Absatz 2 Geräte- und Produktsicherheitsgesetz auch die Vermutungswirkung auslösen. Voraussetzung ist wie im harmonisierten Bereich eine Bekanntmachung, diesmal jedoch im Verzeichnis 2 Teil 1 (Normen) oder Teil 2 (technische Spezifikationen).

Notifizierung zugelassener Stellen und ihre Bekanntmachung
Zu den Rechtspflichten der Mitgliedstaaten gehört die Notifizierung der „zugelassenen Stellen". Das Geräte- und Produktsicherheitsgesetz sieht vor, dass dies erst nach erfolgter Anerkennung durch die Zentralstelle der Länder für Sicherheitstechnik (ZLS) und nach Antragstellung der Stelle selbst erfolgen kann.
Die EG-Kommission macht alle notifizierten Stellen unter folgender web-Adresse bekannt: http://ec.europa.eu/enterprise/newapproach/nando.
In Deutschland werden die Listen der notifizierten Stellen von der Bundesanstalt für Arbeitsschutz und Arbeitsmedizin (BAuA) in Dortmund veröffentlicht: http://www.baua.de/de/Geraete-und-Produktsicherheit/Geraete-und-Produktsicherheit.html.

2.2.5 Marktüberwachung

Die Überwachung der in den Verkehr gebrachten Produkte (Marktüberwachung) ist ein ganz entscheidender Baustein für die Gewährleistung eines hohen Sicherheitsniveaus. Gleichzeitig trägt sie zu einem fairen Wettbewerb der Hersteller bei, indem sie die sogenannten „schwarzen Schafe" unter ihnen aufspürt und entsprechende Maßnahmen verhängt. Die Vorschriften zur Marktüberwachung wurden mit dem GPSG erheblich ausgeweitet, was sich nicht zuletzt darin ausdrückt, dass es für die Marktüberwachung einen eigenen Abschnitt gibt.

Die Vorschriften zur Marktüberwachung sind überwiegend aus der Richtlinie über die allgemeine Produktsicherheit 2001/95/EG (ProdSRL) inhaltsgleich übernommen. Mit der ProdSRL 2001/95/EG wurde ein neuer Weg durch den europäischen Gesetzgeber eingeschlagen. Mit der Entwicklung der Binnenmarktpolitik in den 1980er-Jahren war man zunächst davon ausgegangen, dass die Überwachung der Binnenmarktvorschriften gemäß dem Subsidiaritätsprinzip alleinige Angelegenheit der Mitgliedstaaten ist. Marktüberwachung, so weiß man heute, kann ihre Funktion nur erfüllen, wenn sie in ganz Europa gleichermaßen entwickelt ist. Unterschiede in Umfang und Qualität der Marktüberwachung, die zweifellos festzustellen sind, führen zu erheblichen Wettbewerbsverzerrungen. So sind die diesbezüglichen Vorschriften der ProdSRL vor allem im Lichte des Bemühens der Organe der Gemeinschaft zu sehen, auch die Überwachung ein Stück weit zu harmonisieren. Jedoch stößt der Europäische Gesetzgeber hier auch auf klare Grenzen. Insbesondere die Bereitstellung der dafür erforderlichen Ressourcen wird weiterhin in Verantwortung der jeweiligen nationalen Verwaltungen verbleiben.

Damit ist auch ein Problem benannt, das insbesondere Deutschland betrifft. Die angesprochenen Niveauunterschiede zwischen den verschiedenen Mitgliedstaaten der Gemeinschaft sind auch für das föderale deutsche System bezeichnend; in Deutschland wird die Marktüberwachung durch jedes der 16 Bundesländer in eigener Verantwortung wahrgenommen. Insoweit war das Bemühen des nationalen Gesetzgebers auch darauf gerichtet, einen bundesweit gleichmäßigen Vollzug der GPSG-Vorschriften anzustreben. Im Lichte geringer werdender Ressourcen kommt einem systematischen und koordinierten Vorgehen der Marktüberwachungsbehörden, wie in § 8 GPSG gefordert, besondere Bedeutung zu. Allein durch Arbeitsteilung, Kooperation und Spezialisierung ließen sich erhebliche Synergien erschließen.

Das GPSG schafft für die Marktüberwachung Rahmenbedingungen, die das pro-aktive Vorgehen in den Vordergrund stellt, die Arbeit der Behörden vor Ort verbessert, die Kommunikation von Behörde zu Behörde – auch unter Nutzung des Internets – erleichtert und die Rolle der Verbraucher stärkt.

2.3 Anwendung der Niederspannungsrichtlinie

2.3.1 Offizieller Leitfaden der EU-Kommission zur Anwendung der Richtlinie 2006/95/EG

**LEITFADEN ZUR ANWENDUNG DER RICHTLINIE 2006/95/EG
(ELEKTRISCHE BETRIEBSMITTEL ZUR VERWENDUNG INNERHALB BESTIMMTER SPANNUNGSGRENZEN)**

August 2007
(Deutsche Sprachfassung März 2008)

Sehr geehrte Anwenderin, sehr geehrter Anwender,

die Bestimmungen der Niederspannungsrichtlinie 2006/95/EC sind seit 30 Jahren in Kraft. Sie haben entscheidend zur Förderung des europäischen Binnenmarkts für elektrische Betriebsmittel und zur Sicherstellung eines hohen Schutzniveaus für die Bürger beigetragen. Ich freue mich daher außerordentlich, dass ich um eine Einleitung zu dieser dritten Ausgabe des Leitfadens zur Niederspannungsrichtlinie gebeten wurde. Dieser Leitfaden soll „benutzerfreundliche" Hinweise zur Niederspannungsrichtlinie geben. Dass er sich nicht sehr stark von früheren Ausgaben unterscheidet zeigt, dass in diesem Bereich relativ leicht ein Konsens erzielt werden konnte und dass das Einvernehmen darüber, wie die Richtlinie in der Praxis anzuwenden ist, fortbesteht. Die Änderungen haben hauptsächlich den Zweck, die Kodifizierung der früheren Richtlinie 73/23/EWG und die Schnittstelle zur „neuen" Maschinenrichtlinie 2006/42/EG zu berücksichtigen. Der Leitfaden behandelt das redaktionelle Korrigendum[14] zur Richtlinie 93/68/EG, in dem eine Klarstellung von Artikel 10 (1) bezüglich des Anbringens der CE-Kennzeichnung vorgenommen wird und behandelt außerdem die Schnittstelle zur Allgemeinen Produktsicherheitsrichtlinie 2001/95/EG im Sinne der Hinweise der GD SANCO.

Diese Unterlage hat nicht die Verbindlichkeit eines Rechtsakts der Gemeinschaft, sie spiegelt aber sehr gut die Standpunkte der Akteure wider – Vertreter der Mitgliedstaaten, der Wirtschaft, der Anwender, der Normungsgremien und der benannten Stellen – die an ihrer Ausarbeitung beteiligt waren.

Weitere Vorschläge zum Inhalt des Leitfadens werden gerne entgegengenommen. Die elektronische Fassung und Fassungen in anderen Sprachen sind auf folgender Webseite verfügbar:
http://europa.eu.int/comm/enterprise/electr_equipment/lv/guides/index.htm

Luis Montoya
(Leiter des Referats I/4 GD Unternehmen und Industrie)

---

14) s. Korrigendum im ABL L299/32 vom 28.10.2006

INHALTSVERZEICHNIS

I. Einleitung 4
II. Die Niederspannungsrichtlinie 5
III. Geltungsbereich der Niederspannungsrichtlinie 6
IV. Sicherheitsanforderungen für das Inverkehrbringen in der EU von elektrischen Betriebsmitteln, die unter die Niederspannungsrichtlinie fallen 9
V. Verfahren der Konformitätsbewertung im Rahmen der Niederspannungsrichtlinie 12
VI. Beziehungen zwischen der Niederspannungsrichtlinie und anderen Richtlinien der Gemeinschaft 16

Hyperlinks

Wortlaut der Niederspannungs-Richtlinie 2006/95/EG:
http://eurlex.europa.eu/LexUriServ/site/en/oj/2006/l_374/l_37420061227de0010 0019.pdf

Stellungnahmen der Europäischen Kommission

- Oberflächentemperaturen von Brotröstern
  http://ec.europa.eu/enterprise/electr_equipment/lv/opinion2000.pdf
- Sicherheit von Leuchten und ihrer Anschlussmittel
  http://ec.europa.eu/enterprise/electr_equipment/lv/opinion2001.pdf
- Sicherheit von ortsveränderlichen, spielzeugähnlichen Leuchten
  http://ec.europa.eu/enterprise/electr_equipment/lv/opinion2002.pdf
- Funktionale Sicherheit von Brotröstern
  http://ec.europa.eu/enterprise/electr_equipment/lv/opinion2002.pdf
- Sicherheit von Leitungsrollern
  http://ec.europa.eu/enterprise/electr_equipment/lv/opinion2003.pdf

Verweise auf nationale Umsetzungsmaßnahmen der Richtlinie 2006/95/EG
http://ec.europa.eu/enterprise/electr_equipment/lv/direct/transp.htm

Liste der nationalen Behörden, die zuständig sind für die Umsetzung der Richtlinie
http://ec.europa.eu/enterprise/electr_equipment/lv/lialist.htm

Liste von NspRL – Marktaufsichtsbehörden
http://ec.europa.eu/enterprise/electr_equipment/lv/msalist.htm

Nützliche Adressen
http://ec.europa.eu/enterprise/electr_equipment/lv/contactpoint.htm

I. EINLEITUNG

1. Dieser Leitfaden richtet sich an alle[15], die mittelbar oder unmittelbar mit der Niederspannungs-Richtlinie 2006/95/EG[16] befasst sind. Er tritt an die Stelle der Hinweise, welche die Kommission in ihrer Mitteilung vom 15. Dezember 1981[17] und im „Leitfaden zur Anwendung der Richtlinie 73/23/EWG" vom Februar 2001 gegeben hatte.
Der Leitfaden wurde von den Dienststellen der Europäischen Kommission ausgearbeitet und in einer Arbeitsgruppe aus Vertretern der Mitgliedstaaten, der europäischen Industrie, der Verbraucherschutzverbände und der europäischen Normungsgremien erörtert. Er gibt den Konsens wieder, den die Kommissionsdienststellen und die Vertreter der Mitgliedstaaten in der Arbeitsgruppensitzung vom 20. März 2007 erzielen konnten.
2. Es wird darauf hingewiesen, dass der Leitfaden lediglich dazu gedacht ist, die Anwendung der Niederspannungsrichtlinie zu erleichtern. Rechtsverbindlich ist der Wortlaut der Richtlinie.
Der Leitfaden ist keine rechtsverbindliche Auslegung der Richtlinie. Er bildet aber die Grundlage für eine einheitliche Anwendung der Richtlinie durch alle Beteiligten.
3. Der Leitfaden ist nicht erschöpfend: Er befasst sich mit Fragen, die erfahrungsgemäß von besonderem und unmittelbarem Interesse für die Anwendung der Niederspannungsrichtlinie sind, und er soll den „Leitfaden für die Umsetzung der nach dem neuen Konzept und dem Gesamtkonzept verfassten Richtlinien", Ausgabe 2000[18] ergänzen, soweit es um spezielle Fragen der Anwendung der Niederspannungsrichtlinie geht. Letzterer Leitfaden sollte insbesondere dort zurate gezogen werden, wo es um die Definition von Begriffen wie „Inverkehrbringen", „Hersteller", „Bevollmächtigter" und „Importeur oder für das Inverkehrbringen verantwortliche Person" geht.

Der Leitfaden befasst sich mit folgenden Themen:
– Geltungsbereich der Niederspannungsrichtlinie
– anwendbare Sicherheitsanforderungen

---

15) Nach dem Übereinkommen für den Europäischen Wirtschaftsraum (EWR) gelten die Bestimmungen dieser Richtlinie auch für die EFTA-Länder Island, Liechtenstein und Norwegen. Jede Bezugnahme auf die Gemeinschaft bzw. den Gemeinschaftsmarkt ist als Bezugnahme auf den Europäischen Wirtschaftsraum und den entsprechenden Markt zu lesen.
16) Richtlinie 2006/95/EG des Europäischen Parlaments und des Rates vom 12. Dezember 2006 zur Angleichung der Rechtsvorschriften der Mitgliedstaaten betreffend elektrische Betriebsmittel zur Verwendung innerhalb bestimmter Spannungsgrenzen (kodifizierte Fassung) ABl EU L 374, 27.12.2006
17) ABl EU. L 374 vom 27.12.2006, S. 10–19
18) Europäische Kommission: „Leitfaden für die Anwendung der Richtlinien nach dem Neuen Konzept und dem Gesamtkonzept – Ausgabe 2000" – Luxemburg, Amt für Amtliche Veröffentlichungen der Europäischen Gemeinschaften, ISBN 92-828-7500-5. Katalognummer CO-22-99-014-DE-C. Dieser Leitfaden ist in den Verkaufstellen für das Amtsblatt der EG erhältlich.

- anwendbares Verfahren der Konformitätsbewertung, einschließlich CE-Kennzeichnung
- Beziehungen zwischen der Niederspannungsrichtlinie und bestimmten anderen Richtlinien
4. Es wird darauf hingewiesen, dass für bestimmte Produkte, die in den Anwendungsbereich der Niederspannungsrichtlinie fallen, auch andere Richtlinien gelten. Diese Produkte dürfen in der EU nur in Verkehr gebracht werden, wenn sie auch die Bestimmungen dieser anderen Richtlinien erfüllen. Der vorliegende Leitfaden erläutert die Anwendung der Niederspannungsrichtlinie und die Beziehungen zwischen ihr und bestimmten anderen Richtlinien.

II. DIE NIEDERSPANNUNGSRICHTLINIE

5. Die Richtlinie 2006/95/EG ist eine kodifizierende Richtlinie, welche die „ursprüngliche" Niederspannungsrichtlinie 73/23/EWG[19] und ihre späteren Änderungen in einem Text zusammenführt. Die Richtlinie 2006/95/EG trat mit dem 16. Januar 2007 in Kraft und hob damit die Richtlinie 73/23/EWG auf.

Es wird darauf hingewiesen, dass die neue Richtlinie inhaltlich mit der früheren Richtlinie (in der geänderten Fassung) identisch ist. Das Verfahren ergab jedoch Unstimmigkeiten zwischen den verschiedenen Sprachfassungen der Richtlinie 93/68/EWG. Diese wurden in einem Korrigendum[20] zur Richtlinie 93/68/EWG durch Anpassung aller Sprachfassungen bereinigt. Die so geänderte Richtlinie 73/23/EWG wurde in der Folge durch die Richtlinie 2006/95/EG ersetzt. Eine Klausel in der neuen Richtlinie (Artikel 14b) besagt, dass Verweise auf die alte Richtlinie als Verweise auf die neue Richtlinie zu lesen sind. Die Kodifizierung ändert die nationale Gesetzgebung nicht.

Es bleibt daher das Ziel der Richtlinie, die Rechtsvorschriften der Mitgliedstaaten für elektrische Betriebsmittel zur Verwendung innerhalb bestimmter Spannungsgrenzen anzugleichen.

6. Die Niederspannungsrichtlinie ist eine Richtlinie zur „vollständigen Harmonisierung", d. h. dass durch sie bestehende nationale Rechtsvorschriften auf diesem Gebiet ersetzt wurden: Elektrische Betriebsmittel dürfen nur dann in Verkehr gebracht werden, wenn sie die Anforderungen der Richtlinie erfüllen. Gleichzeitig dürfen die Mitgliedstaaten den freien Verkehr oder die Vermarktung von richtlinienkonformen Betriebsmitteln nicht behindern.

---

19) Richtlinie 73/23/EWG (ABl. L 77, 26.03.1973, S. 29–33) geändert durch Richtlinie 93/68/EG (ABl. Nr. L 220, 30.03.1993, S. 1) und Korrigendum zu Artikel 13(4) der Richtlinie 93/68/EWG zur Anpassung des Wortlauts von Artikel 10(1) der Richtlinie 73/23/EWG in der DA, DE, IT, HU, NL, SK und SL Fassung an die EN/FR Originalfassung (ABl EU L 299, 28.10.2006, S. 32);
20) Korrigendum s. ABl. L299/32 vom 28.10.2006

III. GELTUNGSBEREICH DER NIEDERSPANNUNGSRICHTLINIE
Für welche Produkte gilt die Richtlinie?

7. Die Richtlinie gilt für sämtliche elektrische Betriebsmittel[21], die für eine Nenn-Betriebsspannung zwischen 50 V und 1 000 V Wechselspannung bzw. 75 V und 1 500 V Gleichspannung ausgelegt sind. Die Spannungsgrenzen beziehen sich auf die Eingangs- und Ausgangsspannung, nicht auf die Spannung, die *innerhalb* der Geräte auftreten kann.

Nach Gesprächen mit den Mitgliedstaaten vertritt die Kommission die Auffassung, dass die Aussage „zur Verwendung innerhalb bestimmter Spannungsgrenzen" so zu verstehen ist, dass die Nenn-Eingangsspannung oder die Nenn-Ausgangsspannung des Betriebsmittels innerhalb dieser Grenzen liegt. In seinem Innern können höhere Spannungen als die Nennspannung auftreten.

Batteriebetriebene Geräte zur Verwendung außerhalb der genannten Spannungsgrenzen fallen folglich nicht in den Geltungsbereich der Niederspannungsrichtlinie. Die Richtlinie gilt jedoch sehr wohl für mitgelieferte Ladegeräte sowie für Geräte mit integrierter Stromversorgung innerhalb der Spannungsgrenzen der Richtlinie. Auch im Falle batteriebetriebener Geräte mit einer Betriebsspannung unter 50 V Wechselspannung und 75 V Gleichspannung gilt sie für die mitgelieferten Netzteile (z. B. Notebook-Rechner).

Folgende Betriebsmittel sind jedoch vom Geltungsbereich der Richtlinie ausgenommen:
- elektrische Betriebsmittel zur Verwendung in explosionsfähiger Atmosphäre
- elektro-radiologische und elektro-medizinische Betriebsmittel
- elektrische Teile von Aufzügen
- Elektrizitätszähler

Sie fallen in den Anwendungsbereich anderer Gemeinschaftsrichtlinien.
Ferner gilt die Richtlinie nicht für
- Haushaltssteckvorrichtungen[22]
- Einrichtungen zur Stromversorgung von elektrischen Weidezäunen
- spezielle elektrische Betriebsmittel, die zur Verwendung auf Schiffen, in Flugzeugen oder in Schienenfahrzeugen bestimmt sind und den Sicherheitsvorschriften internationaler Gremien entsprechen, denen die Mitgliedstaaten angehören

---

21) Der Begriff „elektrisches Betriebsmittel" wird in der Richtlinie nicht definiert und ist deshalb in seiner international anerkannten Bedeutung zu verstehen. Im „Internationalen Elektrotechnischen Wörterbuch" der Internationalen Elektrotechnischen Kommission (IEC) wird der Begriff elektrische Betriebsmittel wie folgt bestimmt: „Produkt, das zum Zweck der Erzeugung, Umwandlung, Übertragung, Verteilung oder Anwendung von elektrischer Energie benutzt wird, zum Beispiel Maschinen, Transformatoren, Schaltgeräte und Steuergeräte, Messgeräte, Schutzeinrichtungen, Kabel und Leitungen, elektrische Verbrauchsmittel."

22) „Haushaltssteckvorrichtungen" werden auch für gewerbliche und industrielle Zwecke genutzt, wenn für den entsprechenden Verwendungszweck keine speziellen industriellen Eigenschaften erforderlich sind.

Für diese Betriebsmittel gibt es bisher noch keine Gemeinschaftsrichtlinie, so dass auch die CE-Kennzeichnung nicht angebracht werden darf.

8. Generell erfasst die Richtlinie Konsum- und Investitionsgüter zur Verwendung innerhalb der genannten Spannungsgrenzen[23], insbesondere elektrische Geräte[24], Beleuchtungseinrichtungen einschließlich Vorschaltgeräte, Schalt- und Steuergeräte, elektrische Motoren und Generatoren, Kabel und Leitungen, Gerätesteckvorrichtungen, Geräteanschlussleitungen, elektrische Installationsbetriebsmittel[25] usw. Die Kommission bestätigt, wie bereits in ihrer Mitteilung vom 15. Dezember 1982 ausgeführt, dass Kabelführungssysteme in den Geltungsbereich der Niederspannungsrichtlinie fallen.

Fallen auch Bauteile in den Geltungsbereich der Richtlinie?

9. Generell fallen in den Geltungsbereich der Richtlinie sowohl elektrische Betriebsmittel, die zum Einbau in andere Geräte bestimmt sind, als auch solche, die ohne vorherigen Einbau direkt verwendet werden.

Bei einigen Arten elektrischer Betriebsmittel, die so ausgelegt und hergestellt werden, dass sie als Grundbauteile in andere elektrische Geräte eingebaut werden können, hängt die Sicherheit jedoch weitgehend davon ab, wie die Bauteile in das Endprodukt eingebaut sind und welche Gesamtmerkmale das Endprodukt hat. Zu diesen Grundbauteilen gehören Bauelemente der Elektronik und bestimmte andere Bauteile.[26]

Aus den Zielen der Niederspannungsrichtlinie folgt, dass sie nicht für Grundbauteile gilt, deren Sicherheit überwiegend nur im eingebauten Zustand richtig bewertet werden kann und für die eine Risikobewertung nicht vorgenommen werden kann. Auch die CE-Kennzeichnung darf auf diesen Bauteilen nicht angebracht werden, es sei denn, sie fallen unter andere gemeinschaftliche Rechtsakte, in denen die CE-Kennzeichnung vorgeschrieben ist.

---

23) Werkzeuge für Arbeiten an unter Spannung stehenden Teilen (z. B. Schraubenzieher) fallen nicht hierunter. Für diese Werkzeuge gilt jedoch die Norm EN 60900, die nicht im Rahmen der Niederspannungsrichtlinie veröffentlicht wurde.

24) Die Arbeitsgruppe Niederspannungsrichtlinie (LVD Working Party) kam überein, dass *handgeführte und transportable elektrische Werkzeuge*, wie z. B. Elektrowerkzeuge und Rasenmäher nicht dem Anwendungsbereich der Niederspannungsrichtlinie zuzurechnen sind, sondern unter die Maschinenrichtlinie fallen. Siehe auch Kapitel 29 dieses Leitfadens.

25) Bei Isolierband hängt die Sicherheit nicht allein von den Eigenschaften des Bandes ab, sondern auch von der Art der Verwendung, die von Fall zu Fall sehr unterschiedlich sein kann. Isolierband ist kein elektrisches Betriebsmittel im Sinne der Richtlinie. Für Isolierband gilt die Europäische Norm EN 60 454, die nicht im Rahmen der Niederspannungsrichtlinie veröffentlicht wurde.

26) Hierzu gehören u. a. aktive Bauteile wie integrierte Schaltkreise, Transistoren, Dioden, Gleichrichter, Triacs, GTO, IGTB und optische Halbleiter, passive Bauteile wie Kondensatoren, Induktionsspulen, Widerstände und Filter sowie elektromechanische Bauteile wie Verbindungselemente, Vorrichtungen zum mechanischen Schutz, die Teil der Geräte sind, Relais mit Anschlüssen für Leiterplatten und Mikroschalter.

Für andere elektrische Betriebsmittel, die dazu bestimmt sind, in andere elektrische Geräte eingebaut zu werden und bei denen eine Sicherheitsbewertung durchaus vorgenommen werden kann[27], z. B. Transformatoren und Elektromotoren, gilt die Richtlinie, und an ihnen muss die CE-Kennzeichnung angebracht werden.

Der Ausschluss von Grundbauteilen aus dem Geltungsbereich der Richtlinie darf nicht falsch verstanden und auf Betriebsmittel wie Lampen, Starter, Sicherungen, Schalter für den Hausgebrauch, Bestandteile elektrischer Installationen usw. ausgedehnt werden. Auch wenn sie häufig in Verbindung mit anderen elektrischen Betriebsmitteln verwendet werden und ordnungsgemäß installiert sein müssen, um ihre normale Funktion zu erfüllen, sind sie selbst als elektrische Betriebsmittel im Sinne der Richtlinie zu betrachten.

Welche Sicherheitsaspekte deckt die Richtlinie ab?

10. Die Richtlinie deckt alle Risiken ab, die bei der Verwendung von elektrischen Betriebsmitteln auftreten können, und zwar nicht nur elektrische, sondern auch mechanische, chemische (z. B. Emissionen aggressiver Stoffe) und alle anderen Gefährdungen. Die Richtlinie berücksichtigt ferner Gesundheitsaspekte wie Lärm und Erschütterungen und ergonomische Aspekte, sofern ergonomische Anforderungen zu stellen sind, um Schutz gegen Gefährdungen im Sinne der Richtlinie zu gewährleisten.
    In Artikel 2 und Anhang I sind elf „Sicherheitsziele" festgelegt, welche die wesentlichen Anforderungen der Richtlinie darstellen.
11. Aspekte der elektromagnetischen Verträglichkeit (Störaussendung und Störfestigkeit) sind, soweit sie nicht die Sicherheit betreffen, nicht Gegenstand dieser Richtlinie, sie werden in der Richtlinie 89/336/EWG[28] getrennt behandelt.
    Die in Anhang I der Richtlinie angesprochenen Risiken durch Strahlung sind auf Risiken für die Gesundheit und Sicherheit von Personen und Haustieren beschränkt und schließen elektromagnetische Störungen im Sinne der EMV-Richtlinie nicht ein.
    Bei Produkten, die ionisierende Strahlung aussenden, sollten außerdem zwei Euratom-Richtlinien[29] berücksichtigt werden.
    Nach Meinung der Kommission sind sämtliche elektromagnetischen Aspekte im Zusammenhang mit Sicherheit einschließlich der funktionalen Sicherheit durch

---

27) In der Regel ist zusätzlich eine Sicherheitsbewertung ihres Einbaus erforderlich.
28) Wird ab dem 20. Juli 2007 durch die „neue" EMV-Richtlinie 2004/108/EG ersetzt
29) Europäische Kommission Richtlinie 97/43/Euratom des Rates über den Gesundheitsschutz von Personen gegen die Gefahren ionisierender Strahlung bei medizinischer Exposition vom 30. Juni 1997. Amtsblatt der Europäischen Gemeinschaften, L 180: 22–27; 09.07.1997 und Richtlinie 96/26/Euratom des Rates zur Festlegung der grundlegenden Sicherheitsnormen für den Schutz der Gesundheit der Arbeitskräfte und der Bevölkerung gegen die Gefahren durch ionisierende Strahlungen; ABl. L 159, 29.06.1996, S. 0001–0114

die Niederspannungsrichtlinie erfasst. Darunter fallen auch Auswirkungen, die elektrische Betriebsmittel durch Emission elektromagnetischer Felder hervorrufen.
12. Schließlich wird nochmals darauf hingewiesen, dass für bestimmte elektrische Betriebsmittel auch andere Richtlinien gelten.

IV. SICHERHEITSANFORDERUNGEN FÜR DAS INVERKEHRBRINGEN IN DER EU VON ELEKTRISCHEN BETRIEBSMITTELN, DIE UNTER DIE NIEDERSPANNUNGSRICHLINIE FALLEN

Welche Sicherheitsanforderungen sind in der EU verbindlich?

13. Artikel 2 der Richtlinie lautet:
„*1. Die Mitgliedstaaten treffen alle zweckdienlichen Maßnahmen, damit die elektrischen Betriebsmittel nur dann in den Verkehr gebracht werden können, wenn sie – entsprechend dem in der Gemeinschaft gegebenen Stand der Sicherheitstechnik – so hergestellt sind, dass sie bei ordnungsgemäßer Installation und Wartung und bestimmungsgemäßer Verwendung die Sicherheit von Menschen und Nutztieren sowie die Erhaltung von Sachwerten nicht gefährden.*
2. Anhang I enthält eine Zusammenfassung der wichtigsten Angaben über die in Absatz 1 genannten Sicherheitsziele."

14. Die Mitgliedstaaten müssen das Inverkehrbringen von und den Verkehr mit elektrischen Betriebsmitteln zulassen, welche die Anforderungen der Richtlinie erfüllen.
In Anhang I der Richtlinie sind elf Sicherheitsziele formuliert, die grundlegende Sicherheitsanforderungen darstellen.
Die Erfüllung dieser verbindlichen Sicherheitsanforderungen ist Voraussetzung für das Inverkehrbringen solcher Produkte und den freien Verkehr mit ihnen in der Gemeinschaft (Artikel 2 und 3). Folglich sind nationale Normen und Spezifikationen für die Sicherheit von elektrischen Betriebsmitteln nicht rechtsverbindlich, die Übereinstimmung mit ihnen kann keine Vorbedingung für das Inverkehrbringen sein.

15. Artikel 7 der Richtlinie enthält Bestimmungen für die gegenseitige Anerkennung nationaler Normen in Fällen, in denen keine Normen im Sinne der Artikel 5 und 6 bestehen. Solche nationalen Normen tragen jedoch nicht immer allen Sicherheitszielen der Richtlinie Rechnung. Hersteller, die solche Normen anwenden, sollten deshalb sorgfältig prüfen, ob alle Sicherheitsanforderungen der Richtlinie erfüllt sind.
Der Passus am Ende von Artikel 7 („*wenn sie die gleiche Sicherheit bieten, die in ihrem eigenen Hoheitsgebiet gefordert wird*") berechtigt die Mitgliedstaaten nicht ohne Weiteres, die Einhaltung anderer, von den Sicherheitszielen abweichender Sicherheitsanforderungen zu verlangen.
Auch wenn die Sicherheitsziele der Richtlinie für die gesamte Gemeinschaft gelten, kann es vorkommen, dass in den einzelnen Mitgliedstaaten unterschied-

liche Anforderungen zu erfüllen sind. Grund dafür sind objektiv unterschiedliche Gegebenheiten. So können unterschiedliche Merkmale der Stromnetze in den Regionen der Gemeinschaft zu unterschiedlichen Anforderungen führen.

16. Deshalb können nationale Gesetze oder Verordnungen, welche die Einhaltung bestimmter technischer Spezifikationen (sofern vorhanden) verlangen, nicht als verbindlich betrachtet werden. Diesen Vorschriften kann allenfalls der Status von Spezifikationen zuerkannt werden, die gegebenenfalls eine Konformitätsvermutung begründen.

Hersteller können also nicht mehr verpflichtet werden, nationale Spezifikationen einzuhalten, wenn Betriebsmittel auf andere Weise den Sicherheitszielen der Richtlinie entsprechen. Gibt es noch keine Normen im Sinne von Artikel 5 oder 6, können Hersteller natürlich geeignete Spezifikationen heranziehen, um die Konformität mit den Sicherheitszielen der Richtlinie einfacher nachweisen zu können.

Der nicht verbindliche Charakter von Spezifikationen in nationalen Vorschriften wird durch die Rechtsprechung des Europäischen Gerichtshofs bestätigt, der zufolge nationale Behörden und Gerichte keine nationalen Vorschriften anwenden dürfen, die im Widerspruch zu Rechtsvorschriften der Gemeinschaft stehen[30].

17. Einzelstaatliche Gesetze und Vorschriften können kein Hinderungsgrund für die Ausarbeitung harmonisierter Normen im Sinne von Artikel 5 sein.

Ebenso wenig können einzelstaatliche Bestimmungen zusätzlich zu oder anstelle von technischen Spezifikationen in harmonisierten Normen geltend gemacht werden, da sie nicht mehr verbindlich sind.

Im Anwendungsbereich der Richtlinie ist es damit nicht länger notwendig, in „Harmonisierungsdokumenten" (HD) oder „Europäischen Normen" (EN) auf solche Bestimmungen mit der Anmerkung „A – Abweichungen" hinzuweisen.[31]

Blieben diese Bestimmungen im Rechtssystem eines Mitgliedstaats weiterhin verbindlich, so wäre das ein Verstoß gegen das Gemeinschaftsrecht, und gegen den betreffenden Mitgliedstaat könnte ein Vertragverletzungsverfahren nach Artikel 226 (ex-Artikel 169) EG-Vertrag eingeleitet werden.

Wie kann die Konformität mit den Anforderungen der Richtlinie sichergestellt werden?

18. Die Konformität eines elektrischen Betriebsmittels mit den Sicherheitszielen der Niederspannungsrichtlinie wird vermutet, wenn es nach technischen Normen hergestellt wurde, die in der Richtlinie in folgender Rangfolge genannt werden:

---

30) Urteile des Gerichtshofs in der Rechtsache 106/77 Simmenthal (Slg. 1978, S. 645) und in der Rechtssache 148/78 Ratti (Slg. 1979, S. 1646)
31) Abweichungen, die in speziellen Fällen aufgrund objektiver Sachverhalte (vgl. Ziffer 15) bestehen, können jedoch gerechtfertigt sein

- Europäische Normen (EN oder HD), die in der Richtlinie als „harmonisierte Normen"[32] bezeichnet werden und nach Artikel 5 von den durch die Mitgliedstaaten „gemeldeten Stellen" ausgearbeitet werden (tatsächlich werden diese Normen von CENELEC ausgearbeitet)
- soweit noch keine harmonisierten Normen im Sinne von Artikel 5 ausgearbeitet und veröffentlicht worden sind, internationale Regelungen der beiden folgenden internationalen Gremien: Internationale Kommission für die Regelung der Zulassung elektrischer Ausrüstungen (CEE)[33] und Internationale Elektrotechnische Kommission (IEC) (Artikel 6 Absatz 1); diese Regelungen werden nach dem Verfahren des Artikels 6 Absätze 2 und 3 veröffentlicht
- soweit Normen im Sinne von Artikel 5 oder internationale Normen im Sinne von Artikel 6 noch nicht vorhanden sind, die nationalen Normen des Mitgliedstaates des Herstellers (Artikel 7)

Werden Betriebsmittel nach den in Artikel 5, 6 und 7 genannten Normen hergestellt, deren Anwendung freiwillig bleibt, kann ihre Konformität mit den Bestimmungen der Richtlinie vermutet werden.

Eine harmonisierte Norm kann ab dem Zeitpunkt ihrer ersten innerstaatlichen Bekanntgabe[34] gemäß Artikel 5, Absatz 2 angewandt werden, um die Konformitätsvermutung zu erhalten. Die im Amtsblatt der Europäischen Gemeinschaften veröffentlichte Liste dient dabei gemäß Artikel 5, Absatz 3 lediglich zur Information. Im Amtsblatt wird auch das Datum angegeben, ab dem die Konformitätsvermutung aufgrund der alten Norm nicht mehr besteht. Ab diesem Zeitpunkt wird davon ausgegangen, dass eine harmonisierte Norm dem neuesten Stand des technischen Fortschritts sowie der Entwicklung des Standes der Sicherheitstechnik nicht mehr entspricht (Artikel 5, Absatz 2). In der Liste ist daher der maßgebliche Text aufgeführt.

19. Ein Hersteller kann sein Produkt auch nach den wesentlichen Anforderungen (Sicherheitszielen) der Richtlinie entwickeln und fertigen, ohne harmonisierte, internationale oder nationale Normen anzuwenden. Die durch die Anwendung solcher Normen begründete Konformitätsvermutung entfällt dann, und der Hersteller muss in den technischen Unterlagen (s. Kapitel V) angeben, mit welchen Mitteln er die Sicherheitsanforderungen der Richtlinie erfüllt hat.

---

32) Die Unterschiede zwischen harmonisierten Normen im Sinne des neuen Konzepts und harmonisierten Normen im Sinne der Niederspannungsrichtlinie sind in dem Leitfaden für die Umsetzung der nach dem neuen Konzept und dem Gesamtkonzept verfassten Richtlinien erläutert, s. insbesondere Fußnoten 73 und 74, S. 28.
33) Die CEE besteht mittlerweile nicht mehr, ihre Tätigkeiten werden in CENELEC fortgesetzt.
34) Es ist Sache des einzelnen Mitgliedstaats, in den innerstaatlichen Rechtsvorschriften zur Umsetzung der Niederspannungsrichtlinie festzulegen, welch innerstaatliche Veröffentlichung die Konformitätsvermutung begründet. Voraussetzung ist, dass die Veröffentlichung weithin verfügbar ist und auf alle veröffentlichten Normen verweist. Nach dieser ersten Veröffentlichung darf die Norm nicht nur im betreffenden Hoheitsgebiet, sondern überall in der Welt als Grundlage für eine Konformitätsvermutung angewandt werden.

V. VERFAHREN DER KONFORMITÄTSBEWERTUNG IM RAHMEN DER NIEDERSPANNUNGSRICHTLINIE

Welches Verfahren der Konformitätsbewertung ist anzuwenden?

20. In Artikel 8 und Anhang IV der Richtlinie ist das Verfahren beschrieben, nach dem *der Hersteller* oder sein in der Gemeinschaft niedergelassener *Bevollmächtigter*[35] die Konformität eines elektrischen Betriebsmittels mit den Bestimmungen der Richtlinie sicherstellt und erklärt. Dieses Verfahren umfasst drei wesentliche Schritte:
    - Zusammenstellung der technischen Unterlagen
      Bevor ein elektrisches Betriebsmittel in Verkehr gebracht wird, stellt der Hersteller die technischen Unterlagen zusammen, anhand deren beurteilt werden kann, ob es den Anforderungen der Richtlinie entspricht (siehe unten)[36].
    - Konformitätserklärung
      Der Hersteller oder sein in der Gemeinschaft niedergelassener *Bevollmächtigter* muss ferner vor Inverkehrbringen des Produkts eine schriftliche Konformitätserklärung ausstellen (siehe unten). Der Hersteller und sein Bevollmächtigter sind als einzige dazu befugt.
    - CE-Kennzeichnung
      Vor dem Inverkehrbringen muss ein elektrisches Betriebsmittel mit der CE-Kennzeichnung versehen werden. Dazu sind ausschließlich der *Hersteller* und sein in der Gemeinschaft niedergelassener *Bevollmächtigter* befugt.
      Der Importeur kann zwar keine Erklärung über die Konformität mit der Richtlinie abgeben, er muss aber die erforderliche Sorgfalt walten lassen, um sicherzustellen, dass keine eindeutig nicht konformen Produkte in Verkehr gebracht werden[37].
21. Wurden keine Normen im Sinne der Richtlinie angewandt, muss der Hersteller in den technischen Unterlagen beschreiben, auf welche Weise er die Sicherheitsanforderungen der Richtlinie erfüllt hat.
    Bei Beanstandungen durch die Marktaufsichtsbehörde wird ein Bericht nach Artikel 8 Absatz 2 (der jedoch nicht vorgeschrieben ist) als ein Element des Nachweises betrachtet. Nach Artikel 8 Absatz 2 kann nämlich bei Beanstandungen zusätzlich zu dem genannten dreistufigen Verfahren der Konformitätsbewertung

---

35) Diese Verpflichtungen gelten nicht für den Importeur, der im Allgemeinen keine detaillierte Kenntnis davon hat, welche Richtlinien berücksichtigt oder welche technischen Spezifikationen angewandt wurden.
36) Nach Anhang IV der Niederspannungsrichtlinie trifft der Hersteller alle erforderlichen Maßnahmen, damit das Fertigungsverfahren die Übereinstimmung der Produkte mit den technischen Unterlagen und den Anforderungen der Richtlinie gewährleistet.
37) Im Falle von elektrischen Verbrauchsgütern siehe auch die Verpflichtungen der „Händler" gemäß Artikel 5(2) und (3) der Richtlinie über die allgemeine Produktsicherheit 2001/95/EG. Die Beziehungen zwischen der Niederspannungsrichtlinie und der Richtlinie über allgemeine Produktsicherheit werden in Abschnitt VI behandelt.

der Marktaufsichtsbehörde ein Bericht vorgelegt werden, der von einer gemeldeten Stelle als Beweis der Erfüllung der Sicherheitsanforderungen (Artikel 2 und Anhang I) erstellt wurde.
Artikel 8 Absatz 2 soll vor allem für die günstigsten Bedingungen hinsichtlich Fortschritt und dynamischer Entwicklung der Elektroindustrie sorgen. Die Markteinführung innovativer Produkte soll erleichtert werden, denn für sie gibt es keine technischen Normen, auf die der Hersteller sich stützen kann, sie entstehen oft erst nach Entwicklung einer technischen Innovation.

Was müssen die technischen Unterlagen enthalten?

22. Die technischen Unterlagen müssen Angaben über die Konstruktion, die Herstellung und den Betrieb des elektrischen Betriebsmittels enthalten, soweit diese Angaben erforderlich sind, um die Konformität der elektrischen Betriebsmittel mit den Anforderungen der Richtlinie zu bewerten.
Die technischen Unterlagen umfassen folglich
   – eine allgemeine Beschreibung des elektrischen Betriebsmittels
   – Konstruktions- und Fertigungspläne sowie Schaltbilder, aus denen die Anordnung der Bauteile, Baugruppen, Schaltkreise usw. hervorgeht
   – Beschreibungen und Erläuterungen zum Verständnis dieser Pläne und Schaltbilder und zum Betrieb des elektrischen Betriebsmittels
   – eine Liste der (vollständig oder teilweise) angewandten Normen oder, wenn keine Normen angewandt wurden, eine Beschreibung der Mittel, mit denen die Sicherheitsanforderungen der Richtlinie erfüllt werden
   – die Ergebnisse der Konstruktionsberechnungen, der durchgeführten Prüfungen usw.
   – Prüfberichte (verfügbare Prüfberichte des Herstellers oder von Dritten)

Wer muss die technischen Unterlagen aufbewahren und an welchem Ort?

23. Der Hersteller oder sein in der Gemeinschaft niedergelassener Bevollmächtigter muss die technischen Unterlagen mindestens zehn Jahre nach dem letzten Herstellungstag des betreffenden Produkts für die nationalen Behörden zu Prüfzwecken bereithalten. Die technischen Unterlagen können in elektronischer Form gespeichert werden, müssen jedoch für diese Prüfzwecke leicht zugänglich sein. Wenn der Hersteller nicht in der Gemeinschaft niedergelassen ist und dort auch keinen Bevollmächtigten hat, geht die Aufbewahrungspflicht auf den Importeur oder die für das Inverkehrbringen in der Gemeinschaft zuständige Person über. *Diese technischen Unterlagen müssen innerhalb der Gemeinschaft so aufbewahrt werden, dass sie den Behörden nach der ersten Aufforderung und innerhalb eines angemessenen Zeitraums (z. B. zwei Wochen) vorgelegt werden können.*

Wo muss die CE-Kennzeichnung angebracht werden?

24. Die CE-Kennzeichnung wird vom *Hersteller oder seinem in der Gemeinschaft niedergelassenen Bevollmächtigten* am elektrischen Betriebsmittel selbst oder, wenn das nicht möglich ist, auf der Verpackung, der Gebrauchsanleitung oder dem Garantieschein angebracht.

Welche Bedeutung hat die CE-Kennzeichnung, und welche Bestimmungen gelten für sie?

25. Die CE-Kennzeichnung gibt an, dass ein elektrisches Betriebsmittel die wesentlichen Anforderungen erfüllt und die Konformitätsbewertungsverfahren durchlaufen hat, die in der Niederspannungsrichtlinie und den anderen für das Produkt geltenden Richtlinien festgelegt sind.

Die CE-Kennzeichnung muss deutlich sichtbar, leserlich und dauerhaft angebracht werden.

Es ist verboten, Kennzeichnungen anzubringen, deren Bedeutung oder Gestalt mit der Bedeutung oder Gestalt der CE-Kennzeichnung verwechselt werden kann.

Wer muss die Konformitätserklärung aufbewahren?
Wo muss sie aufbewahrt werden?

26. *Der Hersteller* oder sein *in der Gemeinschaft niedergelassener Bevollmächtigter* oder, wenn der Hersteller nicht in der Gemeinschaft niedergelassen ist und dort auch keinen Bevollmächtigten hat, der *Importeur oder die für das Inverkehrbringen verantwortliche Person* müssen ein Exemplar der Konformitätserklärung ebenso wie die technischen Unterlagen für die nationalen Behörden zu Prüfzwecken bereithalten. So können die Marktaufsichtsbehörden wenn nötig eine Kopie der Konformitätserklärung anfordern.

Welche Angaben muss die Konformitätserklärung enthalten?

27. In Anhang III B der Richtlinie ist festgelegt, welche Angaben die Konformitätserklärung enthalten muss. Das sind[38]:
    - Name und Anschrift des Herstellers oder seines in der Gemeinschaft niedergelassenen Bevollmächtigten
    - Beschreibung des elektrischen Betriebsmittels
    - Bezugnahme auf die harmonisierten Normen
    - gegebenenfalls Bezugnahme auf die Spezifikationen, die der Konformität zugrunde liegen
    - Identität des vom Hersteller oder seinem in der Gemeinschaft niedergelassenen Bevollmächtigten beauftragten Unterzeichners

---

[38] Siehe auch EN 45014. Diese Norm enthält ein Beispiel für eine Konformitätserklärung. (Hinweis: EN 45014 ist mittlerweile zurückgezogen. Jetzt gelten: ISO/IEC 17050-1 und ISO/IEC 17050-2).

- die beiden letzten Ziffern des Jahres, in dem die CE-Kennzeichnung (zum ersten Mal) angebracht wurde

Die Konformitätserklärung muss in mindestens einer Amtssprache der Gemeinschaft abgefasst sein.

Zum Thema Konformitätserklärung und dem verlangten Nachweis der Einhaltung der aktuellen Richtlinie wurden eine Reihe von Fragen aufgeworfen.

Es wurde vereinbart, dass ab dem Datum des Inkrafttretens der Richtlinie 2006/95/EG (d. h. ab 16. Januar 2007) alle neu ausgestellten Dokumente, insbesondere Konformitätserklärungen und technische Unterlagen, bei Verweisungen diese Richtlinie angeben sollten.

Es ist jedoch nicht erforderlich, bereits existierende Dokumente zu aktualisieren, soweit keine sonstigen Korrekturen notwendig sind.

VI. BEZIEHUNGEN ZWISCHEN DER NIEDERSPANNUNGSRICHTLINIE UND ANDEREN RICHTLINIEN DER GEMEINSCHAFT

Welche Anforderungen gelten für elektrische Betriebsmittel, die gleichzeitig Maschinen im Sinne der Maschinenrichtlinie[39] sind?

Website der Kommission mit Informationen zur Maschinenrichtlinie
http://ec.europa.eu/enterprise/mechan_equipment/machinery/index.htm

(A) Die derzeitige Maschinenrichtlinie 98/37/EG

Die derzeitige Maschinenrichtlinie 98/37/EG bleibt bis zum 29. Dezember 2009 anwendbar.

28. Bestimmte elektrische Betriebsmittel sind auch Maschinen im Sinne der Richtlinie 98/37/EG in ihrer geänderten Fassung.

Sowohl die Niederspannungsrichtlinie als auch die Maschinenrichtlinie decken eine Vielzahl von Risiken ab. Bei bestimmten elektrischen Betriebsmitteln überschneiden sich die Anwendungsbereiche der beiden Richtlinien, sodass geklärt werden muss, wie in solchen Fällen zu verfahren ist.

29. Bestimmte elektrische Betriebsmittel, die gleichzeitig Maschinen sind, werden nach Artikel 1 Absatz 5 der Maschinenrichtlinie aus deren Geltungsbereich ausgeschlossen.[40]

---

39) Richtlinie 98/37/EG des Europäischen Parlaments und des Rates vom 22. Juni 1998 zur Angleichung der Rechts und Verwaltungsvorschriften der Mitgliedstaaten über Maschinen (ABl. L 207 vom 23.07.1998), geändert durch die Richtlinie 98/79/EG (ABl. L 331/1 vom 07.12.1998).

40) Diese Bestimmungen sind im Zusammenhang mit den Leitlinien zu sehen, die Rat und Kommission bei der Annahme der Richtlinie formuliert haben. Darin heißt es: „Der Rat und die Kommission sind übereinstimmend der Auffassung, dass der mit der Niederspannungsrichtlinie erreichte freie Warenverkehr durch die vorliegende Richtlinie nicht beeinträchtigt werden darf." Es sollte sichergestellt werden, dass einige Maschinen, für die bereits die Niederspannungsrichtlinie galt, von der Maschinenrichtlinie nicht berührt werden.

In Artikel 1 Absatz 5 der Richtlinie heißt es: „*Gehen von einer Maschine hauptsächlich Gefahren aufgrund von Elektrizität aus, so fällt diese Maschine ausschließlich in den Anwendungsbereich der Richtlinie 73/23/EWG des Rates vom 19. Februar 1973 zur Angleichung der Rechtsvorschriften der Mitgliedstaaten betreffend elektrische Betriebsmittel zur Verwendung innerhalb bestimmter Spannungsgrenzen.*"

Um zu entscheiden, ob ein Produkt, das als Maschine im Sinne der Richtlinie 98/37/EG und als elektrisches Betriebsmittel im Sinne der Richtlinie 73/23/EWG betrachtet werden kann, nach Artikel 1 Absatz 5 der Maschinenrichtlinie aus deren Anwendungsbereich ausgeschlossen ist, muss der Hersteller für das Produkt eine Risikobewertung vornehmen.

In der Europäischen Norm EN 1050 (Sicherheit von Maschinen – Leitsätze zur Risikobeurteilung) sind die Grundsätze einer solchen Risikobewertung beschrieben.

Ergibt die Risikobewertung, dass die Risiken hauptsächlich von Elektrizität ausgehen, gilt für das Produkt *ausschließlich* die Niederspannungsrichtlinie, die sich gleichwohl mit allen Sicherheitsaspekten – einschließlich der mechanischen Sicherheit – befasst und dasselbe Sicherheitsniveau wie die Maschinenrichtlinie vorsieht.

Bei der Entscheidung, ob die Risiken eines bestimmten Produkts hauptsächlich von Elektrizität ausgehen, kann der Hersteller sich auf die Risikobewertung stützen, welche die zuständigen Normungsgremien im Zuge der Ausarbeitung einer harmonisierten Norm für dieses Produkt vorgenommen haben. Diese Risikobewertung kann nämlich dazu führen, dass die entsprechenden Normen je nach den vorherrschenden Risiken *ausschließlich* im Rahmen der Niederspannungsrichtlinie[41)] oder *ausschließlich* im Rahmen der Maschinenrichtlinie veröffentlicht wurden.

Ein Beispiel sind die handgeführten und transportablen motorbetriebenen Elektrowerkzeuge. In der Arbeitsgruppe Niederspannungsrichtlinie (LVD Working Party) kam man überein, dass die Normen, die diese Gruppe von Betriebsmitteln behandeln, im Amtsblatt der Europäischen Gemeinschaften ausschließlich unter der Maschinenrichtlinie veröffentlicht werden sollen. Damit kam man auch überein, die Konformitätsbewertungsverfahren der Maschinenrichtlinie anstelle jener der Niederspannungsrichtlinie anzuwenden.

30. Mit Ausnahme der in Artikel 1 Absatz 5 genannten Maschinen fallen alle elektrisch betriebenen Maschinen mit einer Betriebsspannung zwischen 50 V und 1 000 V Wechselspannung oder zwischen 75 V und 1 500 V Gleichspannung sowohl un-

---

41) Die Veröffentlichung harmonisierter Normen im Amtsblatt der Europäischen Gemeinschaften im Rahmen der Niederspannungsrichtlinie dient lediglich der Information. Die Übereinstimmung eines Produkts mit einer harmonisierten Norm begründet auch dann eine Konformitätsvermutung, wenn die Norm nicht im Amtsblatt veröffentlicht wurde. Die Veröffentlichung im Amtsblatt kann zudem einige Zeit in Anspruch nehmen. Deshalb sollten die Hersteller auch Normen berücksichtigen, die der Kommission zur Veröffentlichung vorgelegt wurden, aber noch nicht veröffentlicht sind. Auskunft hierüber können die europäischen und nationalen Normungsgremien geben.

ter die Maschinenrichtlinie als auch unter die Niederspannungsrichtlinie. Beide Richtlinien ergänzen einander.
In Anhang I Nummer 1.5.1 der Maschinenrichtlinie heißt es dazu:

„*1.5.1 Gefahren durch elektrische Energie*
Eine elektrisch angetriebene Maschine muss so konzipiert, gebaut und ausgerüstet sein, dass alle Gefahren aufgrund von Elektrizität vermieden werden oder vermieden werden können. Soweit die Maschine unter die spezifischen Rechtsvorschriften betreffend elektrische Betriebsmittel zur Verwendung innerhalb bestimmter Spannungsgrenzen fällt, sind diese anzuwenden."

Deshalb gilt für elektrisch betriebene Maschinen mit einer Betriebsspannung innerhalb der in der Niederspannungsrichtlinie festgelegten Grenzen Folgendes:
a) Die wesentlichen Anforderungen der Niederspannungsrichtlinie an den Schutz vor Risiken durch Elektrizität müssen erfüllt werden. Bei Übereinstimmung mit den entsprechenden harmonisierten Normen, die im Rahmen der Niederspannungsrichtlinie veröffentlicht wurden, wird Konformität mit diesen wesentlichen Anforderungen vermutet.
b) Für alle diese Maschinen, einschließlich der in Anhang IV der Maschinenrichtlinie aufgeführten, ist die Konformitätsbewertung nach den Verfahren des Artikels 8 der Maschinenrichtlinie[42] vorzunehmen. Ist für die betreffende Maschine eine Baumusterprüfung erforderlich, berücksichtigt die gemeldete Stelle die Ergebnisse der nach der Niederspannungsrichtlinie vorgenommenen Konformitätsbewertung, welche die inhärente elektrische Sicherheit der elektrischen Bauteile einer Maschine zum Gegenstand hat. Selbst prüft die gemeldete Stelle u. a., inwieweit Risiken von der Art des Einbaus der elektrischen Bauteile ausgehen und sie die ordnungsgemäße Funktion der Maschine sicherstellen.

Selbstverständlich gilt das unter Ziffer 9 über elektrische Bauteile Gesagte soweit zutreffend auch für elektrische Bauteile von Maschinen.
31. Um eine einheitliche Anwendung zu gewährleisten, wurden CEN und CENELEC von der Kommission beauftragt, dafür zu sorgen, dass alle harmonisierten Normen für elektrische Betriebsmittel den einschlägigen wesentlichen Sicherheitsanforderungen der Niederspannungsrichtlinie und der Maschinenrichtlinie entsprechen.

(B) Die revidierte Maschinenrichtlinie 2006/42/EG

Ab 29. Dezember 2009 gilt die revidierte Maschinenrichtlinie 2006/42/EG[43]. Eines der Ziele der Neufassung war die Klarstellung der Abgrenzung der Anwendungsbereiche von Maschinenrichtlinie und Niederspannungsrichtlinie, um eine größere Rechtssicherheit für die Hersteller zu schaffen.

---

42) Für die in Anhang IV aufgeführten Maschinen ist in Artikel 8 der Maschinenrichtlinie die Mitwirkung einer gemeldeten Stelle vorgesehen.
43) Richtlinie 2006/42/EG des Europäischen Parlaments und des Rates vom 17. Mai 2006 über Maschinen und zur Änderung der Richtlinie 95/16/EG (Neufassung) (ABl. Nr. L 157, 09.06.2006).

Bestimmte Arten von elektrischen Maschinen werden immer noch vom Anwendungsbereich der Maschinenrichtlinie ausgenommen sein, dies geschieht aber nicht mehr auf der Grundlage der Bewertung des hauptsächlichen Risikos. Stattdessen werden in Artikel 1 der revidierten Richtlinie folgende Gattungen von elektrischen Maschinen vom Anwendungsbereich der Maschinenrichtlinie ausgenommen:
„(k) elektrische und elektronische Erzeugnisse folgender Arten, soweit sie unter die Richtlinie 73/23/EWG des Rates vom 19. Februar 1973 zur Angleichung der Rechtsvorschriften der Mitgliedstaaten betreffend elektrische Betriebsmittel zur Verwendung innerhalb bestimmter Spannungsgrenzen fallen:
- *für den häuslichen Gebrauch bestimmte Haushaltsgeräte*
- *Audio- und Videogeräte*
- *Informationstechnische Geräte*
- *Gewöhnliche Büromaschinen*
- *Niederspannungsschaltgeräte und -steuergeräte*
- *Elektromotoren"*[44]

Alle elektrisch betriebenen Maschinen, die nicht einer der oben aufgeführten Gattungen angehören, fallen folglich in den Geltungsbereich der Maschinenrichtlinie, wobei Folgendes zu berücksichtigen ist:
Betreffend die in Artikel 1(2) (k) erster Gedankenstrich genannte Gattung *„für den häuslichen Gebrauch bestimmte Haushaltsgeräte"* sind einige Klarstellungen erforderlich:
Erstens bezeichnet der Ausdruck *„Haushaltsgeräte"* Geräte für typische Haushaltsfunktionen wie Waschen, Reinigen, Heizen, Kühlen, Kochen usw. Beispiele für Haushaltsgeräte sind Waschmaschinen, Geschirrspüler, Staubsauger sowie Geräte für das Zubereiten und Kochen von Nahrungsmitteln. Andererseits fallen elektrische Gartengeräte oder Elektrowerkzeuge, die für häusliche Bau- und Reparaturarbeiten bestimmt sind, nicht unter diese Ausnahmeregelung.
Zweitens betrifft die Ausnahme Geräte *„für den häuslichen Gebrauch"*, d. h. Geräte, die für die Verwendung durch Privatpersonen (Verbraucher) im häuslichen Umfeld bestimmt sind.
Das Kriterium für die Feststellung des jeweiligen Verwendungszwecks des Geräts und für die Zuordnung zur anwendbaren Richtlinie ist die Erklärung des Herstellers in den Produktinformationen zu dem betreffenden Produkt. Diese müssen natürlich genau auf die vernünftigerweise vorhersehbare Benutzung des Produkts abstellen.
Drittens sind nun Haushaltsgeräte, die gleichzeitig „Maschinen" sind und vorher aufgrund von Artikel 1(5) der Maschinenrichtlinie (98/37/EG) in den Anwendungsbereich der Niederspannungsrichtlinie fielen, vom Anwendungsbereich der Maschinenrichtlinie nicht mehr ausgenommen. Obwohl es durchaus möglich ist, dass ein Verbraucher ein für die kommerzielle Verwendung bestimmtes Gerät

---

44) Zur Klarstellung wird darauf hingewiesen, dass Generatoren und Wechselstromgeneratoren (im Gegensatz zu Generatoraggregaten) keine Maschinen sind

kauft oder ein kommerzieller Verwender ein für Verbraucher bestimmtes Gerät benutzt, ist das Kriterium, das für die Feststellung der bestimmungsgemäßen Verwendung zugrunde zu legen ist, die Verwendung, die vom Hersteller des betreffenden Geräts in der Konformitätserklärung und in den Produktinformationen, der Betriebsanleitung sowie der Produktwerbung genannt wird.
Für elektrische Maschinen, die keiner der in Artikel 1(2)(k) und den obigen Klarstellungen aufgeführten Maschinengattungen angehören, gelten die Hinweise in Abschnitt 30 dieses Leitfadens unverändert weiter. Es wird jedoch darauf hingewiesen, dass Abschnitt 1.5.1 in Anhang I der Richtlinie 2006/42/EG wie folgt umformuliert wurde:

„1.5.1. Elektrische Energieversorgung
Eine elektrisch angetriebene Maschine muss so konzipiert, gebaut und ausgerüstet sein, dass alle Gefahren aufgrund von Elektrizität vermieden werden oder vermieden werden können.
Die Schutzziele der Richtlinie 73/23/EWG gelten für Maschinen. In Bezug auf die Gefährdungen, die von elektrischem Strom ausgehen, werden die Verpflichtungen betreffend die Konformitätsbewertung und das Inverkehrbringen und/oder die Inbetriebnahme von Maschinen jedoch ausschließlich durch die vorliegende Richtlinie geregelt."

Das heißt, dass Maschinen mit elektrischem Antrieb innerhalb der Spannungsgrenzen der Niederspannungsrichtlinie zwar die Sicherheitsziele der Niederspannungsrichtlinie erfüllen müssen, die EG-Konformitätserklärung des Herstellers aber nicht auf die Niederspannungsrichtlinie verweisen sollte.
Die Kommission beauftragte CEN und Cenelec[45], die geänderte Maschinenrichtlinie 2006/42/EG zu berücksichtigen. Insbesondere fordert das Mandat der Kommission die Europäischen Normungsgremien auf, die notwendigen Anpassungen der Normung vorzunehmen und die neu definierte Schnittstelle zwischen Maschinenrichtlinie und Niederspannungsrichtlinie zu berücksichtigen sowie der Tatsache Rechnung zu tragen, dass auf bestimmte Arten von Maschinen, die derzeit unter die Niederspannungsrichtlinie fallen, möglicherweise die Maschinenrichtlinie Anwendung finden wird.

Welche Anforderungen gelten für elektrische Betriebsmittel, die dauerhaft in Bauwerke eingebaut werden?

32. Einige Arten elektrischer Betriebsmittel, die in den Geltungsbereich der Niederspannungsrichtlinie fallen, sind dazu bestimmt, dauerhaft in Bauwerke eingebaut zu werden. Folglich müssen solche Produkte auch im Sinne der Bauprodukterichtlinie 89/106/EWG[46] gebrauchstauglich sein und deren wesentliche Anforderungen

---

45) Mandat M/396 erteilt am 19. Dezember 2006
46) Richtlinie 89/106/EWG des Rates vom 21.12.1988 zur Angleichung der Rechts- und Verwaltungsvorschriften der Mitgliedstaaten über Bauprodukte (ABl. L 40 vom 11.02.1989), geändert durch die Richtlinie 93/68/EWG (ABl. L 220 vom 30.08.1993)

erfüllen. Diese in den Grundlagendokumenten enthaltenen Anforderungen sind bei der Abfassung harmonisierter Normen im Rahmen dieser Richtlinie zu berücksichtigen. Die Konformitätsbewertung dieser Produkte ist nach dem Verfahren des Artikels 13 dieser Richtlinie vorzunehmen.

Sollen also die Bestimmungen der Bauprodukterichtlinie auf solche elektrischen Betriebsmittel angewandt werden, so setzt das sowohl *harmonisierte Normen als auch Konformitätsbescheinigungen im Rahmen der Bauprodukterichtlinie* voraus.

Ist diese Voraussetzung nicht erfüllt, können die Bestimmungen der Richtlinie 89/106/EWG in der Praxis nicht auf das betreffende elektrische Betriebsmittel angewandt werden.

33. In der Niederspannungsrichtlinie sind jedoch umfassende Sicherheitsanforderungen festgelegt, die sich mit den wesentlichen Anforderungen des Anhangs I der Richtlinie 89/106/EWG überschneiden. Um beiden Richtlinien so weit wie möglich nachzukommen, werden bestehende harmonisierte Normen (die im Rahmen der Niederspannungsrichtlinie veröffentlicht wurden) derzeit auf ihre Vereinbarkeit mit den einschlägigen wesentlichen Anforderungen der Bauprodukterichtlinie geprüft.

Welche Beziehung besteht zur Richtlinie über Funkanlagen und Telekommunikationsendgeräte[47)]

34. Für elektrische Betriebsmittel oder Teile davon, die unter die Richtlinie über Funkanlagen und Telekommunikationsendgeräte (R & TTE) fallen, gelten deren Bestimmungen für Sicherheit und Gesundheitsschutz. Dort finden sich allerdings keine detaillierten Anforderungen. Stattdessen wird auf die Sicherheitsziele der Niederspannungsrichtlinie verwiesen, wobei allerdings keine Spannungsgrenzen gelten.

Harmonisierte Normen, die im EG-Amtsblatt unter der Niederspannungsrichtlinie gelistet sind und als anwendbar unter der R & TTE-Richtlinie identifiziert wurden, führen zur Konformitätsvermutung unter der letztgenannten Richtlinie, auch für Spannungen außerhalb der Spannungsgrenzen der Niederspannungsrichtlinie. Falls erforderlich, können Sicherheitsnormen für Spannungen außerhalb der Spannungsgrenzen der Niederspannungsrichtlinie ausschließlich unter der R & TTE-Richtlinie mandatiert und gelistet werden.

Für elektrische Betriebsmittel, die in die Spannungsgrenzen der Niederspannungsrichtlinie fallen, kann sich der Hersteller für die Anwendung des Konformitätsbewertungsverfahrens aus der Niederspannungsrichtlinie entscheiden.

---

47) Richtlinie 1999/5/EG des Europäischen Parlaments und des Rates vom 9. März 1999 über Funkanlagen und Telekommunikationsendeinrichtungen und die gegenseitige Anerkennung ihrer Konformität (ABl. L 91 vom 07.04.1999, S. 10)

Produkte, für die mehrere Richtlinien gelten, müssen den Anforderungen aller geltenden Richtlinien entsprechen. Ist ein Bauteil, welches unter die R & TTE-Richtlinie fällt, in ein Produkt integriert, muss die Produktkennzeichnung die in der R & TTE-Richtlinie vorgesehene Kennzeichnung beinhalten, gegebenenfalls mit Angabe der Geräteklassen-Kennung und der Nummer der benannten Stelle.

Welche Beziehung besteht zur Richtlinie über Gasverbrauchseinrichtungen?[48]

35. Geräte, die in den Anwendungsbereich der Richtlinie über Gasverbrauchseinrichtungen fallen, haben häufig *elektrische* Bauteile, für die auch die Niederspannungsrichtlinie gilt. Nach Artikel 1 der Richtlinie über Gasverbrauchseinrichtungen gelten deren Bestimmungen auch für Sicherheits-, Kontroll- und Regelvorrichtungen sowie Baugruppen, die *für gewerbliche Zwecke gesondert in den Verkehr gebracht* werden und *in eine Gasverbrauchseinrichtung eingebaut* oder zu einer solchen zusammengebaut werden sollen. Einige dieser Bauteile sind oder enthalten elektrische Betriebsmittel. Die Richtlinie über Gasverbrauchseinrichtungen und die Niederspannungsrichtlinie ergänzen sich in ihrer Anwendung auf elektrische Betriebsmittel (zur Verwendung innerhalb der Spannungsgrenzen dieser Richtlinie), die in Gasverbrauchseinrichtungen eingebaut oder für den Einbau darin bestimmt sind.

Die Konformitätsbewertung im Rahmen der Richtlinie über Gasverbrauchseinrichtungen ist nach dem in dieser Richtlinie beschriebenen Verfahren vorzunehmen. Dabei sind die Ergebnisse der Konformitätsbewertung zu berücksichtigen, die im Rahmen der Niederspannungsrichtlinie im Hinblick auf deren Sicherheitsziele für die elektrischen Betriebsmittel von Gasverbrauchseinrichtungen vorgenommen wurde. Die Sicherheitsaspekte des Einbaus der elektrischen Bauteile in die Gasverbrauchseinrichtungen und ihrer Funktion in ihnen sind Gegenstand der Prüfung durch die gemeldeten Stellen.

Für weitere Hinweise siehe die einschlägigen *Hinweise* zur GVE.

Welche Beziehung besteht zur Richtlinie über Aufzüge?[49]

Die Niederspannungsrichtlinie gilt nicht für die elektrischen Teile von Aufzügen an sich. Die elektrischen Betriebsmittel und Sicherheitsbauteile von Aufzügen müssen aber die in Anhang I der Niederspannungsrichtlinie aufgeführten Sicherheitsziele erfüllen.

---

48) Richtlinie 90/396/EWG des Rates vom 29.06.1990 zur Angleichung der Rechtsvorschriften der Mitgliedstaaten für Gasverbrauchseinrichtungen (ABl. L 196 vom 26.07.1990, S. 15), geändert durch die Richtlinie 93/68/EWG (ABl. L 220 vom 30.08.1993).

49) Richtlinie des Europäischen Parlaments und des Rates vom 29. Juni 1995 zur Angleichung der Rechtsvorschriften der Mitgliedstaaten über Aufzüge (ABl. L 213, 07.09.1995, S. 0001–0032)

Welche Beziehung besteht zur Richtlinie über die allgemeine Produktsicherheit (*GPSD*[50]) 2001/95/EG?

Die GPSD enthält eine allgemeine Verpflichtung, nur sichere Verbraucherprodukte in den Verkehr zu bringen sowie ein Verfahren zur Aufstellung von Normen, die Risiken und Risikokategorien abdecken. Die allgemeine Sicherheitsverpflichtung nach der GPSD findet jedoch keine Anwendung auf Produkte, die unter die Niederspannungsrichtlinie fallen, da diese alle Risiken abdeckt.

Da die GPSD nur Anwendung findet, sofern Sie abweichende oder spezifischere Bestimmungen enthält, müssen folgende Aspekte nebeneinander berücksichtigt werden:

Angaben zur Identifizierung des Produkts – GPSD Artikel 5.1, Unterabsätze 3 und 4

Artikel 5 Absatz 1 Unterabsätze 3 und 4 der GPSD enthalten eine spezifische Vorschrift über die Identifizierung des Produkts selbst, z. B. durch eine Kennzeichnung des Produkts. Ziel ist die Erleichterung der Identifizierung des betreffenden Produkts und Ermöglichung gegebenenfalls erforderlicher Maßnahmen auf der dafür am besten geeigneten Ebene.

Überwachung der Verbrauchersicherheit nach dem Inverkehrbringen der Produkte – GPSD Artikel 5 Absatz 1 Unterabsätze 3, 4 und 5

Gemäß diesen Unterabsätzen haben sich die Hersteller nach dem Inverkehrbringen der Produkte durch geeignete Maßnahmen weiter aktiv um diese zu kümmern. Hierzu zählen z. B. die Vornahme von Stichproben, die Führung eines Beschwerdebuchs und die Information der Händler über diese Überwachungsmaßnahmen. Damit soll für Präventivmaßnahmen gesorgt und die Erkennung von Gefahren sichergestellt werden.

Unterrichtung der zuständigen Behörden über gefährliche Produkte – GPSD Artikel 5 Absatz 3

Gemäß Artikel 5 Absatz 3 haben die Hersteller die zuständigen Behörden über gefährliche Produkte und über Vorkehrungen, die sie zur Abwendung von Gefahren getroffen haben, zu informieren. Damit soll sichergestellt werden, dass die zuständigen Behörden geeignete Schritte zur Verringerung der Gefahren für die Verbraucher und zur Gewährleistung eines abgestimmten Vorgehens unternehmen können.

---

50) Es wird die gebräuchlichere englische Abkürzung verwendet (GPSD – **G**eneral **P**roduct **S**afety **D**irective)

Zusammenarbeit mit den zuständigen Behörden – GPSD Artikel 5 Absatz 4

Gemäß Artikel 5 Absatz 4 der GPSD haben die Hersteller auf entsprechende Aufforderung mit den zuständigen Behörden zusammenzuarbeiten. Damit soll die Koordinierung von Maßnahmen zur Abwendung von Gefahren gewährleistet werden.

In der Niederspannungsrichtlinie ist der Aspekt der Zusammenarbeit zwischen den Herstellern und den zuständigen Behörden nicht ausdrücklich geregelt, eine solche Zusammenarbeit wird aber als Vorbedingung für das ordnungsgemäße Funktionieren der Richtlinie stillschweigend vorausgesetzt.

Verpflichtungen der Händler – GPSD Kapitel III

In Artikel 5 Absätze 2, 3, und 4 der GPSD finden sich mehrere Bestimmungen über die Verpflichtungen der Händler. Das damit verfolgte Gesamtziel besteht darin, sicherzustellen, dass die Händler keine gefährlichen Produkte liefern und sich an Maßnahmen zur Verringerung der Gefahren für die Verbraucher beteiligen.

Erlass von Sanktionsvorschriften – GPSD Artikel 7

Artikel 7 der GPSD bestimmt, dass die Mitgliedstaaten Sanktionsvorschriften zu erlassen haben. Bindende Bestimmungen über die Handhabung der Sanktionsvorschriften gibt es nicht. Damit wird die Aufnahme von Sanktionen in das Arsenal möglicher Maßnahmen zur Gewährleistung der Einhaltung der Vorschriften auf nationaler Ebene bezweckt.

Befugnisse der zuständigen Behörden – GPSD Artikel 8

Artikel 8 Absatz 1 enthält eine umfassende Aufzählung der Befugnisse, über die die zuständigen Behörden der Mitgliedstaaten verfügen sollten, um in entsprechenden Situationen tätig werden zu können.
Gemäß Artikel 8 Absatz 3 müssen sie insbesondere über die in Artikel 8 Absatz 1 Buchstaben (b) bis (f) genannten Befugnisse verfügen, wenn von Produkten eine ernste Gefahr ausgeht. Artikel 8 Absätze 2 und 4 regeln die Ausübung bestimmter Befugnisse in der Praxis, z. B. an wen sich eine Maßnahme richten muss und die Verpflichtung, Maßnahmen zu treffen, die dem Grad der Gefährdung angemessen sind. Hierbei handelt es sich um ergänzende Regelungen zu den in Artikel 8 Absatz 1 aufgeführten Befugnissen, nicht um eigenständige Verpflichtungen.
Gemäß Artikel 8 Absatz 2 sollten die zuständigen Behörden der Mitgliedstaaten ein freiwilliges Tätigwerden im jeweiligen Einflussbereich fördern.
Die Befugnisse gemäß Artikel 8 Absatz 1 erstrecken sich auf drei verschiedene Aspekte.
Erstens regelt Artikel 8 Absatz 1 Buchstabe (a) die Informationsbeschaffung (Produktmusterentnahme, Sicherheitsprüfungen und Anforderung notwendiger

Informationen). Damit soll sichergestellt werden, dass die zuständigen Behörden zur Einholung von Informationen bei den betreffenden Stellen befugt sind.
Zweitens werden durch Artikel 8 Absatz 1 Buchstaben (b) und (c) die Befugnisse geregelt, die erforderlich sind, um das Inverkehrbringen an bestimmte Voraussetzungen zu knüpfen, z. B. das Anbringen von Warnhinweisen zu verlangen. Damit soll die Gefährdung verringert werden.
Drittens werden durch Artikel 8 Absatz 1 Buchstabe (d) bis (f) Verbote und Rückrufe, darunter auch der Rückruf vom Verbraucher, geregelt. Mit diesen Bestimmungen sollen Schädigungen durch gefährliche Produkte verhindert werden.

Marktüberwachungskonzept – GPSD Artikel 9

Gemäß Artikel 9 der GPSD haben die Mitgliedstaaten ein Marktüberwachungskonzept festzulegen, das insbesondere Maßnahmen wie Überwachungsprogramme und die laufende Beobachtung und Aktualisierung der wissenschaftlichen und technischen Kenntnisse über die Sicherheit der Produkte umfassen kann. Die betroffenen Parteien müssen die Möglichkeit haben, Beschwerde einzulegen, und über die Beschwerdeverfahren informiert zu werden.

Europaweites Netzwerk – GPSD Artikel 10

Artikel 10 sieht die Schaffung eines europaweiten Netzwerks der zuständigen Behörden der Mitgliedstaaten vor.
Damit sollen der Informationsaustausch, die gemeinsame Überwachung und eine bessere Zusammenarbeit erleichtert werden.
Die Zusammenarbeit zwischen den Mitgliedstaaten ist in der Niederspannungsrichtlinie verankert. So sehen insbesondere die Artikel 9 und 11 ein Informationsaustauschsystem vor, und die befassten Kommissionsdienststellen haben eine informelle Gruppe für Verwaltungszusammenarbeit zwischen den zuständigen Behörden der Mitgliedstaaten eingerichtet, um eine kohärente Umsetzung der Niederspannungsrichtlinie zu gewährleisten.
Artikel 10 der GPSD über ein europaweites Netzwerk findet auf Niederspannungsgeräte Anwendung. Die Verwaltungszusammenarbeit wird über die bereits eingerichtete Gruppe für Verwaltungszusammenarbeit im Bereich der Niederspannungsrichtlinie abgewickelt.

Informationsaustausch und rasches Eingreifen – RAPEX – GPSD Artikel 12

Artikel 12 der GPSD liefert die Rechtsgrundlage für ein Informationsaustauschsystem für Notfälle (RAPEX-System). Es soll dazu dienen, sämtliche Mitgliedstaaten zu unterrichten, damit diese unverzüglich tätig werden können, wenn eine von einem Produkt ausgehende ernste Gefahr festgestellt worden ist.

Verfahren für ein rasches Eingreifen – GPSD Artikel 13

Artikel 13 schafft die Grundlage für ein rasches Eingreifen der Kommission bei ernsten Gefahren. Ziel ist eine effiziente Vermeidung von Gefährdungen.

Ausschussverfahren und Schlussbestimmungen – Ausschussverfahren GPSD Artikel 14 und 15

Artikel 14 und 15 der GPSD liefern die Grundlagen für Ausschussverfahren gemäß der GPSD. Diese Artikel gelten nur für Verfahren gemäß der GPSD. Solche Verfahren können auch Niederspannungsgeräte betreffen (rasches Eingreifen).

Wahrung der Vertraulichkeit und Begründung der Maßnahmen – GPSD Artikel 16 und 18

Artikel 16 und 18 der GPSD enthalten Verwaltungsvorschriften, die zu erfüllen sind, wenn die zuständigen Behörden der Mitgliedstaaten oder die Kommission Maßnahmen gemäß der GPSD treffen.
Artikel 16 regelt den Informationszugang und die Wahrung der Vertraulichkeit.
Artikel 18 bestimmt, dass die Entscheidungen, die getroffen werden, angemessen zu begründen sind, dass auf mögliche Rechtsbehelfe hinzuweisen ist, dass Gelegenheit zur Äußerung zu geben ist usw.
Damit soll sichergestellt werden, dass den Interessen der betroffenen Kreise bei der Verwirklichung der Ziele der Richtlinie gebührend Rechnung getragen wird.

Hinweis: Die Wirtschaftbeteiligten sollten berücksichtigen, dass neue Rechtsvorschriften in Vorbereitung sind, wodurch Bestimmungen der GPSD sinngemäß auf gewerbliche Produkte ausgedehnt werden.

Weitere Rechtsvorschriften der EU, die elektrische Produkte betreffen

Siehe Website der Kommission
http://ec.europa.eu/enterprise/electr_equipment/legislat.htm#i
Unter „Other legislation affecting Electrical Products"
zu folgenden Aspekten:
Elektromagnetische Verträglichkeit
Energiekennzeichnung von Haushaltsgeräten
Mindesteffizienzanforderungen
Bürogeräte – Energy Star-Programme
Energiebetriebene Produkte (EuP)
Elektro- und Elektronik-Altgeräte (WEEE, RoHS)
Richtlinie über die allgemeine Produktsicherheit (GPSD) 2001/95/EG

Tabelle 1 Liste mit Beispielen von Produkten innerhalb oder außerhalb des Geltungsbereichs der Niederspannungsrichtlinie

Die Liste wurde bei der Sitzung der Arbeitsgruppe Niederspannungsrichtlinie am 15. November 2006 bestätigt

Produkte	Geltungsbereich NSpRL	Produktbeispiele	Kommentare
Stecker 230 V für den Hausgebrauch	Nein		*
Steckdosen 230 V für den Hausgebrauch	Nein		*
Steckvorrichtungen für Leuchten für den Hausgebrauch	Nein		*
Gerätesteckvorrichtungen – Stecker – Steckbuchsen	Ja		z. B. Norm EN 60320
Gerätesteckvorrichtungen für industrielle Zwecke	Ja		z. B. Norm EN 60309
Gerätesteckvorrichtungen, z. B. Fahrzeugheizungen – Herstellernorm	Ja		* Darf nicht verbindbar sein mit anderen Steckern oder Buchsen. Mit HAR gekennzeichnet, um die Handhabung zu verbessern.
Kabel und Leitungen	Ja		Mit HAR gekennzeichnet, um die Handhabung zu verbessern.
Bauteile	–	–	Für weitere Informationen s. Abschnitt 9 des Leitfadens zur NsR
Verlängerungsleitungen, Leitungsroller, Tischmehrfachsteckdosen, bestehend aus Stecker + Kabel + Steckdose, mit oder ohne zusätzlichen Bauteilen wie z. B. Varistoren oder Schaltern	Ja		*

Produkte	Geltungs-bereich NSpRL	Produktbeispiele	Kommentare
Geräteanschlussleitungen und Geräteweiterverbindungsleitungen	Ja		*
Installationsgehäuse und Installationsrohre/-schläuche	Ja	–	
Isolierband	Nein	–	
Steckeradapter mit Mehrfachsteckdosen Reiseadapter mit oder ohne eingebaute Sicherung	Nein		*
Stecker mit einer oder mehreren Steckdosen mit eingebautem elektronischen Dimmer oder „Twilight"-Dimmer	Ja		*
Gerät mit integriertem Stecker und/oder Kupplungen. 230 V für den Hausgebrauch (z. B. Ladegeräte für Mobiltelefone, Steckernetzteile, Nachtlichter)	Ja		*
Schalter für den Haushalt und ähnliche ortsfeste elektrische Installationen	Ja		
Werkzeuge für Arbeiten an unter Spannung stehenden Teilen	Nein		z. B. Norm EN 60900
Spannungsprüfer	Ja		z. B. Norm EN 61243

* Die meisten Europäischen Länder sehen in ihren nationalen Rechtsvorschriften besondere Anforderungen für Steckvorrichtungen für den Hausgebrauch vor.

2.3.2 Begriffsbestimmungen

Mit der Änderung der Niederspannungsrichtlinie durch die Richtlinie 93/68/EWG erfolgte eine Anpassung der Verfahren der Konformitätsbewertung und -kennzeichnung an die der Neuen Konzeption. Wichtige Hinweise und Interpretationshilfen dazu bietet der „Leitfaden für die Umsetzung der nach dem Neuen Konzept und dem Gesamtkonzept verfassten Richtlinien"[51], besser bekannt unter der Bezeichnung „Blue Guide".
Die folgenden Begriffsbestimmungen und Erläuterungen sind ein Auszug aus dem von den Kommissionsdienststellen veröffentlichten „Blue Guide":

INVERKEHRBRINGEN

Erstmalige entgeltliche oder unentgeltliche Bereitstellung eines unter die Richtlinie fallenden Produkts auf dem Gemeinschaftsmarkt für den Vertrieb und/ oder die Benutzung im Gebiet der Gemeinschaft.

Erläuterungen:

In den Verkehr gebracht wird ein Produkt, wenn es nach der Herstellung auf dem Gemeinschaftsmarkt oder im Gebiet der Gemeinschaft vertrieben und/oder verwendet wird. Da der Begriff Inverkehrbringen nur die erstmalige Bereitstellung eines Produkts auf dem Gemeinschaftsmarkt zum Vertrieb oder zur Verwendung im Gebiet der Gemeinschaft bezeichnet, gelten die Richtlinien nur für die neuen oder erneuerten[52]*, in der Gemeinschaft hergestellten Erzeugnisse und die aus Drittländern importierten neuen oder gebrauchten Produkte.*

Ein Produkt kann vom Hersteller, seinem in der Gemeinschaft niedergelassenen Bevollmächtigten oder dem Importeur (siehe Punkt 5) in der Gemeinschaft in den Verkehr gebracht werden.

Die Bereitstellung umfasst zwei Varianten:

- *Die Überlassung eines Produkts: Der Hersteller, sein in der Gemeinschaft niedergelassener Bevollmächtigter oder der Importeur übereignet oder übergibt das Produkt demjenigen, der es auf dem Markt der Gemeinschaft vertreibt oder es im Rahmen eines Geschäfts dem Verbraucher oder Endbenutzer entgeltlich oder unentgeltlich überlässt, wobei die Rechtsgrundlage dieser Überlassung keine Rolle spielt. (Es kann sich dabei um Verkauf, Verleihung, Vermietung, Leasing, Schenkung oder ein sonstiges Rechtsgeschäft handeln.) Zum Zeitpunkt der Überlassung muss das Produkt den Anforderungen der Richtlinie entsprechen.*

---

51) Amt für amtliche Veröffentlichungen der Europäischen Gemeinschaften, Luxemburg 2000. Der Leitfaden ist im Internet unter folgender Adresse zu finden: http://europa.eu.int/comm/enterprise/newapproach/newapproach.htm
52) Der Begriff „erneuert" erfasst nicht die gewöhnlichen Instandsetzungen von Produkten

- *Das Überlassungsangebot: Der Hersteller, sein in der Gemeinschaft niedergelassener Bevollmächtigter oder der Importeur bietet in seiner eigenen Vertriebskette ein direkt für den Endverbraucher bzw. -benutzer bestimmtes Produkt an. Von diesem Zeitpunkt an muss das Produkt den Anforderungen der Richtlinie entsprechen.*

*In folgenden Fällen handelt es sich **nicht** um ein Inverkehrbringen:*
- *Ein Hersteller aus einem Drittland überlässt ein Produkt seinem in der Gemeinschaft niedergelassenen Bevollmächtigten, damit dieser im Auftrag des Herstellers alles Notwendige unternimmt, um die Konformität des Produkts mit der Richtlinie im Hinblick auf das Inverkehrbringen auf dem Gemeinschaftsmarkt herzustellen.*
- *Ein für die Wiederausfuhr bestimmtes Produkt wird, beispielsweise im Rahmen der Regelung für den Veredelungsverkehr, in die Gemeinschaft eingeführt.*
- *Die Übertragung eines in der Gemeinschaft hergestellten und für den Export in ein Drittland bestimmten Produkts.*
- *Ein Produkt wird bei Messen und Ausstellungen gezeigt. Wird ein Produkt, das unter die Richtlinie fällt, vom Hersteller, seinem in der Gemeinschaft niedergelassenen Bevollmächtigten oder dem Importeur per Katalog angeboten, so wird es erst zum Zeitpunkt der erstmaligen Bereitstellung in den Verkehr gebracht. Von dem Zeitpunkt an, zu dem die Mitgliedstaaten die Richtlinie anzuwenden haben, dürfen in der Gemeinschaft nur noch Produkte in den Verkehr gebracht werden, die die Anforderungen der Richtlinie erfüllen, und die Mitgliedstaaten das Inverkehrbringen oder die Inbetriebnahme dieser Produkte nicht mehr behindern, untersagen, einschränken oder erschweren. Ebenso müssen die Mitgliedstaaten alles Notwendige unternehmen, damit diese Produkte nur in den Verkehr gebracht bzw. in Betrieb genommen werden können, wenn sie die Anforderungen der Richtlinie erfüllen.*

Die Richtlinie gilt nicht für Produkte, die bereits vor diesem Zeitpunkt in den Verkehr gebracht wurden, falls die Richtlinie keinerlei Bestimmungen über die Inbetriebnahme enthält. Enthält sie derartige Bestimmungen, sind Produkte, die bereits vor diesem Zeitpunkt in Betrieb genommen wurden, ebenfalls von ihrem Anwendungsbereich ausgenommen.

Für Produkte, die zum Zeitpunkt der Anwendbarkeit der sie betreffenden Richtlinie nationalen Rechtsvorschriften entsprechen, kann in der Richtlinie eine Übergangszeit festgelegt werden, während der die Herstellung, das Inverkehrbringen und/oder die Inbetriebnahme dieser Produkte weiterhin zulässig ist (vgl. Kapitel 2 „Übergangszeit").

Befindet sich ein Produkt im Lager des Herstellers oder des Importeurs, gilt es grundsätzlich als nicht in den Verkehr gebracht.

*Die Vorschriften über das Inverkehrbringen gelten für **jedes einzelne** fertig gestellte **Produkt**, das unter eine Richtlinie fällt, unabhängig von Herstellungszeitpunkt und -ort und unabhängig davon, ob es als Einzelstück oder in Serie gefertigt wurde.*

HERSTELLER

Derjenige, der die Verantwortung für den Entwurf und die Herstellung eines Produkts trägt, das unter die Richtlinie fällt und in seinem Namen in der Gemeinschaft in den Verkehr gebracht werden soll.

Erläuterungen:

Der Hersteller kann inner- oder außerhalb der Gemeinschaft niedergelassen sein. In beiden Fällen kann er einen Bevollmächtigten bestimmen, der in der Gemeinschaft niedergelassen sein muss, um im Namen des Herstellers handeln zu können.

Der Hersteller ist verpflichtet, sein Produkt entsprechend den grundlegenden Anforderungen der Richtlinie zu entwickeln und herzustellen und die in der Richtlinie vorgeschriebenen Konformitätsbewertungsverfahren einzuhalten (Abgabe einer Konformitätserklärung, CE-Kennzeichnung, Zusammenstellung der technischen Unterlagen, Bereitstellung dieser Unterlagen für die zuständigen Behörden usw.). Dafür trägt er die volle Verantwortung.[53]

Der Hersteller kann einige dieser Arbeiten an Subunternehmer vergeben, solange er selbst die Oberaufsicht über die gesamten Arbeiten behält und dafür auch weiterhin die Verantwortung trägt. So kann er die Produktentwicklung abgeben, wenn das Produkt von ihm hergestellt wird, oder die Herstellung einem Subunternehmer übertragen, wenn das Produkt von ihm entwickelt wurde.

Ebenfalls kann er für die Herstellung seines Produkts Fertigteile oder Fertigelemente verwenden, ohne dabei die Eigenschaft als Hersteller einzubüßen. Wer aus bereits bestehenden Fertigerzeugnissen ein neues Fertigerzeugnis herstellt, wird als Hersteller dieses neuen Produkts betrachtet. Wer den Verwendungszweck eines Produkts ändert, wird zum Hersteller dieses Produkts; er hat die in der Richtlinie genannten Herstellerverpflichtungen zu erfüllen und trägt die Verantwortung für die Folgen, die sich aus der Änderung des Verwendungszwecks ergeben. Wer ein gebrauchtes Produkt aus einem Drittland importiert, um es mit den grundlegenden Anforderungen der Richtlinie in Einklang zu bringen, übernimmt die in der Richtlinie festgelegten Herstellerverpflichtungen und trägt für die Erfüllung dieser Anforderungen die Verantwortung.

BEVOLLMÄCHTIGTER

Derjenige, der vom Hersteller bevollmächtigt wird, in dessen Namen und auf dessen Rechnung die sich aus der Richtlinie ergebenden Verpflichtungen des Herstellers zu erfüllen.

Erläuterungen:

Benennt der Hersteller einen Bevollmächtigten, muss dieser in der Gemeinschaft niedergelassen sein, um im Rahmen der Richtlinien im Namen des Herstellers zu han-

---

53) Die in der Richtlinie 85/374/EWG des Rates über die Haftung für fehlerhafte Produkte geregelte Haftung des Herstellers bleibt davon unberührt

deln. Die Bevollmächtigung durch den Hersteller ist Gegenstand eines schriftlichen Auftrags, in dem die Verpflichtungen des Herstellers aus den Richtlinien aufgeführt sind, die dieser dem Bevollmächtigten überträgt. Der Bevollmächtigte handelt im Namen des Herstellers, ohne seine Befugnisse zu überschreiten. Er vertritt nicht sich selbst, sondern den Hersteller.

IMPORTEUR

Derjenige, der ein Produkt, das aus einem Drittland importiert wurde und unter die Richtlinie fällt, in der Gemeinschaft in Verkehr bringt.

Erläuterungen:

Im Gegensatz zum Bevollmächtigten steht der Importeur in keinem privilegierten Verhältnis zum Hersteller (aus Drittländern).
In der Richtlinie ist vorgesehen, dass dem Importeur verschiedene Pflichten und/oder Verantwortlichkeiten in Bezug auf das Inverkehrbringen des von ihm eingeführten Produkts auf dem Gemeinschaftsmarkt übertragen werden können.

2.3.3 Geltungsbereich

Ziel der Richtlinie ist die Gewährleistung des freien Verkehrs elektrischer Betriebsmittel in der Gemeinschaft unter der Voraussetzung, dass diese den in der Richtlinie vorgesehenen Sicherheitsanforderungen genügen. Da es sich um eine Richtlinie zur „vollständigen" Harmonisierung handelt, sind ihre Bestimmungen an die Stelle der entsprechenden einzelstaatlichen Vorschriften getreten.
Die Richtlinie gilt mit Ausnahme der in Anhang II aufgeführten Betriebsmittel für elektrische Betriebsmittel zur Verwendung bei einer Nennspannung zwischen 50 V und 1 000 V für Wechselspannung und zwischen 75 V und 1 500 V für Gleichspannung. Der Geltungsbereich umfasst elektrische Betriebsmittel, wie Geräte und Komponenten, die innerhalb dieser Spannungsgrenzen funktionieren, z. B. bestimmte elek-

---

Elektrische Betriebsmittel im Sinne der Niederspannungsrichtlinie

Definition:

„Element, das u. a. für die Erzeugung, Umwandlung, Übertragung, Verteilung oder Nutzung elektrischer Energie verwendet wird, z. B. Maschinen, Transformatoren, Apparate, Messinstrumente, Schutzvorrichtungen, Installationsmaterial oder Geräte."
(Quelle: Internationales Elektrotechnisches Wörterbuch)

Spannungsgrenzen: 50 V bis 1 000 V Wechselspannung
75 V bis 1 500 V Gleichspannung

Bild 8 Der Begriff Elektrisches Betriebsmittel

Anwendungsbereich der Niederspannungsrichtlinie
Geräte und Komponenten, z. B.: • Haushaltsgeräte • Beleuchtungsgeräte • Drähte • Kabel • Installationsbetriebsmittel • Lampenfassungen • Schalter • Stecker • Transformatoren • Motoren • Ladegeräte • Geräte mit integriertem Netzteil • batteriebetriebene Geräte, die bestimmungsgemäß mit einem Netzteil betrieben werden (z. B. Notebooks)   

Bild 9 Anwendungsbereich I

trische Haushaltsgeräte, Beleuchtungsgeräte, Drähte, Kabel und elektrische Leitungen sowie Installationsbetriebsmittel. Der Geltungsbereich umfasst grundsätzlich sowohl verwendungsfertige elektrische Betriebsmittel, die Konsumgüter und/oder Investitionsgüter sein können, als auch elektrische Betriebsmittel, die zum Einbau in andere elektrische Betriebsmittel bestimmt sind, unabhängig von deren Verwendung.
Die Richtlinie gilt für sämtliche Sicherheitsaspekte der Betriebsmittel einschließlich des Schutzes gegen mechanische Gefahren und andere physikalische Faktoren.
Die Richtlinie ist nur auf solche Geräte und Komponenten anwendbar, die innerhalb der vorgegebenen Grenzen für die Nennspannung tatsächlich verwendet werden können und daher eine mögliche Gefahr im Sinne des Anhangs I Nr. 2 der Richtlinie darstellen. Hieraus folgt, dass Bauelemente der Elektronik, deren sicherheitstechnische Eigenschaften ausschließlich oder überwiegend von der Konstruktion oder Ausführung des Betriebsmittels abhängen, im Regelfall nicht unter den Anwendungsbereich der Richtlinie fallen. Solche Bauelemente sind u. a.:

- aktive Bauelemente (z. B. bestimmte integrierte Schaltungen, Transistoren, Dioden, Gleichrichter, Triacs, GTO, IGBT, Optohalbleiter)
- passive Bauelemente (z. B. bestimmte Kondensatoren, Spulen, Widerstände, Filter)
- elektro-mechanische Bauelemente (z. B. bestimmte Relais, Steckverbinder, Mikroschalter)

Vom Anwendungsbereich nicht erfasst:

• batteriebetriebene Geräte
• einfache (elektronische) Bauelemente, z. B.:
  – integrierte Schaltungen
  – Transistoren
  – Dioden
  – Gleichrichter
  – Kondensatoren
  – Spulen
  – Widerstände
  – Filter
  – elektromechanische Bauelemente (z. B. Relais)

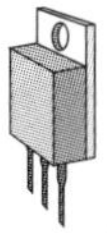

Bild 10 Anwendungsbereich II

Für folgende beispielhafte Komponenten ist jedoch die Niederspannungsrichtlinie im Regelfall anwendbar:

- Lampenfassungen
- Schalter
- Stecker
- Transformatoren
- Motore

Nicht in den Anwendungsbereich der Niederspannungsrichtlinie fallen batteriebetriebene Geräte, da sie in der Regel außerhalb der Spannungsgrenzen liegen. Dies gilt auch dann, wenn innerhalb des batteriebetriebenen Geräts höhere Spannungen entstehen (wie z. b. bei Blitzgeräten oder tragbaren Fernsehgeräten), vorausgesetzt, die höheren Spannungen sind nicht von außen über Buchsen oder Ähnliches zugänglich.

Gleichwohl in den Anwendungsbereich der Niederspannungsrichtlinie fallen zugehörige Ladegeräte sowie Geräte mit integriertem Netzteil. Dies gilt auch für mitgelieferte Netzteile akkumulatorbetriebener elektrischer Betriebsmittel mit Versorgungsspannungen unterhalb 50 V Wechselspannung bzw. 75 V Gleichspannung (z. B. Notebooks).

Bei der Beurteilung des Anwendungsbereichs der Richtlinie ist zu berücksichtigen, dass ggf. weitere Richtlinien zur Anwendung kommen können (Artikel 8 Absatz 3), z. B. hinsichtlich des Aspekts der elektromagnetischen Verträglichkeit die EMV-

Ausdrücklich ausgenommen sind:

- elektrische Betriebsmittel zur Verwendung in explosibler Atmosphäre
- elektro-radiologische und elektro-medizinische Betriebsmittel
- elektrische Teile von Personen- und Lastenaufzügen
- Elektrizitätszähler
- Funk-Entstörung
- Haushaltssteckvorrichtungen
- elektrische Weidezäune
- spezielle elektrische Betriebsmittel zur Verwendung auf Schiffen, in Flugzeugen und in Eisenbahnen

Bild 11 Anwendungsbereich III

Richtlinie 2004/108/EG oder hinsichtlich umweltbezogener Aspekte die sogenannte „Öko-Design"-Richtlinie 2005/32/EG.
Elektrische Betriebsmittel, die nicht unter die Niederspannungsrichtlinie fallen, sind im Anhang II der Richtlinie aufgeführt. Einige dieser Betriebsmittel werden jedoch mittlerweile durch andere Gemeinschaftsrichtlinien erfasst, so z. B.

- elektrische Betriebsmittel zur Verwendung in explosionsfähigen Atmosphären (RL 94/9/EG)
- elektro-radiologische und elektro-medizinische Betriebsmittel (Richtlinie 2007/47/EG)
- elektrische Teile von Personen- und Lastenaufzügen (Richtlinie 95/16/EG)
- Elektrizitätszähler (Richtlinie 2004/22/EG)
- Funk-Entstörung, EMV (Richtlinie 2004/108/EG)

Noch nicht durch eine Gemeinschaftsrichtlinie erfasste Betriebsmittel des Anhangs II:

1. Haushaltssteckvorrichtungen
2. Vorrichtungen zur Stromversorgung elektrischer Weidezäune
3. spezielle elektrische Betriebsmittel, die zur Verwendung auf Schiffen, in Flugzeugen oder in Eisenbahnen bestimmt sind und den Sicherheitsvorschriften internationaler Einrichtungen entsprechen, denen die Mitgliedstaaten angehören

Während die unter Punkt 2 genannten Betriebsmittel kaum praktische Bedeutung für den freien Warenverkehr haben und die speziellen elektrischen Betriebsmittel nach Punkt 3 durch zahlreiche internationale Übereinkommen geregelt sind, ist die fehlende Harmonisierung bei den Haushaltssteckvorrichtungen immer noch ein Ärgernis. Durch die Rückwirkungen auf die unterschiedlichen Hausinstallationen der europäischen Mitgliedstaaten und dem damit verbundenen hohen Investitionsaufwand werden Fortschritte in diesem Bereich wohl nur längerfristig realisierbar sein.

2.3.4 Voraussetzungen für das Inverkehrbringen

Die Richtlinie gilt für sämtliche Sicherheitsaspekte der elektrischen Betriebsmittel. Um elektrische Betriebsmittel in der Gemeinschaft in Verkehr zu bringen und damit diese im freien Warenverkehr gehandelt werden können, müssen die elektrischen Betriebsmittel den Schutzzielen der Niederspannungsrichtlinie entsprechen (Artikel 2 und 3 der Niederspannungsrichtlinie). Falls elektrische Betriebsmittel auch von anderen Richtlinien erfasst werden, die andere Aspekte behandeln und in denen die CE-Kennzeichnung vorgesehen ist, wird mit dieser Kennzeichnung angegeben, dass auch von der Konformität dieser Betriebsmittel mit den Bestimmungen dieser anderen Richtlinien auszugehen ist (Artikel 8 Absatz 3 der Niederspannungsrichtlinie).

In Artikel 2 und 3 werden die Voraussetzungen, denen die Erzeugnisse entsprechen müssen, um in der Gemeinschaft in Verkehr gebracht und im freien Warenverkehr gehandelt werden zu können, festgelegt. Die wichtigsten Sicherheitsziele sind in Anhang I enthalten.

Sicherheitsziele

- Schutz vor Gefahren, die von elektrischen Betriebsmitteln ausgehen können
- Schutz vor Gefahren, die durch äußere Einwirkungen auf elektrische Betriebsmittel entstehen können
- sonstige Anforderungen (z. B. Kennzeichnung)

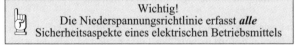

Wichtig!
Die Niederspannungsrichtlinie erfasst *alle* Sicherheitsaspekte eines elektrischen Betriebsmittels

---

Bild 12 Sicherheitsziele

Zu schützende Rechtsgüter

- **Sicherheit von Menschen**
- **Sicherheit von Nutztieren**
- **Erhaltung von Sachwerten**

Bild 13 Zu schützende Rechtsgüter

Die Übereinstimmung der Erzeugnisse mit den Schutzzielen der Niederspannungsrichtlinie wird vermutet, wenn das Betriebsmittel nach den technischen Normen hergestellt wurde, die die Richtlinie in folgender Rangfolge festlegt:
- **harmonisierte Normen,** die gemäß Artikel 5 festgelegt und bekannt gegeben wurden
- soweit noch keine harmonisierten Normen im Sinne von Artikel 5 festgelegt und bekannt gegeben worden sind, die **internationalen Bestimmungen** zweier internationaler Gremien, der Internationalen Kommission für die Regelung der Zulassung elektrischer Ausrüstungen (CEE-él) und der Internationalen Elektrotechnischen Kommission (IEC) (Artikel 6 Absatz 1), soweit auf diese Bestimmungen das in Artikel 6 Absätze 2 und 3 vorgesehene Veröffentlichungsverfahren angewendet worden ist[54]
- soweit noch keine harmonisierten Normen im Sinne von Artikel 5 oder internationale Normen gemäß Artikel 6 bestehen, die **einzelstaatlichen Normen** des Mitgliedstaats, in dem die Geräte hergestellt worden sind (Artikel 7)

Die Anwendung der in den Artikeln 5, 6 und 7 genannten Normen ist grundsätzlich freiwillig. Für die nach diesen Normen hergestellten Betriebsmittel führt sie zu einer Konformitätsvermutung, d. h., man geht davon aus, dass mit Einhaltung der Normen auch die grundlegenden Anforderungen der Niederspannungsrichtlinie eingehalten sind.

Die Anforderungen nach Artikel 2 in Verbindung mit Anhang I der Niederspannungsrichtlinie sind verbindlich. Im Hoheitsgebiet der Mitgliedstaaten kann also nur die Einhaltung von Sicherheitsanforderungen verlangt werden, die diesen „Sicherheitszielen" entsprechen.

Daher können sich weder die Mitgliedstaaten noch die Hersteller auf einzelstaatliche technische Normen berufen, die nicht den gemeinschaftlichen „Sicherheitszielen" entsprechen; für einzelstaatliche Normen, die von diesen Zielen abweichen, ist dabei kein Platz mehr.

Der Satzteil am Ende von Artikel 7 („wenn sie dieselbe Sicherheit bieten, die in ihrem eigenen Hoheitsgebiet gefordert wird") erlaubt es den Mitgliedstaaten nicht, von den „Sicherheitszielen" abweichende Sicherheitsanforderungen vorzuschreiben.

Ungeachtet dessen können unterschiedliche Anforderungen zur Einhaltung der Sicherheitsziele geltend gemacht werden, um objektiv unterschiedlichen Gegebenheiten wie regional unterschiedlichen Stromnetzen Rechnung zu tragen.

Mit dem durch die Richtlinie eingeführten System sind einzelstaatliche Rechtsvorschriften, die die Einhaltung bestimmter technischer Lösungen verlangen, nicht mehr zulässig.

Die Unwirksamkeit derartiger Vorschriften wird durch die Rechtsprechung des Gerichtshofs bestätigt. Danach sind die einzelstaatlichen Behörden und Gerichte

---

54) Die in Artikel 6 Absätze 2 und 3 vorgesehenen Verfahren sind nie durchgeführt worden!

Voraussetzungen für das Inverkehrbringen
• **Einhaltung der Sicherheitsziele der Niederspannungsrichtlinie** (Anhang 1) • **Einhaltung anderer einschlägiger Richtlinien**   (z. B. EMW-Richtlinie, Öko-Design-Richtlinie, …) • **Konformitätsbewertung /-erklärung, CE-Kennzeichnung** (Anhang III) • **interne Fertigungskontrolle** (Anhang IV)

Bild 14 Voraussetzungen für das Inverkehrbringen

gehalten, die den Gemeinschaftsbestimmungen entgegenstehenden einzelstaatlichen Vorschriften nicht anzuwenden[55].

Im Übrigen können einzelstaatliche Rechtsvorschriften die Festlegung harmonisierter Normen gemäß Artikel 5 nicht verhindern.

Diese Vorschriften können auch nicht zusätzlich zu den in den harmonisierten Normen enthaltenen technischen Vorschriften oder ersatzweise dafür durchgesetzt werden, da sie ihren zwingenden Charakter verloren haben.

Folglich erübrigt sich nunmehr die Erwähnung solcher Vorschriften unter der Bezeichnung „Abweichungen vom Typ A" in den „Harmonisierungsdokumenten" oder den „Europäischen Normen".

Einzelstaatliche Rechtsvorschriften, die andere Aspekte als die der Niederspannungsrichtlinie regeln, sind aber zulässig.

2.3.5 Einander ergänzende gemeinschaftliche Rechtsvorschriften im Bereich elektrischer Betriebsmittel

VERHÄLTNIS „NIEDERSPANNUNGSRICHTLINIE" UND „EMV-RICHTLINIE":

Ein Großteil der elektrischen Betriebsmittel, die Gegenstand der „Niederspannungsrichtlinie" sind, fällt in den Anwendungsbereich der EMV-Richtlinie[56]. Der Hersteller solcher elektrischer Betriebsmittel muss sowohl die grundlegenden Anforderungen als auch die Konformitätsbewertungsverfahren beider Richtlinien einhalten.

Die Anbringung der CE-Kennzeichnung bedeutet, dass die beiden Richtlinien eingehalten worden sind.

Bezogen auf die durch die EMV-Richtlinie geregelten Aspekte hat diese Richtlinie im Sinne einer „lex specialis" Vorrang. Bezüglich des Personenschutzes, der Strahlenemission und Störfestigkeit bezogen auf jedwede Nutzstrahlung sowie ungewollte

---

55) Urteil Simmenthal in der Rechtssache 106/77 (Sammlung der Rechtsprechung des Gerichtshofs der Europäischen Gemeinschaften 1978, S. 645) und Urteil Ratti, in der Rechtssache 148/78 (Sammlung 1979, S. 1646)

56) Richtlinie 2004/108/EG des Europäischen Parlaments und des Rates vom 15. Dezember 2004 über die elektromagnetische Verträglichkeit (ABl. Nr. L 390 vom 31.12.2004)

optische und ionisierende Strahlung gilt die Niederspannungsrichtlinie. Im Übrigen werden in einem Leitfaden, der nunmehr allen Betroffenen zur Verfügung steht, nützliche Hinweise zur EMV-Richtlinie gegeben[57].

VERHÄLTNIS „NIEDERSPANNUNGSRICHTLINIE" UND BAUPRODUKTERICHTLINIE"[58]:

Bestimmte, unter die Niederspannungsrichtlinie fallende elektrische Betriebsmittel sind zugleich Bauprodukte im Sinne der Bauprodukterichtlinie, da sie hergestellt werden, um dauerhaft in Bauwerke des Hoch- oder Tiefbaus eingebaut zu werden. Daher müssen sie auch im Sinne der Richtlinie 89/106/EWG brauchbar sein, d. h., sie müssen so beschaffen sein, dass die Bauwerke, für die sie verwendet werden, die wesentlichen Anforderungen gemäß Artikel 3 bzw. Anhang I der Bauprodukterichtlinie erfüllen können. Beide Richtlinien, sowohl die Bauprodukterichtlinie als auch die Niederspannungsrichtlinie enthalten eine Konkurrenzklausel zur CE-Kennzeichnung (deren Voraussetzung das ordnungsgemäß durchlaufene Konformitätsbescheinigungsverfahren ist), vgl. Artikel 8 Absatz 3 Niederspannungsrichtlinie und nahezu gleichlautend Artikel 2 Absatz 2 Buchstabe a) Bauprodukterichtlinie:

Falls elektrische Betriebsmittel (Text Bauprodukterichtlinie: *die Produkte*) auch von anderen Richtlinien erfasst werden, die andere Aspekte behandeln und in denen die CE-Kennzeichnung vorgesehen ist, wird mit dieser Kennzeichnung (Text Bauprodukterichtlinie: *mit der Kennzeichnung nach Artikel 4 Absatz 2*) angegeben, dass auch von der Konformität dieser Betriebsmittel (Text Bauprodukterichtlinie: *Produkte*) mit den Bestimmungen dieser anderen Richtlinien auszugehen ist.

Sollen die elektrischen Betriebsmittel den Anforderungen der Bauprodukterichtlinie entsprechen, wird folglich vorausgesetzt, dass sowohl harmonisierte Normen im Sinne der Richtlinie als auch Beschlüsse über die Konformitätsbescheinigungsverfahren vorliegen. Liegen diese Voraussetzungen nicht vor, kann folglich die Bauprodukterichtlinie nicht angewandt werden.

Elektrische Betriebsmittel, die zugleich Bauprodukte sind, müssen neben den wesentlichen Anforderungen der Niederspannungsrichtlinie zusätzlich die wesentlichen Anforderungen der Bauprodukterichtlinie erfüllen (Brandschutz, Hygiene, Gesundheitsschutz, Umweltschutz, Nutzungssicherheit). Für die bereits existierenden (im Rahmen der Niederspannungsrichtlinie veröffentlichten) harmonisierten Normen heißt das, dass die Anforderungen der Bauprodukterichtlinie, die durch Einhaltung sämtlicher Bestimmungen der Niederspannungsrichtlinie noch nicht abgedeckt sind, in der betreffenden harmonisierten Norm zusammengeführt werden.

---

57) Der Leitfaden ist im Internet unter folgender Adresse zu finden: http://ec.europa.eu/enterprise/electr_equipment/emc/guides/emcguide_may2007.pdf
58) Richtlinie 89/106/EWG des Rates vom 21.12.1988 über Bauprodukte (ABl. Nr. L 40 vom 11.02.1989), geändert durch die Richtlinie 93/68/EWG (ABl. Nr. 220 vom 30.08.1993)

VERHÄLTNIS ZUR RICHTLINIE ÜBER FUNKANLAGEN UND TELEKOMMUNIKATIONSENDEINRICHTUNGEN[59]:

Bestimmte elektrische Betriebsmittel sind auch Funkanlagen oder Telekommunikationsendeinrichtungen im Sinne von Artikel 2 der Richtlinie 99/5/EG. Artikel 3 der Richtlinie 99/5/EG legt die grundlegenden Anforderungen für diese Betriebsmittel fest. Dabei werden für den Teil der elektrischen Sicherheit die grundlegenden Anforderungen der Niederspannungsrichtlinie übernommen bei gleichzeitiger Ausweitung des Anwendungsbereichs (Wegfall der unteren Spannungsgrenze).
Artikel 10 der Richtlinie 99/5/EG regelt die Konformitätsbewertung für diese Betriebsmittel. Für den Teil der elektrischen Sicherheit besteht danach die Wahlmöglichkeit, das Konformitätsbewertungsverfahren nach der Niederspannungsrichtlinie oder nach Artikel 10 Absätze (3) bis (5) der Richtlinie 99/5/EG durchzuführen.

VERHÄLTNIS ZUR RICHTLINIE ÜBER GASVERBRAUCHS-EINRICHTUNGEN[60]:

Einige elektrische Betriebsmittel sind ferner Gegenstand der Richtlinie über Gasverbrauchsgeräte.
In Artikel 1 wird festgelegt, dass diese Richtlinie auch für „Sicherheits-, Kontroll- und Regelvorrichtungen sowie Baugruppen" gilt, „die für gewerbliche Zwecke gesondert in den Verkehr gebracht werden und in eine Gasverbrauchseinrichtung eingebaut oder zu einer solchen zusammengebaut werden sollen" (**Ausrüstungen**).
Diese **Ausrüstungsteile,** zu denen auch elektrische Betriebsmittel gehören, müssen den Bestimmungen der Richtlinie über Gasverbrauchseinrichtungen entsprechen; dabei muss Folgendes gegeben sein:

- Erfüllung der für diese Geräte geltenden grundlegenden Anforderungen
- Anwendung der Konformitätsbewertungsverfahren (Artikel 8 Absatz 1 Buchstaben a und b); Zertifizierung durch eine dritte Stelle
- gegebenenfalls Ausstellung der Konformitätserklärung
- Ausstellung einer Bescheinigung, durch die die Richtlinienkonformität der Ausrüstungen erklärt wird und aus der die Merkmale dieser Ausrüstung sowie die Bedingungen für ihren Einbau in ein Gerät oder für ihren Zusammenbau zu ersehen sind, die dazu beitragen, dass die für fertiggestellte Geräte geltenden grundlegenden Anforderungen erfüllt werden
- Anbringung der CE-Konformitätskennzeichnung

---

59) Richtlinie 1999/5/EG des Europäischen Parlaments und des Rates vom 09. März 1999 über Funkanlagen und Telekommunikationsendeinrichtungen und die gegenseitige Anerkennung ihrer Konformität (Abl. Nr. L 091 vom 07.04.1999)
60) Richtlinie 90/396/EWG des Rates vom 29.06.1990 über Gasverbrauchseinrichtungen (ABl. Nr. L 196 vom 26.07.1990), geändert durch die Richtlinie 93/68/EWG (ABL. Nr. L 220 vom 30.08.1993)

Die CE-Kennzeichnung nach der Niederspannungsrichtlinie ist auch dann erforderlich, wenn gemäß Artikel 8 Absatz 4 der Richtlinie über Gasverbrauchseinrichtungen für Ausrüstungen kein EG-Konformitätszeichen vorgesehen ist.

VERHÄLTNIS ZUR MASCHINENRICHTLINIE:

a) Richtlinie 98/37/EG[61] (wird zum 29.12.2009 durch die Richtlinie 2006/42/EG abgelöst)

Die Abgrenzung der Anwendung der Niederspannungs- und der Maschinenrichtlinie erfordert einige eindeutige Erklärungen, damit allen Betroffenen die gemeinschaftliche Regelung klar wird und sie deren Effizienz für den freien Warenverkehr und die Vollendung des Binnenmarkts erkennen.

Es handelt sich um
i) allgemeine Erklärungen zu den Bestimmungen der Niederspannungs- und der Maschinenrichtlinie insgesamt
ii) Erklärungen zu Artikel 1 Absatz 5 der Maschinenrichtlinie im Verhältnis zur Niederspannungsrichtlinie
iii) Erklärungen zu Artikel 4 Absatz 2 der Maschinenrichtlinie in Bezug auf die elektrischen Bauteile
iv) Erklärungen zu den Artikeln 1 und 2 sowie Artikel 4 Absatz 3 der Maschinenrichtlinie in Bezug auf die in Verkehr gebrachten Sicherheitsbauteile, die zu den elektrischen Betriebsmitteln zählen

Zu i) Gemäß Anhang I Nummer 1.5.1 gelten für alle Maschinen, auf die die Maschinenrichtlinie Anwendung findet und die bei einer Nennspannung zwischen 50 V und 1 000 V für Wechselspannung und zwischen 75 V und 1 500 V für Gleichspannung betrieben werden, in Bezug auf die Gefahren durch elektrische Energie die Bestimmungen der Niederspannungsrichtlinie. Daher ergänzen sich für diese Maschinen die beiden Richtlinien in der Anwendung: Die Niederspannungsrichtlinie gilt für Gefahren durch elektrische Energie, die Maschinenrichtlinie für alle sonstigen Gefahren.

Zu ii) In Artikel 1 Absatz 5 der Maschinenrichtlinie heißt es:
„Gehen von einer Maschine hauptsächlich Gefahren aufgrund von Elektrizität aus, so fällt diese Maschine ausschließlich in den Anwendungsbereich der Richtlinie 73/23/EWG des Rates vom 19. Februar 1973 zur Angleichung der Rechtsvorschriften der Mitgliedstaaten betreffend elektrische Betriebsmittel zur Verwendung innerhalb bestimmter Spannungsgrenzen."
Dieser Artikel dient der Abgrenzung zwischen Niederspannungsrichtlinie und Maschinenrichtlinie und betrifft elektrische Maschinen im Sinne der Begriffsdefinition der Maschinenrichtlinie (Artikel 1 Absatz 2), die auch elektrische Betriebsmittel im

---

61) Richtlinie 98/37/EG des Europäischen Parlaments und des Rates vom 22. Juni 1998 zur Angleichung der Rechts- und Verwaltungsvorschriften der Mitgliedstaaten für Maschinen (ABl. Nr. L 207 vom 23.07.1998)

Sinne der Richtlinie 73/23/EWG sind. Es handelt sich um eine Ausnahme für eine unbestimmte Teilmenge elektrischer Maschinen. Eine vorausgehende Gefahrenanalyse durch den Hersteller muss Aufschluss darüber geben, ob Artikel 1 Absatz 5 Anwendung findet. Findet Artikel 1 Absatz 5 Anwendung, ist ausschließlich die Niederspannungsrichtlinie anzuwenden.

Für die elektrischen Maschinen, die auch elektrische Betriebsmittel sind, bestehen bereits eine Reihe elektrotechnischer Produktnormen, die eine Entscheidungshilfe im Zusammenhang mit der praktischen Anwendung von Artikel 1 Absatz 5 sein können. Um dem Herstellern die Entscheidung zu erleichtern, sollten diese Produktnormen sowohl im Falle ausschließlicher Anwendung der Niederspannungsrichtlinie als auch im Falle der Anwendung der Niederspannungsrichtlinie über Anhang I, Nr. 1.5.1 der Maschinenrichtlinie herangezogen werden, unabhängig davon, ob ihre Publikation nach der Maschinenrichtlinie bereits erfolgt ist.

Zu iii) Für alle elektrischen Betriebsmittel, die ggf. als „Teilmaschinen" im Sinne von Artikel 4 Absatz 2 der Maschinenrichtlinie zu betrachten sind, ist eine Konformitätserklärung und CE-Kennzeichnung nach der Niederspannungsrichtlinie erforderlich. Eine Herstellererklärung nach Anhang II B der Maschinenrichtlinie erübrigt sich, wenn die Einhaltung der grundlegenden Anforderungen nach der Maschinenrichtlinie in einer beigefügten Konformitätserklärung bescheinigt wird und der Hinweis enthalten ist, dass diese „Teilmaschine" für den Einbau in eine Maschine vorgesehen ist und dass die Inbetriebnahme solange unterbleibt, bis für die Gesamtmaschine die Konformität nachgewiesen ist.

Zu iv) Sicherheitsbauteile nach Artikel 1 Absatz 2 und Artikel 4 Absatz 3 der Maschinenrichtlinie sind elektrische Betriebsmittel im Sinne der Niederspannungsrichtlinie, wenn sie unter die vorgegebenen Spannungsgrenzen fallen.
Bei dieser Art von Bauteilen, die gesondert in Verkehr gebracht werden, sind die Bestimmungen beider Richtlinien einzuhalten (grundlegende Anforderungen, Konformitätsbewertungsverfahren, Konformitätserklärung). Die Anbringung der CE-Kennzeichnung resultiert jedoch ausschließlich aus der Anwendung der Niederspannungsrichtlinie (Artikel 8 der Maschinenrichtlinie erlaubt nicht die Anbringung der CE-Kennzeichnung im Sinne dieser Richtlinie).

b) Die neue Maschinenrichtlinie 2006/42/EG[62)] (gilt ab 29.12.2009)

Eines der wesentlichen Ziele der neuen Maschinenrichtlinie war die Klarstellung der Abgrenzung der Anwendungsbereiche von Maschinenrichtlinie und Niederspannungsrichtlinie, um eine größere Rechtssicherheit, insbesondere für die Hersteller, zu schaffen.
Auch die neue Maschinenrichtlinie nimmt bestimmte Arten von elektrischen Maschinen von ihrem Anwendungsbereich aus. Dies geschieht aber nicht mehr auf

---

62) Richtlinie 2006/42/EG des Europäischen Parlaments und des Rates vom 17. Mai 2006 über Maschinen und zur Änderung der Richtlinie 95/16/EG (Neufassung) (ABl. Nr. L 157, 09.06.2006)

der Grundlage der Bewertung des hauptsächlichen Risikos. Stattdessen werden in Artikel 1 der neuen Maschinenrichtlinie folgende elektrische Maschinen vom Anwendungsbereich der Maschinenrichtlinie ausgenommen:

„*(k) elektrische und elektronische Erzeugnisse folgender Arten, soweit sie unter die Richtlinie 73/23/EWG des Rates vom 19. Februar 1973 zur Angleichung der Rechtsvorschriften der Mitgliedstaaten betreffend elektrische Betriebsmittel zur Verwendung innerhalb bestimmter Spannungsgrenzen fallen:*
– *für den häuslichen Gebrauch bestimmte Haushaltsgeräte*
– *Audio- und Videogeräte*
– *informationstechnische Geräte*
– *gewöhnliche Büromaschinen*
– *Niederspannungsschaltgeräte und -steuergeräte*
– *Elektromotoren*"

Alle elektrisch betriebenen Maschinen, die nicht einer der oben aufgeführten Gattungen angehören, fallen folglich in den Geltungsbereich der Maschinenrichtlinie.

VERHÄLTNIS ZUR RoHS-RICHTLINIE[63]

Mit der RoHS-Richtlinie 2002/95/EG soll ein Beitrag zum Schutz der menschlichen Gesundheit und der Umwelt geleistet werden. Der Anwendungsbereich umfasst Elektro- und Elektronikgeräte, die in den Spannungsbereich 0 V bis 1 000 V (Wechselspannung) bzw. 1 500 V (Gleichspannung) *und* in eine der Kategorien des Anhangs IA der Richtlinie 2002/96/EG fallen. Etwa 80 % aller elektrisch betriebenen Geräte dürften sowohl der Niederspannungsrichtlinie als auch der Richtlinie 2002/95/EG unterfallen. Im Zentrum der Richtlinie steht ein Verwendungsverbot für insgesamt sechs Stoffe (Blei, Quecksilber, Cadmium, sechswertiges Chrom, polybromiertes Biphenyl (PBB) und polybromierter Diphenylether (PBDE)), welches für Elektro- und Elektronikgeräte gilt, die ab dem 01. Juli 2006 neu in den Verkehr gebracht werden.

VERHÄLTNIS ZUR ALTGERÄTERICHTLINIE (WEEE)[64]

Die Altgeräterichtlinie 2002/96/EG steht in engem Zusammenhang mit der RoHS-Richtlinie. Der Anwendungsbereich ist identisch, d. h., auch hier gilt: etwa 80 % aller elektrisch betriebenen Geräte dürften sowohl der Niederspannungsrichtlinie als auch der Richtlinie 2002/96/EG unterfallen. Im Gegensatz zur RoHS-Richtlinie, die bereits in der Produktionsphase der Geräte ansetzt, wirkt die Altgeräterichtlinie erst am Nutzungsende der Geräte. Wie der Name bereits vermuten lässt, ist das zentrale Ziel der Richtlinie die Reduzierung der zu beseitigenden Abfallmenge an Elektro- und Elektronikgeräten.

---

63) Richtlinie 2002/95/EG des Europäischen Parlaments und des Rates vom 27. Januar 2003 zur Beschränkung der Verwendung bestimmter gefährlicher Stoffe in Elektro- und Elektronikgeräten
64) Richtlinie 2002/96/EG des Europäischen Parlaments und des Rates vom 27. Januar 2003 über Elektro- und Elektronik-Altgeräte

VERHÄLTNIS ZUR ENERGIEVERBRAUCHS-KENNZEICHNUNGS-RICHTLINIE[65]

Artikel 174 des EG-Vertrags verpflichtet die Mitgliedstaaten zu einer umsichtigen und rationellen Verwendung der natürlichen Ressourcen. Ein Mittel, dies zu erreichen, ist die Information der Verbraucher über den Energieverbrauch der von ihnen eingesetzten Haushaltsgeräte. Grundlage dafür ist Rahmenrichtlinie 92/75/EWG, die bestimmte Dinge übergreifend regelt, ergänzt um verschiedene Durchführungsrichtlinien zu einzelnen Gerätearten. Dabei sollten Durchführungsrichtlinien nur für solche Gerätearten erlassen werden, die sich durch einen hohen Gesamtenergieverbrauch auszeichnen und bei denen es Verbesserungspotential hinsichtlich einer besseren Energienutzung gibt. Es handelt sich dabei insbesondere um folgende Gerätearten, die allesamt auch in den Anwendungsbereich der Niederspannungsrichtlinie fallen: Kühl- und Gefriergeräte, Waschmaschinen und Trockner, Geschirrspüler, Backöfen, Warmwasserbereiter und Warmwasserspeichergeräte, Lichtquellen und Klimageräte.

VERHÄLTNIS ZUR ÖKO-DESIGN RICHTLINIE[66]

Neben der Richtlinie zur Energieverbrauchskennzeichnung (s. o.) ist die Richtlinie zur umweltgerechten Gestaltung energiebetriebener Produkte, die sogenannte „Öko-Design"-Richtlinie, ein weiterer wichtiger Baustein in dem Bestreben, die negativen Umweltauswirkungen von Produkten zu minimieren. Der Ansatz hier ist dem bei der Verbrauchskennzeichnung sehr ähnlich: mit der „Öko-Design"-Richtlinie als Rahmenrichtlinie soll ein kohärenter Gesamtrahmen für die Festlegung gemeinschaftlicher Anforderungen an die umweltgerechte Gestaltung (Ökodesign) energiebetriebener Produkte geschaffen werden. Die konkreten Ökodesign-Anforderungen werden durch sogenannte Durchführungsmaßnahmen bestimmt. Grundsätzlich können nahezu alle elektrischen Betriebsmittel, die in den Anwendungsbereich der Niederspannungsrichtlinie fallen, von solchen Durchführungsmaßnahmen betroffen sein. Vorzugsweise soll dies für solche energiebetriebenen Produkte geschehen,

- deren Marktvolumen EU-weit größer als 200 000 Stück pro Jahr ist
- von denen erhebliche Umweltauswirkungen ausgehen
- die ein hohes Potential für eine Verbesserung ihrer Umweltverträglichkeit bieten

---

65) Richtlinie 92/75/EWG des Rates vom 22. September 1992 über die Angabe des Verbrauchs an Energie und anderen Ressourcen durch Haushaltsgeräte mittels einheitlicher Etiketten und Produktinformationen
66) Richtlinie 2005/32/EG des Europäischen Parlaments und des Rates vom 06. Juli 2005 zur Schaffung eines Rahmens für die Festlegung von Anforderungen an die umweltgerechte Gestaltung energiebetriebener Produkte

2.3.6 Konformitätsbewertungsverfahren

In Artikel 8 und Anhang IV der Richtlinie wird das Verfahren beschrieben, mit dem der Hersteller oder sein in der Gemeinschaft niedergelassener Bevollmächtigter die Übereinstimmung der elektrischen Betriebsmittel mit den Bestimmungen der Richtlinie gewährleistet und erklärt. Hat der Hersteller seinen Sitz außerhalb der Gemeinschaft und hat er keinen Bevollmächtigten eingesetzt, fallen diese Aufgaben dem Importeur zu.

Vor dem Inverkehrbringen stellt der Hersteller die **technischen Unterlagen,** die die Bewertung der Übereinstimmung der elektrischen Betriebsmittel mit den Anforderungen der Richtlinie ermöglichen, zusammen.

Außerdem müssen die elektrischen Betriebsmittel mit der **CE-Kennzeichnung** versehen werden. Nur der Hersteller oder sein in der Gemeinschaft niedergelassener Bevollmächtigter dürfen die CE-Kennzeichnung anbringen.

Konformitätsbewertungsverfahren nach Anhang IV:

- **der Hersteller oder sein Bevollmächtigter stellt sicher, dass das elektrische Betriebsmittel die Anforderungen der Richtlinien erfüllt**
- **Erstellung der technischen Unterlagen**
- **Konformitätserklärung, CE-Kennzeichnung**
- **Bereithaltung der technischen Unterlagen sowie einer Kopie der Konformitätserklärung**
  (zehn Jahre lang nach Herstellung des letzten Produkts auf dem Gebiet der EU)

Bild 15 Konformitätsbewertungsverfahren nach Anhang IV

Gleichzeitig sind der Hersteller oder sein in der Gemeinschaft niedergelassener Bevollmächtigter verpflichtet, eine schriftliche **Konformitätserklärung** auszustellen. Über diese drei Grundelemente der Konformitätsbewertung der elektrischen Betriebsmittel hinaus ist in Artikel 8 Absatz 2 vorgesehen, dass bei Beanstandungen ein von einer gemeldeten Stelle ausgearbeiteter Gutachterbericht über die Übereinstimmung der elektrischen Betriebsmittel mit den Sicherheitszielen (Artikel 2, Anhang I) vorgelegt werden kann. Dieser Gutachterbericht ist nicht zwingend vorgeschrieben, er stellt jedoch einen Nachweis für die Übereinstimmung der elektrischen Betriebsmittel mit den Sicherheitszielen dar, vor allem, wenn die harmonisierten Normen nicht eingehalten wurden oder es noch keine solchen Normen gibt (z. B. bei innovativen Entwicklungen, für die häufig erst im Anschluss an die technische Innovation Normen erarbeitet werden).

Es kann daher im Interesse des Herstellers oder seines in der Gemeinschaft niedergelassenen Bevollmächtigten oder des Importeurs liegen, sich vorher einen solchen Bericht durch eine nach Artikel 11 gemeldete Stelle ausarbeiten zu lassen.

> **Konformitätsvermutung bei der Anwendung von Normen**
>
> 1. harmonisierte europäische Normen
>   (Artikel 5)
> 2. internationale Normen von IEC oder EEC
>   (Artikel 6)
> 3. nationale Normen
>   (Artikel 7)
>
> > Beachte: Die Rangfolge ist durch die Richtlinie vorgegeben.

Bild 16 Konformitätsvermutung bei der Anwendung von Normen

Dies stärkt seine Position im Fall von Beanstandungen durch Kontrollbehörden der Mitgliedstaaten.
Die Einhaltung der harmonisierten Normen oder die Vorlage eines Gutachterberichts führt daher zur Vermutung der Übereinstimmung der elektrischen Betriebsmittel mit den Sicherheitsanforderungen der Richtlinie.

2.3.7 Technische Unterlagen

Eines der wichtigsten Hilfsmittel für die Bewertung der Übereinstimmung elektrischer Betriebsmittel mit den Anforderungen der Richtlinie stellen die in Anhang IV genannten technischen Unterlagen dar. Diese werden vom Hersteller zusammengestellt.
Die technischen Unterlagen müssen die zur Beurteilung der Richtlinienkonformität erforderlichen Angaben über den Entwurf, die Fertigung und die Funktionsweise der elektrischen Betriebsmittel enthalten.
Die technischen Unterlagen umfassen daher:

- eine allgemeine Beschreibung der elektrischen Betriebsmittel
- Entwürfe, Fertigungszeichnungen und -pläne von Bauteilen, Montage-Untergruppen, Schaltkreisen usw.
- Beschreibungen und Erläuterungen, die zum Verständnis der genannten Zeichnungen und Pläne und der Funktionsweise der elektrischen Betriebsmittel erforderlich sind
- eine Liste der ganz oder teilweise angewandten Normen oder, soweit Normen nicht angewandt worden sind, eine Beschreibung der zur Erfüllung der Sicherheitsanforderungen dieser Richtlinie gewählten Lösungen
- die Ergebnisse der Konstruktionsberechnungen, Prüfungen usw.
- die Prüfberichte

Der Hersteller oder sein in der Gemeinschaft niedergelassener Bevollmächtigter halten diese Unterlagen nach Herstellung des letzten Produkts mindestens zehn Jahre lang zu

> **Technische Unterlagen**
>
> • allgemeine Beschreibungen des elektrischen Betriebsmittels
> • Entwürfe, Fertigungszeichnungen und -pläne von Bauteilen, Montage-Untergruppen, Schaltkreisen usw. sowie notwendige Beschreibungen und Erläuterungen
> • Liste der Normen bzw. Beschreibung der gewählten technischen Lösung
> • Ergebisse der Konstruktionsberechnungen, Prüfungen usw.
> • Prüfberichte

Bild 17 Technische Unterlagen

Prüfzwecken für die innerstaatlichen Behörden bereit. Ist der Hersteller nicht in der Gemeinschaft niedergelassen und existiert kein Bevollmächtigter in der Gemeinschaft, geht die Verpflichtung auf denjenigen über, der das Produkt in der Gemeinschaft in Verkehr gebracht hat (**Importeur**). Die technischen Unterlagen müssen im Gebiet der Gemeinschaft aufbewahrt werden.

2.3.8 CE-Konformitätskennzeichnung

Die CE-Kennzeichnung wird gemäß Artikel 10 Absatz 1 vom Hersteller oder seinem in der Gemeinschaft ansässigen Bevollmächtigten auf den elektrischen Betriebsmitteln oder, sollte dies nicht möglich sein, auf der Verpackung bzw. der Gebrauchsanleitung oder dem Garantieschein sichtbar, leserlich und dauerhaft angebracht. Der Kennzeichnung auf dem elektrischen Betriebsmittel selber ist also in jedem Fall der Vorzug zu geben. Sollte dies nicht möglich sein, kann sie auf der Verpackung, der Betriebsanleitung oder dem Garantieschein vorgenommen werden. Über Größe und Aussehen der CE-Kennzeichnung werden in Anhang III klare Aussagen getroffen. Mit der CE-Kennzeichnung bestätigt der Hersteller, dass er alle Anforderungen der Niederspannungsrichtlinie *und* ggf. anderer zutreffender Richtlinien (z. B. EMV-Richtlinie, Öko-Design-Richtlinie) einhält. Die CE-Kennzeichnung ist insoweit ein wichtiges Signal für die Marktaufsichtsbehörden mit der Botschaft: Dieses Produkt darf im europäischen Binnenmarkt frei verkehren.

Das Anbringen weiterer Zeichen neben der CE-Kennzeichnung ist möglich, sofern deren Sichtbarkeit und Lesbarkeit nicht beeinträchtigt wird. Diese haben auch durchaus ihre Berechtigung, wenden sie sich doch mit ihrer Aussage (z. B. beim GS-Zeichen „Geprüfte Sicherheit"), anders als die CE-Kennzeichnung, direkt an den Verbraucher und liefern diesem wichtige Informationen für seine Kaufentscheidung.

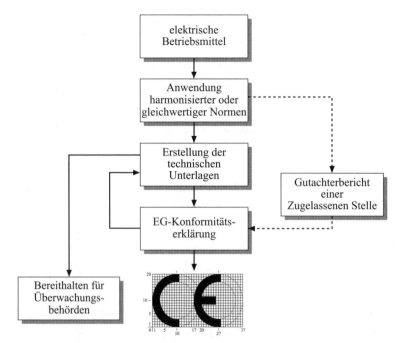

Bild 18 Ablaufschema CE-Kennzeichnung

2.3.9 Konformitätserklärung

Die Konformitätserklärung ist sowohl für die Bewertung der Richtlinienkonformität elektrischer Betriebsmittel als auch für die Marktaufsicht von großer Bedeutung.
Die Konformitätserklärung wird vom Hersteller oder seinem in der Gemeinschaft niedergelassenen Bevollmächtigten ausgestellt.
Eine Kopie der Konformitätserklärung wird unter den gleichen Bedingungen wie die technischen Unterlagen zu Prüfzwecken für die innerstaatlichen Behörden bereitgehalten. In ausreichend begründeten Fällen könnten sich die nationalen Marktaufsichtsbehörden daher auf eine Kopie der Konformitätserklärung beschränken und zunächst von der Anforderung der technischen Unterlagen absehen. Dies gilt vor allem dann, wenn die technischen Betriebsmittel den harmonisierten Normen entsprechen oder von einem Gutachterbericht einer gemeldeten Stelle begleitet sind.
Laut Anhang III Buchstabe B der Richtlinie muss die Konformitätserklärung folgende Angaben enthalten:

- Name und Anschrift des Herstellers oder seines in der Gemeinschaft niedergelassenen Bevollmächtigten
- Beschreibung der elektrischen Betriebsmittel

- Verweis auf die harmonisierten Normen
- gegebenenfalls Verweis auf die Spezifikationen, die der Konformitätserklärung zugrunde liegen
- Identität des vom Hersteller oder seinem in der Gemeinschaft niedergelassenen Bevollmächtigten beauftragten Unterzeichners
- die beiden letzten Ziffern des Jahres, in dem die CE-Kennzeichnung angebracht wurde

Die Konformitätserklärung muss in einer der Amtssprachen der Gemeinschaft abgefasst sein.

EG-Konformitätserklärung
nach Richtlinie 2006/95/EG

Name des Herstellers
(oder Bevollmächtigten) ....

Anschrift ....
....
....

Produktbezeichnung ....
....

Das Produkt stimmt mit den Vorschriften folgender Europäischer Richtlinien überein:
....
....
....

Folgende harmonisierte Normen und technischen Spezifikationen wurden angewandt:
....
....
....
....

Name und Funktion
des Unterzeichners ....

....
Unterschrift

2.3.10 Schutzklauselverfahren

Nach Artikel 9 können die Mitgliedstaaten den freien Verkehr oder das Inverkehrbringen elektrischer Betriebsmittel, die mit der CE-Kennzeichnung versehen sind, nur durch Einleitung des in diesem Artikel vorgesehenen Schutzklauselverfahrens behindern bzw. untersagen. Ob die nationalen Maßnahmen, durch die das Recht zur Vermarktung und freien Verkehr eingeschränkt wird, Gültigkeit besitzen, hängt von der Einhaltung dieses Verfahrens ab.

Nur eine Verwaltungsbehörde, die zur Einleitung dieses Verfahrens im Namen des Mitgliedstaats berechtigt ist, kann derartige beschränkende Maßnahmen ergreifen. Nach Artikel 9 ist der Mitgliedstaat, der die Schutzklausel in Anspruch nimmt, darüber hinaus verpflichtet, die übrigen Mitgliedstaaten und die Kommission unter Angabe von Gründen, insbesondere mit Hinweis auf die Art der Nichtkonformität, unverzüglich davon zu unterrichten. Die Kommission leitet daraufhin die in diesem Artikel beschriebenen weiteren Verwaltungsschritte ein.

Da die Beweislast bei Anfechtung der Konformität bei dem betreffenden Mitgliedstaat liegt, muss dieser die Kommission nicht nur über die von ihm ergriffenen Maßnahmen unterrichten, sondern darüber hinaus genau begründen, warum das Betriebsmittel nicht den in Artikel 2 genannten Sicherheitsanforderungen entspricht. Dabei ist anzugeben, ob die Nichterfüllung auf Unzulänglichkeiten der Normen, auf die schlechte Anwendung der Normen oder auf die Nichteinhaltung der Regeln der Technik zurückzuführen ist.

Das in Artikel 9 Absätze 2, 3 und 4 beschriebene Verfahren ermöglicht der Kommission, ausgehend von dieser Begründung gegebenenfalls Empfehlungen auszusprechen oder eine entsprechende Stellungnahme abzugeben.

Ist die Maßnahme aufgrund einer unzureichenden oder fehlenden Begründung eindeutig als ungerechtfertigt anzusehen, behält sich die Kommission das Recht vor, das Verfahren nach Artikel 226 EG-Vertrag einzuleiten. Die von ihr im Rahmen dieses Artikels eingeleiteten Verfahren werden in angemessenem Umfang bekannt gemacht. Darüber hinaus plant die Kommission, die nach Abschluss des Verfahrens nach Artikel 9 ausgesprochenen Empfehlungen und Stellungnahmen im Amtsblatt der Europäischen Gemeinschaften zu veröffentlichen.

Für die Abwicklung des Verfahrens nach Artikel 9 und eine wirkungsvolle Marktaufsicht ist eine gemeinschaftsweite Zusammenarbeit und Koordinierung der zuständigen innerstaatlichen Behörden von großem Nutzen. Aus diesem Grunde hat die Kommission auf der Grundlage der Entschließung des Rates vom 16. Juni 1994 (ABl. Nr. C 179 vom 01. Juli 1994, S. 1) eine Gruppe ins Leben gerufen, die die Zusammenarbeit zwischen den Verwaltungen der einzelnen Mitgliedstaaten fördern soll (Low Voltage Directive Administrative Cooperation, kurz LVD AdCo). Die Gruppe trifft sich in der Regel zweimal pro Jahr. Der Vorsitz der Gruppe wechselt in einem Turnus von zwei Jahren zwischen den einzelnen Mitgliedstaaten.

Die Ziele, die die Gruppe dabei verfolgt sind:

- das gegenseitige Vertrauen zu stärken und die Transparenz zwischen den Verwaltungen zu erhöhen
- über eine wirkungsvolle und einheitliche Anwendung des Gemeinschaftsrechts zu wachen
- Mehrfachkontrollen bei ein und demselben Produkt durch verschiedene Behörden zu vermeiden
- den Umlauf mehrerer Exemplare gleicher technischer Unterlagen und der gleichen Konformitätserklärung für ein Produkt zu vermeiden

2.3.11 Die in Artikel 11 genannten Stellen

Artikel 11 gibt einen Überblick über die Stellen, die im Rahmen der Artikel 5, 8 (Absatz 2) und 9 tätig werden.
Diese umfassen:

1. die in Artikel 5 genannten **Normenorganisationen**
2. Stellen, die gemäß Artikel 8 Absatz 2 einen Gutachterbericht vorlegen, sowie Stellen, die gemäß Artikel 9 eine Stellungnahme abgeben (mitgeteilte oder **notifizierte Stellen**)

Jeder Mitgliedstaat übermittelt den übrigen Mitgliedstaaten und der Kommission eine Liste dieser Stellen und hält sie jederzeit über Änderungen auf dem Laufenden. Die Kommission veröffentlicht diese Liste zur Information im Amtsblatt.

Normenorganisationen

a) Die von den Mitgliedstaaten gemäß der Artikel 5 und 11 gemeldeten Stellen haben die Aufgabe, harmonisierte Normen im Sinne des Artikels 5 aufzustellen.
Das von den im CENELEC (Europäisches Komitee für elektrotechnische Normung) organisierten Normungsinstituten einstimmig beschlossene Mehrheitsvotum entspricht voll und ganz den Bestimmungen des Artikels 5, demzufolge die Normen in gegenseitigem Einvernehmen festgelegt werden müssen.
b) Nationale Rechts- und Verwaltungsvorschriften dürfen die Aufstellung harmonisierter Normen gemäß Artikel 5 nicht behindern. Da diese Vorschriften ihren verbindlichen Charakter verloren haben, können sie die in den harmonisierten Normen festgelegten technischen Vorschriften nicht ergänzen oder ersetzen. Der Verweis auf derartige Vorschriften als „Abweichung des Typs A" in den „Harmonisierungsdokumenten" oder den „harmonisierten Normen" erübrigt sich damit.
c) Die nach Artikel 5 ausgearbeiteten harmonisierten Normen sind für die Wirksamkeit der Richtlinie von grundlegender Bedeutung. Sie sollen alle anderen in der Richtlinie vorgesehenen technischen Normen endgültig ersetzen und allen an Fertigung, Vermarktung und Verwendung elektrischer Betriebsmittel Beteiligten

sowie den Aufsichtsbehörden eine gemeinsame, gemeinschaftsweit nachvollziehbare Grundlage liefern.

d) Die Kommission hat die europäischen Normenorganisationen bereits mehrfach aufgefordert, ihre Arbeiten voranzutreiben, damit für alle Produkte im Anwendungsbereich der Richtlinie harmonisierte Normen vorliegen. Darüber hinaus ist darauf hinzuweisen, dass die Wirksamkeit der Richtlinie eine regelmäßige Anpassung der harmonisierten Normen an den technischen Fortschritt und die Entwicklung der Sicherheitstechnik erfordert.

Notifizierte Stellen

Aus den Artikeln 2 und 8 geht hervor, dass im Gebiet jedes Mitgliedstaats lediglich die Einhaltung der in Artikel 2 und Anhang I genannten Sicherheitsanforderungen vorgeschrieben werden kann. Gutachterberichte nach Artikel 8 dürfen nur für elektrische Betriebsmittel erstellt werden, die die in Artikel 2 und Anhang I genannten Sicherheitsanforderungen erfüllen.

Die notifizierten Stellen sind verpflichtet, auf Verlangen des Herstellers oder seines in der Gemeinschaft niedergelassenen Bevollmächtigten derartige Berichte auszuarbeiten. Vorbehaltlich des in Artikel 9 vorgesehenen Schutzklauselverfahrens müssen die Mitgliedstaaten die von den gemeldeten Stellen vorgelegten Berichte akzeptieren.

Kommt es im Rahmen eines Schutzklauselverfahrens zu einem Einspruch eines Mitgliedstaats, hat die Kommission eine Stellungnahme abzugeben. In diesem Zusammenhang schaltet sie eine notifizierte Stelle ein, die ihren Sitz in keinem der betroffenen Mitgliedstaaten haben darf.

Im Anhang 3.2 finden sie eine Liste der deutschen notifizierten Stellen (Stand: Februar 2008).

Eine Liste aller notifizierten Stellen ist unter folgender web-Adresse verfügbar: http://ec.europa.eu/enterprise/newapproach/nando.

2.3.12 Harmonisierte Normen

Harmonisierten Normen kommt beim Inverkehrbringen elektrischer Betriebsmittel besondere Bedeutung zu, da Hersteller bei ihrer Anwendung in den Genuss der sogenannten Vermutungswirkung kommen, d. h., die Marktaufsichtsbehörden haben bei elektrischen Betriebsmitteln, die einer harmonisierten Norm entsprechen, davon auszugehen, dass die Anforderungen der Niederspannungsrichtlinie eingehalten sind. Gemäß Artikel 5 sind Normen als harmonisiert anzusehen, wenn sie von den gemeldeten Stellen in gegenseitigem Einvernehmen aufgestellt *und* im Rahmen der innerstaatlichen Verfahren bekannt gegeben worden sind. Dabei reicht die Bekanntmachung in einem Mitgliedstaat aus. Ab diesem Zeitpunkt gilt die Norm in der gesamten EU als harmonisierte Norm. In Deutschland erfolgt die Bekanntmachung durch die Bundesanstalt für Arbeitsschutz und Arbeitsmedizin im Bundesanzeiger. Die Kom-

mission veröffentlicht die Fundstellen der harmonisierten Normen zur Information im Amtsblatt der EG, sobald sie ihr von den europäischen Normenorganisationen übermittelt worden sind. Die Mitgliedstaaten sind gehalten, die Fundstellen der harmonisierten Normen so schnell wie möglich zu veröffentlichen und dadurch eine wirksame Anwendung der Richtlinie zu erleichtern.
Zur Information finden Sie im Anhang 3.3 eine Liste der harmonisierten Normen, die im Bundesanzeiger veröffentlicht worden sind (Stand Oktober 2007). Bei Einhaltung dieser Normen kann auf Konformität der elektrischen Betriebsmittel mit den Sicherheitsanforderungen der Richtlinie geschlossen werden (Artikel 2 und Anhang I). Dies bedeutet, dass bei der Anfechtung der Konformität die Beweislast bei dem betreffenden Mitgliedstaat liegt. Die Normen können im Volltext bei DIN, DKE oder VDE VERLAG bezogen werden.

Bekanntmachung harmonisierter Normen

im **Bundesanzeiger**

zuletzt:

Bekanntmachung im Bundesanzeiger Nr. 203 vom 30. Oktober 2007, S. 7873

Verzeichnis 1: Harmonisierter Bereich – Teil 1

Normen gemäß Verordnung über das Inverkehrbringen elektrischer Betriebsmittel zur Verwendung innerhalb bestimmter Spannungsgrenzen – 1. GPSGV –

Abschnitt 1: Harmonisierte Normen

Bild 19 Bekanntmachung harmonisierter Normen

3 Anhang

3.1 Geräte- und Produktsicherheitsgesetz

**Gesetz
über technische Arbeitsmittel
und Verbraucherprodukte*
(Geräte- und Produktsicherheitsgesetz – GPSG)**

* Dieses Gesetz dient der Umsetzung
1. der Richtlinie 2001/95/EG des Europäischen Parlaments und des Rates vom 3. Dezember 2001 über die allgemeine Produktsicherheit (ABl. EG Nr. L 11 S. 4),
2. der Richtlinie 73/23/EWG des Rates vom 19. Februar 1973 zur Angleichung der Rechtsvorschriften der Mitgliedstaaten betreffend elektrische Betriebsmittel zur Verwendung innerhalb bestimmter Spannungsgrenzen (ABl. EG Nr. L 77 S. 29), die durch die Richtlinie 93/68/EWG des Rates vom 22. Juli 1993 (ABl. EG Nr. L 220 S. 1) geändert worden ist,
3. der Richtlinie 94/9/EG des Europäischen Parlaments und des Rates vom 23. März 1994 zur Angleichung der Rechtsvorschriften der Mitgliedstaaten für Geräte und Schutzsysteme zur bestimmungsgemäßen Verwendung in explosionsgefährdeten Bereichen (ABl. EG Nr. L 100 S. 1),
4. der Richtlinie 87/404/EWG des Rates vom 25. Juni 1987 zur Angleichung der Rechtsvorschriften der Mitgliedstaaten über einfache Druckbehälter (ABl. EG Nr. L 220 S. 48), die durch die Richtlinie 90/488/EWG des Rates vom 17. September 1990 zur Änderung der Richtlinie 87/404/EWG zur Angleichung der Rechtsvorschriften der Mitgliedstaaten für einfache Druckbehälter (ABl. EG Nr. L 270 S. 25) und durch die Richtlinie 93/68/EWG des Rates vom 22. Juli 1993 (ABl. EG Nr. L 220 S. 1) geändert worden ist,
5. der Richtlinie 75/324/EWG des Rates vom 20. Mai 1975 zur Angleichung der Rechtsvorschriften der Mitgliedstaaten über Aerosolpackungen (ABl. EG Nr. L 147 S. 40), die durch die Richtlinie 94/1/EG der Kommission vom 06. Januar 1994 zur Anpassung der Richtlinie 75/324/EWG zur Angleichung der Rechtsvorschriften der Mitgliedstaaten über Aerosolpackungen an den technischen Fortschritt (ABl. EG Nr. L 23 S. 28) geändert worden ist,
6. der Richtlinie 97/23/EG des Europäischen Parlaments und des Rates vom 29. Mai 1997 zur Angleichung der Rechtsvorschriften der Mitgliedstaaten über Druckgeräte (ABl. EG Nr. L 181 S. 1),
7. der Richtlinie 89/392/EWG des Rates vom 14. Juni 1989 zur Angleichung der Rechtsvorschriften der Mitgliedstaaten für Maschinen (ABl. EG Nr. L 183 S. 9), die durch die Richtlinie 91/368/EWG des Rates vom 20. Juni 1991 zur Änderung der Richtlinie 89/392/EWG zur Angleichung der Rechtsvorschriften der Mitgliedstaaten für Maschinen (ABl. EG Nr. L 198 S. 16), durch die Richtlinie 93/44/EWG des Rates vom 14. Juni 1993 zur Änderung der Richtlinie 89/392/EWG zur Angleichung der Rechtsvorschriften der Mitgliedstaaten für Maschinen (ABl. EG Nr. L 175 S. 2) und durch die Richtlinie 93/68/EWG des Rates vom 22. Juli 1993 (ABl. EG Nr. L 220 S. 1) geändert worden ist, und die durch die Richtlinie 98/37/EG des Europäischen Parlaments und des Rates vom 22. Juni 1998 zur Angleichung der Rechts- und Verwaltungsvorschriften der Mitgliedstaaten für Maschinen (ABl. EG Nr. L 207 S. 1) kodifiziert worden ist,
8. der Richtlinie 95/16/EG des Europäischen Parlaments und des Rates vom 29. Juni 1995 zur Angleichung der Rechtsvorschriften der Mitgliedstaaten über Aufzüge (ABl. EG Nr. L 213 S. 1),
9. der Richtlinie 2000/14/EG des Europäischen Parlaments und des Rates vom 08. Mai 2000 zur Angleichung der Rechtsvorschriften der Mitgliedstaaten über umweltbelastende Geräuschemissionen von zur Verwendung im Freien vorgesehenen Geräten und Maschinen (ABl. EG Nr. L 162 S. 1),
10. der Richtlinie 90/396/EWG des Rates vom 29. Juni 1990 zur Angleichung der Rechtsvorschriften der Mitgliedstaaten für Gasverbrauchseinrichtungen (ABl. EG Nr. L 196 S. 15), die durch die Richtlinie 93/68/EWG des Rates vom 22. Juli 1993 (ABl. EG Nr. L 220 S. 1) geändert worden ist,

11. der Richtlinie 89/686/EWG des Rates vom 21. Dezember 1989 zur Angleichung der Rechtsvorschriften der Mitgliedstaaten für persönliche Schutzausrüstungen (ABl. EG Nr. L 399 S. 18), die durch die Richtlinie 93/68/EWG des Rates vom 22. Juli 1993 (ABl. EG Nr. L 220 S. 1), durch die Richtlinie 93/95/EWG des Rates vom 29. Oktober 1993 zur Änderung der Richtlinie 89/686/EWG zur Angleichung der Rechtsvorschriften der Mitgliedstaaten für persönliche Schutzausrüstungen (ABl. EG Nr. L 276 S. 11) und durch die Richtlinie 96/58/EG des Europäischen Parlaments und des Rates vom 03. September 1996 zur Änderung der Richtlinie 89/686/EWG zur Angleichung der Rechtsvorschriften der Mitgliedstaaten für persönliche Schutzausrüstungen (ABl. EG Nr. L 236 S. 44) geändert worden ist,
12. der Richtlinie 88/378/EWG des Rates vom 3. Mai 1988 zur Angleichung der Rechtsvorschriften der Mitgliedstaaten über die Sicherheit von Spielzeug (ABl. EG Nr. L 187 S. 1), die durch die Richtlinie 93/68/EWG des Rates vom 22. Juli 1993 (ABl. EG Nr. L 220 S. 1) geändert worden ist,
13. der Richtlinie 86/188/EWG des Rates vom 12. Mai 1986 über den Schutz der Arbeitnehmer gegen Gefährdung durch Lärm am Arbeitsplatz (ABl. EG Nr. L 137 S. 28), die durch die Richtlinie 98/24 EG des Rates vom 07. April 1998 zum Schutz von Gesundheit und Sicherheit der Arbeitnehmer vor der Gefährdung durch chemische Arbeitsstoffe (Vierzehnte Einzelrichtlinie im Sinne des Artikels 16 Absatz 1 der Richtlinie 89/391/EWG) (ABl. EG Nr. L 131 S. 1) geändert worden ist,
14. Richtlinie 94/25/EG des Europäischen Parlaments und des Rates vom 16. Juni 1994 zur Angleichung der Rechts- und Verwaltungsvorschriften der Mitgliedstaaten über Sportboote, die durch die Richtlinie 2003/44/EG des Europäischen Parlaments und des Rates vom 16. Juni 2003 (ABl. EU Nr. L 214 S. 18) geändert worden ist.

Außerdem dient dieses Gesetz der Umsetzung
1. des Beschlusses des Rates vom 22. Juli 1993 über die technischen Harmonisierungsrichtlinien zu verwendenden Module für die verschiedenen Phasen der Konformitätsbewertungsverfahren und die Regeln für die Anbringung und Verwendung der CE-Konformitätskennzeichnung (93/465/EWG),
2. der Richtlinie 93/68/EWG des Rates vom 22. Juli 1993 zur Änderung der Richtlinien 87/404/EWG (einfache Druckbehälter), 88/378/EWG (Sicherheit von Spielzeug), 89/106/EWG (Bauprodukte), 89/336/EWG (elektromagnetische Verträglichkeit), 89/392/EWG (Maschinen), 89/686/EWG (persönliche Schutzausrüstungen), 90/384/EWG (nichtselbsttätige Waagen), 90/385/EWG (aktive implantierbare medizinische Geräte), 90/396/EWG (Gasverbrauchseinrichtungen), 91/263/EWG (Telekommunikationsendeinrichtungen), 92/42/EWG (mit flüssigen oder gasförmigen Brennstoffen beschickte neue Warmwasserheizkessel) und 73/23/EWG (elektrische Betriebsmittel zur Verwendung innerhalb bestimmter Spannungsgrenzen)

Dieses Gesetz tritt am ersten Tage des vierten auf die Verkündung folgenden Kalendermonats in Kraft. Gleichzeitig treten das Gerätesicherheitsgesetz in der Fassung der Bekanntmachung vom 11. Mai 2001 (BGBl. I S. 866), zuletzt geändert durch Artikel 3 des Gesetzes vom 23. März 2002 (BGBl. I S. 1163), sowie das Produktsicherheitsgesetz vom 22. April 1997 (BGBl. I S. 934), zuletzt geändert durch Artikel 7 des Gesetzes vom 11. Oktober 2002 (BGBl. I S. 3970), außer Kraft.

Inhaltsübersicht

Abschnitt 1
Allgemeine Vorschriften

§ 1 Anwendungsbereich
§ 2 Begriffsbestimmungen
§ 3 Ermächtigung zum Erlass von Rechtsverordnungen

Abschnitt 2
Inverkehrbringen und Kennzeichnen von Produkten

§ 4 Inverkehrbringen und Ausstellen
§ 5 Besondere Pflichten für das Inverkehrbringen von Verbraucherprodukten
§ 6 CE-Kennzeichnung
§ 7 GS-Zeichen

Abschnitt 3
Überwachung des Inverkehrbringens von Produkten

§ 8 Aufgaben und Befugnisse der zuständigen Behörden
§ 9 Meldeverfahren
§ 10 Veröffentlichung von Informationen

Abschnitt 4
Besondere Vorschriften

§ 11 Zugelassene Stellen
§ 12 Aufgaben der Bundesanstalt für Arbeitsschutz und Arbeitsmedizin
§ 13 Ausschuss für technische Arbeitsmittel und Verbraucherprodukte

Abschnitt 5
Überwachungsbedürftige Anlagen

§ 14 Ermächtigung zum Erlass von Rechtsverordnungen
§ 15 Befugnisse der zuständigen Behörden
§ 16 Zutrittsrecht des Beauftragten der zugelassenen Überwachungsstelle
§ 17 Durchführung der Prüfung und Überwachung
§ 18 Aufsichtsbehörden

Abschnitt 6
Straf- und Bußgeldvorschriften

§ 19 Bußgeldvorschriften
§ 20 Strafvorschriften

Abschnitt 7
Schlussvorschriften

§ 21 Übergangsbestimmungen

Abschnitt 1
Allgemeine Vorschriften

§ 1
Anwendungsbereich

(1) Dieses Gesetz gilt für das Inverkehrbringen und Ausstellen von Produkten, das selbstständig im Rahmen einer wirtschaftlichen Unternehmung erfolgt. Dieses Gesetz gilt nicht für das Inverkehrbringen und Ausstellen gebrauchter Produkte, die
1. als Antiquitäten überlassen werden oder
2. vor ihrer Verwendung instand gesetzt oder wieder aufgearbeitet werden müssen, sofern der Inverkehrbringer denjenigen, dem sie überlassen werden, darüber ausreichend unterrichtet.

Dieses Gesetz gilt ferner nicht für das Inverkehrbringen und Ausstellen technischer Arbeitsmittel, die ihrer Bauart nach ausschließlich zur Verwendung für militärische Zwecke bestimmt sind.

(2) Dieses Gesetz gilt auch für die Errichtung und den Betrieb überwachungsbedürftiger Anlagen, die gewerblichen oder wirtschaftlichen Zwecken dienen oder durch die Beschäftigte gefährdet werden können, mit Ausnahme der überwachungsbedürftigen Anlagen
1. der Fahrzeuge von Magnetschwebebahnen, soweit diese Fahrzeuge den Bestimmungen des Bundes zum Bau und Betrieb solcher Bahnen unterliegen,
2. des rollenden Materials von Eisenbahnunternehmungen, ausgenommen Ladegutbehälter, soweit dieses Material den Bestimmungen der Bau- und Betriebsordnungen des Bundes und der Länder unterliegt,
3. in Unternehmen des Bergwesens, ausgenommen in deren Tagesanlagen.

(3) Die der Gewährleistung von Sicherheit und Gesundheit beim Inverkehrbringen oder Ausstellen von Produkten dienenden Vorschriften dieses Gesetzes gelten nicht, soweit in anderen Rechtsvorschriften entsprechende oder weitergehende Anforderungen an die Gewährleistung von Sicherheit und Gesundheit vorgesehen sind. Die §§ 5, 6 und 8 bis 10 gelten nicht, soweit in anderen Rechtsvorschriften entsprechende oder weitergehende Regelungen vorgesehen sind.

(4) Rechtsvorschriften, die der Gewährleistung von Sicherheit und Gesundheit bei der Verwendung von Produkten dienen, bleiben unberührt; dies gilt insbesondere für Vorschriften, die den Arbeitgeber hierzu verpflichten.

§ 2
Begriffsbestimmungen

(1) Produkte sind
1. technische Arbeitsmittel und
2. Verbraucherprodukte.

(2) Technische Arbeitsmittel sind verwendungsfertige Arbeitseinrichtungen, die bestimmungsgemäß ausschließlich bei der Arbeit verwendet werden, deren Zubehörteile sowie Schutzausrüstungen, die nicht Teil einer Arbeitseinrichtung sind, und Teile von technischen Arbeitsmitteln, wenn sie in einer Rechtsverordnung nach § 3 Absatz 1 oder 2 erfasst sind.

(3) Verbraucherprodukte sind Gebrauchsgegenstände und sonstige Produkte, die für Verbraucher bestimmt sind oder unter vernünftigerweise vorhersehbaren Bedingungen von Verbrauchern benutzt werden können, selbst wenn sie nicht für diese bestimmt sind. Als Verbraucherprodukte gelten auch Gebrauchsgegenstände und sonstige Produkte, die dem Verbraucher im Rahmen der Erbringung einer Dienstleistung zur Verfügung gestellt werden.

(4) Verwendungsfertig sind Arbeitseinrichtungen und Gebrauchsgegenstände, wenn sie bestimmungsgemäß verwendet werden können, ohne dass weitere Teile eingefügt zu werden brauchen. Verwendungsfertig sind Arbeitseinrichtungen und Gebrauchsgegenstände auch, wenn
1. alle Teile, aus denen sie zusammengesetzt werden sollen, von der selben Person in den Verkehr gebracht werden,
2. sie nur noch aufgestellt oder angeschlossen zu werden brauchen oder
3. sie ohne die Teile in den Verkehr gebracht werden, die üblicherweise gesondert beschafft und bei der bestimmungsgemäßen Verwendung eingefügt werden.

(5) Bestimmungsgemäße Verwendung ist
1. die Verwendung, für die ein Produkt nach den Angaben desjenigen, der es in den Verkehr bringt, geeignet ist oder
2. die übliche Verwendung, die sich aus der Bauart und Ausführung des Produkts ergibt.

(6) Vorhersehbare Fehlanwendung ist die Verwendung eines Produkts in einer Weise, die von demjenigen, der es in den Verkehr bringt, nicht vorgesehen ist, sich jedoch aus dem vernünftigerweise vorhersehbaren Verhalten des jeweiligen zu erwartenden Verwenders ergeben kann.

(7) Überwachungsbedürftige Anlagen sind
1. Dampfkesselanlagen mit Ausnahme von Dampfkesselanlagen auf Seeschiffen,
2. Druckbehälteranlagen außer Dampfkesseln,
3. Anlagen zur Abfüllung von verdichteten, verflüssigten oder unter Druck gelösten Gasen,
4. Leitungen unter innerem Überdruck für brennbare, ätzende oder giftige Gase, Dämpfe oder Flüssigkeiten,
5. Aufzugsanlagen,
6. Anlagen in explosionsgefährdeten Bereichen,
7. Getränkeschankanlagen und Anlagen zur Herstellung kohlensaurer Getränke,
8. Acetylenanlagen und Calciumcarbidlager,

9. Anlagen zur Lagerung, Abfüllung und Beförderung von brennbaren Flüssigkeiten.
Zu den Anlagen gehören auch Mess-, Steuer- und Regeleinrichtungen, die dem sicheren Betrieb der Anlage dienen. Zu den in den Nummern 2, 3 und 4 bezeichneten überwachungsbedürftigen Anlagen gehören nicht die Energieanlagen im Sinne des § 2 Absatz 2 des Energiewirtschaftsgesetzes. Überwachungsbedürftige Anlagen stehen den Produkten im Sinne des Absatzes 1 gleich, soweit sie nicht schon von Absatz 1 erfasst werden.

(8) Inverkehrbringen ist jedes Überlassen eines Produkts an einen anderen, unabhängig davon, ob das Produkt neu, gebraucht, wiederaufgearbeitet oder wesentlich verändert worden ist. Die Einfuhr in den Europäischen Wirtschaftsraum steht dem Inverkehrbringen eines neuen Produkts gleich.

(9) Ausstellen ist das Aufstellen oder Vorführen von Produkten zum Zwecke der Werbung.

(10) Hersteller ist jede natürliche oder juristische Person, die
1. ein Produkt herstellt, oder
2. ein Produkt wiederaufarbeitet oder wesentlich verändert und erneut in den Verkehr bringt.

Als Hersteller gilt auch jeder, der geschäftsmäßig seinen Namen, seine Marke oder ein anderes unterscheidungskräftiges Kennzeichen an einem Produkt anbringt und sich dadurch als Hersteller ausgibt, oder der als sonstiger Inverkehrbringer die Sicherheitseigenschaften eines Verbraucherprodukts beeinflusst.

(11) Bevollmächtigter ist jede im Europäischen Wirtschaftsraum niedergelassene natürliche oder juristische Person, die vom Hersteller schriftlich dazu ermächtigt wurde, in seinem Namen zu handeln.

(12) Einführer ist jede im Europäischen Wirtschaftsraum niedergelassene natürliche oder juristische Person, die ein Produkt aus einem Drittland in den Europäischen Wirtschaftsraum einführt oder dieses veranlasst.

(13) Händler ist, wer geschäftsmäßig ein Produkt in den Verkehr bringt und nicht Hersteller im Sinne von Absatz 10, Bevollmächtigter im Sinne von Absatz 11 oder Einführer im Sinne von Absatz 12 ist.

(14) Beauftragte Stelle ist, vorbehaltlich einer anderweitigen Regelung in einer Rechtsverordnung nach § 3 Absatz 4, die Bundesanstalt für Arbeitsschutz und Arbeitsmedizin.

(15) Zugelassene Stellen sind
1. a) jede Stelle für die Durchführung der Verfahren zur Feststellung der Übereinstimmung mit den grundlegenden Sicherheitsanforderungen gemäß den Rechtsverordnungen nach § 3 Absatz 1,
   b) jede GS-Stelle für die Zuerkennung des GS-Zeichens,

c) jedes Prüflaboratorium, das für eine in Buchstabe a oder b genannte Stelle tätig ist,

sofern sie von der zuständigen Behörde für einen bestimmten Aufgabenbereich der beauftragten Stelle benannt und von dieser im Bundesanzeiger bekannt gemacht worden sind; oder

2. Stellen, die der Kommission der Europäischen Gemeinschaften von einem Mitgliedstaat aufgrund eines Rechtsaktes des Rates oder der Kommission der Europäischen Gemeinschaften oder von einer nach dem Abkommen über den Europäischen Wirtschaftsraum zuständigen Behörde aufgrund dieses Abkommens mitgeteilt worden sind.

(16) Harmonisierte Norm ist eine nicht verbindliche technische Spezifikation, die von einer europäischen Normenorganisation nach den in der Richtlinie 98/34/EG des Europäischen Parlaments und des Rates vom 22. Juni 1998 über ein Informationsverfahren auf dem Gebiet der Normen und technischen Vorschriften (ABl. EG Nr. L 204 S. 37) festgelegten Verfahren angenommen und deren Fundstelle im Amtsblatt der Europäischen Gemeinschaften veröffentlicht wurde.

(17) Rückruf ist jede Maßnahme, die auf Erwirkung der Rückgabe eines bereits in den Verkehr gebrachten Produkts durch den Verwender abzielt.

(18) Rücknahme ist jede Maßnahme, mit der verhindert werden soll, dass ein Produkt vertrieben, ausgestellt oder dem Verwender angeboten wird.

§ 3
Ermächtigung zum Erlass von Rechtsverordnungen

(1) Das Bundesministerium für Wirtschaft und Arbeit kann im Einvernehmen mit dem Bundesministerium für Verbraucherschutz, Ernährung und Landwirtschaft, dem Bundesministerium für Umwelt, Naturschutz und Reaktorsicherheit, dem Bundesministerium der Verteidigung und dem Bundesministerium für Verkehr, Bau- und Wohnungswesen für Produkte nach Anhörung des Ausschusses für technische Arbeitsmittel und Verbraucherprodukte mit Zustimmung des Bundesrats zur Erfüllung von Verpflichtungen aus zwischenstaatlichen Vereinbarungen oder zur Umsetzung oder Durchführung der von den Europäischen Gemeinschaften erlassenen Rechtsvorschriften Rechtsverordnungen nach Maßgabe des Satzes 2 erlassen. Durch Rechtsverordnung nach Satz 1 können
1. Anforderungen an die Gewährleistung von Sicherheit und Gesundheit, Anforderungen zum Schutz sonstiger Rechtsgüter und sonstige Voraussetzungen des Ausstellens, Inverkehrbringens oder der Inbetriebnahme, insbesondere Prüfungen, Produktionsüberwachungen oder Bescheinigungen,
2. Anforderungen an die Kennzeichnung, Aufbewahrungs- und Mitteilungspflichten sowie damit zusammenhängende behördliche Maßnahmen
geregelt werden.

(2) Das Bundesministerium für Wirtschaft und Arbeit kann für Produkte, soweit sie nicht einer Rechtsverordnung nach Absatz 1 unterfallen, im Einvernehmen mit dem Bundesministerium für Verbraucherschutz, Ernährung und Landwirtschaft, dem Bundesministerium für Umwelt, Naturschutz und Reaktorsicherheit, dem Bundesministerium der Verteidigung und dem Bundesministerium für Verkehr, Bau- und Wohnungswesen nach Anhörung des Ausschusses für technische Arbeitsmittel und Verbraucherprodukte und mit Zustimmung des Bundesrats Rechtsverordnungen zur Regelung des Inverkehrbringens oder Ausstellens nach Maßgabe des Satzes 2 erlassen. Durch Rechtsverordnung nach Satz 1 können

1. Anforderungen an die Gewährleistung von Sicherheit und Gesundheit und sonstige Voraussetzungen des Inverkehrbringens oder Ausstellens, insbesondere Prüfungen, Produktionsüberwachungen oder Bescheinigungen,
2. Anforderungen an die Kennzeichnung, Aufbewahrungs- und Mitteilungspflichten

geregelt werden.

(3) Das Bundesministerium für Wirtschaft und Arbeit kann nach Anhörung des Ausschusses für technische Arbeitsmittel und Verbraucherprodukte und mit Zustimmung des Bundesrats auch zur Umsetzung oder Durchführung der von den Europäischen Gemeinschaften erlassenen Rechtsvorschriften durch Rechtsverordnung die Anforderungen an zugelassene Stellen hinsichtlich

1. Unabhängigkeit, technischer Kompetenz und beruflicher Zuverlässigkeit der Stelle,
2. Verfügbarkeit des erforderlichen Personals, der notwendigen Mittel und Ausrüstungen,
3. Bestehen einer angemessenen Haftpflichtversicherung,
4. Wahrung von Betriebs- und Geschäftsgeheimnissen,
5. Unterauftragsvergabe,
6. Teilnahme an Erfahrungsaustauschkreisen,
7. Qualitätsmanagement

näher bestimmen.

(4) Durch Rechtsverordnung ohne Zustimmung des Bundesrats können Aufgaben, die der beauftragten Stelle im Rahmen dieses Gesetzes zugewiesen sind, auf eine andere Bundesbehörde, die mit Aufgaben auf dem Gebiet der Geräte- und Produktsicherheit betraut ist, übertragen werden. Die Rechtsverordnung wird von dem Bundesministerium, zu dessen Geschäftsbereich die Bundesbehörde gehört, im Einvernehmen mit dem Bundesministerium für Wirtschaft und Arbeit erlassen.

(5) Rechtsverordnungen nach Absatz 1 oder 2 können in dringenden Fällen oder, wenn es zur unverzüglichen Umsetzung oder Durchführung von Rechtsakten der Europäischen Gemeinschaften erforderlich ist, ohne Zustimmung des Bundesrats erlassen werden; sie treten spätestens sechs Monate nach ihrem Inkrafttreten außer Kraft. Ihre Geltungsdauer kann nur mit Zustimmung des Bundesrats verlängert werden.

Abschnitt 2
Inverkehrbringen und Kennzeichnen von Produkten

§ 4
Inverkehrbringen und Ausstellen

(1) Soweit ein Produkt einer Rechtsverordnung nach § 3 Absatz 1 unterfällt, darf es nur in den Verkehr gebracht werden, wenn es den dort vorgesehenen Anforderungen an Sicherheit und Gesundheit und sonstigen Voraussetzungen für sein Inverkehrbringen entspricht und Sicherheit und Gesundheit der Verwender oder Dritter oder sonstige in den Rechtsverordnungen nach § 3 Absatz 1 aufgeführte Rechtsgüter bei bestimmungsgemäßer Verwendung oder vorhersehbarer Fehlanwendung nicht gefährdet werden. Entspricht eine Norm, die eine harmonisierte Norm umsetzt, einer oder mehreren Anforderungen an Sicherheit und Gesundheit, wird bei einem entsprechend dieser Norm hergestellten Produkt vermutet, dass es den betreffenden Anforderungen an Sicherheit und Gesundheit genügt.

(2) Ein Produkt darf, soweit es nicht § 4 Absatz 1 unterliegt, nur in den Verkehr gebracht werden, wenn es so beschaffen ist, dass bei bestimmungsgemäßer Verwendung oder vorhersehbarer Fehlanwendung Sicherheit und Gesundheit von Verwendern oder Dritten nicht gefährdet werden. Bei der Beurteilung, ob ein Produkt der Anforderung nach Satz 1 entspricht, sind insbesondere zu berücksichtigen
1. die Eigenschaften des Produkts einschließlich seiner Zusammensetzung, Verpackung, der Anleitungen für seinen Zusammenbau, der Installation, der Wartung und der Gebrauchsdauer,
2. seine Einwirkungen auf andere Produkte, soweit seine Verwendung mit anderen Produkten zu erwarten ist,
3. seine Darbietung, Aufmachung im Handel, Kennzeichnung, Warnhinweise, Gebrauchs- und Bedienungsanleitung und Angaben für seine Beseitigung sowie alle sonstigen produktbezogenen Angaben oder Informationen,
4. die Gruppen von Verwendern, die bei der Verwendung des Produkts einer größeren Gefahr ausgesetzt sind als andere.

Bei der Beurteilung, ob ein Produkt den Anforderungen nach Satz 1 entspricht, können Normen und andere technische Spezifikationen zugrunde gelegt werden. Entspricht eine Norm oder sonstige technische Spezifikation, die vom Ausschuss für technische Arbeitsmittel und Verbraucherprodukte ermittelt und von der beauftragten Stelle im Bundesanzeiger bekannt gemacht worden ist, einer oder mehreren Anforderungen an Sicherheit und Gesundheit, wird bei einem nach dieser Norm oder sonstigen Spezifikation hergestellten Produkt vermutet, dass es den betreffenden Anforderungen an Sicherheit und Gesundheit genügt.

(3) Bei einem technischen Arbeitsmittel, das von Rechtsverordnungen nach § 3 Absatz 1 erfasst ist, ist maßgeblich für das Inverkehrbringen die Rechtslage im Zeitpunkt seines erstmaligen Inverkehrbringens in den Europäischen Wirtschaftsraum. Satz 1 gilt auch für ein Verbraucherprodukt, soweit es von Rechtsverordnungen nach § 3 Absatz 1

erfasst ist. Bei einem technischen Arbeitsmittel, das nicht von einer Rechtsverordnung nach § 3 Absatz 1 erfasst ist, ist maßgeblich die Rechtslage im Zeitpunkt seines erstmaligen Inverkehrbringens im Geltungsbereich dieses Gesetzes. Beim Inverkehrbringen eines Verbraucherprodukts ist, soweit es keiner Rechtsverordnung nach § 3 Absatz 1 unterfällt, maßgeblich die Rechtslage im Zeitpunkt seines Inverkehrbringens.

(4) Sofern in den Rechtsverordnungen nach § 3 keine anderen Regelungen vorgesehen sind, ist, wenn
1. Sicherheit und Gesundheit erst durch die Art der Aufstellung eines technischen Arbeitsmittels oder verwendungsfertigen Gebrauchsgegenstandes gewährleistet werden, hierauf beim Inverkehrbringen des technischen Arbeitsmittels oder verwendungsfertigen Gebrauchsgegenstandes ausreichend hinzuweisen, oder
2. zur Gewährleistung von Sicherheit und Gesundheit bestimmte Regeln bei der Verwendung, Ergänzung oder Instandhaltung eines technischen Arbeitsmittels oder verwendungsfertigen Gebrauchsgegenstandes beachtet werden müssen, eine Gebrauchsanleitung in deutscher Sprache beim Inverkehrbringen mitzuliefern.

(5) Ein Produkt, das den Voraussetzungen nach Absatz 1 oder 2 nicht entspricht, darf ausgestellt werden, wenn ein sichtbares Schild deutlich darauf hinweist, dass es diese Voraussetzungen nicht erfüllt und erst erworben werden kann, wenn die entsprechende Übereinstimmung hergestellt ist. Bei einer Vorführung sind die erforderlichen Vorkehrungen zum Schutz von Personen zu treffen.

§ 5
Besondere Pflichten für das Inverkehrbringen von Verbraucherprodukten

(1) Der Hersteller, sein Bevollmächtigter und der Einführer eines Verbraucherprodukts haben jeweils im Rahmen ihrer Geschäftstätigkeit
1. beim Inverkehrbringen
   a) sicherzustellen, dass der Verwender die erforderlichen Informationen erhält, damit dieser die Gefahren, die von dem Verbraucherprodukt während der üblichen oder vernünftigerweise vorhersehbaren Gebrauchsdauer ausgehen und die ohne entsprechende Hinweise nicht unmittelbar erkennbar sind, beurteilen und sich dagegen schützen kann,
   b) den Namen des Herstellers oder, sofern dieser nicht im Europäischen Wirtschaftsraum ansässig ist, den Namen des Bevollmächtigten oder des Einführers und deren Adressen auf dem Verbraucherprodukt oder auf dessen Verpackung anzubringen sowie das Verbraucherprodukt so zu kennzeichnen, dass es eindeutig identifiziert werden kann, es sei denn, das Weglassen dieser Angaben ist vertretbar, insbesondere weil dem Verwender diese Angaben bereits bekannt sind oder das Anbringen dieser Angaben mit einem unverhältnismäßigen Aufwand verbunden wäre,
   c) Vorkehrungen zu treffen, die den Eigenschaften des von ihnen in den Verkehr gebrachten Verbraucherprodukts angemessen sind, damit sie imstande sind, zur Vermeidung von Gefahren geeignete Maßnahmen zu veranlassen, bis hin

zur Rücknahme des Verbraucherprodukts, der angemessenen und wirksamen Warnung und dem Rückruf;
2. bei den in Verkehr gebrachten Verbraucherprodukten die, abhängig vom Grad der von ihnen ausgehenden Gefahr und der Möglichkeiten diese abzuwehren, gebotenen Stichproben durchzuführen, Beschwerden zu prüfen und erforderlichenfalls ein Beschwerdebuch zu führen sowie die Händler über weitere das Verbraucherprodukt betreffende Maßnahmen zu unterrichten.

(2) Der Hersteller, sein Bevollmächtigter und der Einführer haben jeweils unverzüglich die zuständigen Behörden nach Maßgabe von Anhang I der Richtlinie 2001/95/EG des Europäischen Parlaments und des Rates vom 03. Dezember 2001 über die allgemeine Produktsicherheit (ABl. EG Nr. L 11 S. 4) zu unterrichten, wenn sie wissen oder anhand der ihnen vorliegenden Informationen oder ihrer Erfahrung eindeutige Anhaltspunkte dafür haben, dass von einem von ihnen in Verkehr gebrachten Verbraucherprodukt eine Gefahr für die Gesundheit und Sicherheit von Personen ausgeht; insbesondere haben sie über die Maßnahmen zu unterrichten, die sie zur Abwendung dieser Gefahr getroffen haben. Eine Unterrichtung nach Satz 1 darf nicht zur strafrechtlichen Verfolgung des Unterrichtenden oder für ein Verfahren nach dem Gesetz über Ordnungswidrigkeiten gegen den Unterrichtenden verwendet werden.

(3) Der Händler hat dazu beizutragen, dass nur sichere Verbraucherprodukte in den Verkehr gebracht werden. Er darf insbesondere kein Verbraucherprodukt in den Verkehr bringen, von dem er
1. weiß oder
2. anhand der ihm vorliegenden Informationen oder seiner Erfahrung wissen muss, dass es nicht den Anforderungen nach § 4 entspricht.
Absatz 2 gilt für den Händler entsprechend.

§ 6
CE-Kennzeichnung

(1) Es ist verboten, ein Produkt in den Verkehr zu bringen, wenn dieses, seine Verpackung oder ihm beigefügte Unterlagen mit der CE-Kennzeichnung versehen sind, ohne dass die Rechtsverordnungen nach § 3 oder andere Rechtsvorschriften dies vorsehen und die Voraussetzungen der Absätze 2 bis 5 eingehalten sind.

(2) Die CE-Kennzeichnung muss sichtbar, lesbar und dauerhaft angebracht sein.

(3) Die CE-Kennzeichnung besteht aus den Buchstaben „CE" in folgender Gestalt:

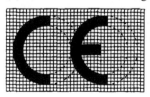

(4) Bei Verkleinerung oder Vergrößerung der CE-Kennzeichnung müssen die hier wiedergegebenen Proportionen gewahrt bleiben.

(5) Es dürfen zusätzlich zur CE-Kennzeichnung keine Kennzeichnungen angebracht werden, durch die Dritte hinsichtlich der Bedeutung und der Gestalt der CE-Kennzeichnung irregeführt werden können. Jede andere Kennzeichnung darf angebracht werden, wenn sie die Sichtbarkeit und Lesbarkeit der CE-Kennzeichnung nicht beeinträchtigt.

§ 7
GS-Zeichen

(1) Soweit Rechtsverordnungen nach § 3 nichts anderes bestimmen, dürfen technische Arbeitsmittel und verwendungsfertige Gebrauchsgegenstände mit dem vom Bundesministerium für Wirtschaft und Arbeit amtlich bekannt gemachten Zeichen „GS = geprüfte Sicherheit" (GS-Zeichen) versehen werden, wenn es von einer GS-Stelle nach § 11 Absatz 2 auf Antrag des Herstellers oder seines Bevollmächtigten zuerkannt worden ist. Das GS-Zeichen darf nur zuerkannt werden, wenn der GS-Stelle

1. ein Nachweis der Übereinstimmung des geprüften Baumusters mit den Anforderungen nach § 4 Absätze 1 bis 3 sowie anderer Rechtsvorschriften hinsichtlich der Gewährleistung von Sicherheit und Gesundheit durch eine Baumusterprüfung sowie
2. ein Nachweis, dass die Voraussetzungen eingehalten werden, die bei der Herstellung der technischen Arbeitsmittel und verwendungsfertigen Gebrauchsgegenstände zu beachten sind, um ihre Übereinstimmung mit dem geprüften Baumuster zu gewährleisten,

vorliegt.
Über die Zuerkennung des GS-Zeichens ist eine Bescheinigung auszustellen. Die Geltungsdauer der Zuerkennung ist auf die Dauer von höchstens fünf Jahre zu befristen.

(2) Die GS-Stelle nach § 11 Absatz 2 hat Kontrollmaßnahmen zur Überwachung der Herstellung der technischen Arbeitsmittel und verwendungsfertigen Gebrauchsgegenstände und der rechtmäßigen Verwendung des GS-Zeichens durchzuführen. Liegen die Voraussetzungen für die Zuerkennung des GS-Zeichens nicht mehr vor, so hat die GS-Stelle die Zuerkennung zu entziehen. Sie unterrichtet in diesen Fällen die anderen GS-Stellen und die zuständige Behörde über die Entziehung.

(3) Der Hersteller hat zu gewährleisten, dass die von ihm hergestellten technischen Arbeitsmittel und verwendungsfertigen Gebrauchsgegenstände mit dem geprüften Baumuster übereinstimmen. Er hat die Kontrollmaßnahmen nach Absatz 2 zu dulden. Er darf das GS-Zeichen nur verwenden und mit ihm werben, solange die Voraussetzungen nach Absatz 1 Satz 2 erfüllt sind.

(4) Der Hersteller darf kein Zeichen verwenden oder mit ihm werben, das mit dem GS-Zeichen verwechselt werden kann.

Abschnitt 3
Überwachung des Inverkehrbringens von Produkten

§ 8
Aufgaben und Befugnisse der zuständigen Behörden

(1) Vorbehaltlich der Sätze 2 und 3 sind für die Durchführung der Bestimmungen dieses Abschnitts zuständig die nach Landesrecht zuständigen Behörden. Finden die Bestimmungen dieses Gesetzes nach Maßgabe des § 1 Absatz 3 ergänzend zu Bestimmungen in anderen Rechtsvorschriften Anwendung, sind die dort insoweit zuständigen Behörden zuständig. Durch andere Vorschriften zugewiesene Zuständigkeiten zur Durchführung dieses Gesetzes bleiben unberührt.

(2) Die zuständigen Behörden haben eine wirksame Überwachung des Inverkehrbringens von Produkten sowie der in den Verkehr gebrachten Produkte auf der Grundlage eines Überwachungskonzepts zu gewährleisten. Das Überwachungskonzept soll insbesondere umfassen:
1. die Erfassung und Auswertung verfügbarer Informationen zur Ermittlung von Mängelschwerpunkten und Warenströmen;
2. die Aufstellung, regelmäßige Anpassung und Durchführung von Überwachungsprogrammen, mit denen die Produkte stichprobenartig und in dem erforderlichen Prüfumfang überprüft werden sowie die Erfassung und Bewertung dieser Programme und
3. die regelmäßige Überprüfung und Bewertung der Wirksamkeit des Konzepts.

Die zuständige Behörde geht bei Produkten, die einer Rechtsverordnung nach § 3 Absatz 1 unterliegen und mit der CE-Kennzeichnung versehen sind, davon aus, dass sie den dort jeweils festgelegten Anforderungen entsprechen. Bei technischen Arbeitsmitteln und verwendungsfertigen Gebrauchsgegenständen, die mit dem GS-Zeichen nach § 7 Absatz 1 versehen sind, ist davon auszugehen, dass diese den Anforderungen an Sicherheit und Gesundheit nach § 4 Absätze 1 und 2 sowie anderen Rechtsvorschriften entsprechen.

(3) Die zuständigen obersten Landesbehörden stellen die Koordinierung der Überwachung des Inverkehrbringens von Produkten sowie der in den Verkehr gebrachten Produkte, die Entwicklung und Fortschreibung des Überwachungskonzeptes und die Vorbereitung länderübergreifender Maßnahmen zur Abwendung erheblicher Gefahren sicher. Dies betrifft nicht Produkte, soweit auf diese andere Rechtsvorschriften im Sinne von § 1 Absatz 3 Satz 1 anzuwenden sind.

(4) Die zuständige Behörde trifft die erforderlichen Maßnahmen, wenn sie den begründeten Verdacht hat, dass ein Produkt nicht den Anforderungen nach § 4 entspricht. Sie ist insbesondere befugt,
1. das Ausstellen eines Produkts zu untersagen, wenn die Voraussetzungen des § 4 Absatz 5 nicht erfüllt sind,

2. Maßnahmen anzuordnen, die gewährleisten, dass ein Produkt erst in den Verkehr gebracht wird, wenn es den Anforderungen nach § 4 Absätze 1 und 2 entspricht,
3. anzuordnen, dass ein Produkt von einer zugelassenen Stelle oder einer in gleicher Weise geeigneten Stelle überprüft wird,
4. anzuordnen, dass geeignete, klare und leicht verständliche Warnhinweise über Gefährdungen, die von dem Produkt ausgehen, angebracht werden. Diese Warnhinweise haben dabei in deutscher Sprache zu erfolgen,
5. das Inverkehrbringen eines Produkts für den zur Prüfung zwingend erforderlichen Zeitraum vorübergehend zu verbieten,
6. zu verbieten, dass ein Produkt, das nicht den Anforderungen nach § 4 Absätze 1 und 2 entspricht, in den Verkehr gebracht wird,
7. die Rücknahme oder den Rückruf eines in Verkehr gebrachten Produkts, das nicht den Anforderungen nach § 4 entspricht, anzuordnen, ein solches Produkt sicherzustellen und, soweit eine Gefahr für den Verwender oder Dritten auf andere Weise nicht zu beseitigen ist, seine unschädliche Beseitigung zu veranlassen,
8. anzuordnen, dass alle, die einer von einem in Verkehr gebrachten Produkt ausgehenden Gefahr ausgesetzt sein können, rechtzeitig in geeigneter Form, insbesondere durch den Hersteller, auf diese Gefahr hingewiesen werden.

Die Behörde selbst kann die Öffentlichkeit warnen, wenn andere ebenso wirksame Maßnahmen, insbesondere Warnungen durch den Hersteller, nicht oder nicht rechtzeitig getroffen werden. Sie sieht von den Maßnahmen nach Satz 2 ab, soweit die Abwehr der von dem Produkt ausgehenden Gefahr durch eigene Maßnahmen der für das Inverkehrbringen verantwortlichen Person sichergestellt wird.

(5) Die zuständige Behörde soll Maßnahmen nach Absatz 4 vorrangig an den Hersteller, seinen Bevollmächtigten oder den Einführer richten. Sie kann entsprechend den jeweiligen Erfordernissen Maßnahmen auch an den Händler richten. Maßnahmen gegen jede andere Person sind nur zulässig, solange eine gegenwärtige erhebliche Gefahr nicht auf andere Weise abgewehrt werden kann. Entsteht der anderen Person hierdurch ein Schaden, so ist ihr dieser zu ersetzen, soweit sie nicht auf andere Weise Ersatz zu erlangen vermag oder durch die Maßnahme ihr Vermögen geschützt wird.

(6) Entspricht ein mit einem Zeichen nach § 7 Absatz 1 Satz 1 versehenes Produkt nicht den Anforderungen nach § 4 Absatz 1 oder 2, so hat die zuständige Behörde die GS-Stelle, die das Zeichen zuerkannt hat, und die Behörde nach § 11 Absatz 2 zu informieren.

(7) Die zuständigen Behörden und deren Beauftragte sind befugt, Räume oder Grundstücke, in oder auf denen Produkte hergestellt werden, zum Zwecke des Inverkehrbringens lagern oder ausgestellt sind, zu betreten, die Produkte zu besichtigen und zu prüfen oder prüfen zu lassen, insbesondere hierzu in Betrieb nehmen zu lassen. Zur Tragung der Kosten für Prüfungen nach Satz 1 können die Personen, die das Produkt herstellen oder zum Zwecke des Inverkehrbringens lagern oder ausstellen herangezogen werden, wenn die Prüfung ergeben hat, dass die Anforderungen nach § 4 nicht erfüllt sind.

(8) Die zuständigen Behörden und deren Beauftragte können unentgeltlich Proben entnehmen und Muster verlangen.

(9) Der Hersteller, sein Bevollmächtigter, der Einführer und der Händler haben jeweils Maßnahmen nach Absatz 7 Satz 1 und Absatz 8 zu dulden und die zuständigen Behörden sowie deren Beauftragte zu unterstützen. Sie sind verpflichtet, der zuständigen Behörde auf Verlangen die Auskünfte zu erteilen, die zur Erfüllung ihrer Aufgaben erforderlich sind. Der Verpflichtete kann die Auskunft auf solche Fragen verweigern, deren Beantwortung ihn selbst oder einen der in § 383 Absatz 1 Nr. 1 bis 3 der Zivilprozessordnung bezeichneten Angehörigen der Gefahr strafrechtlicher Verfolgung oder eines Verfahrens nach dem Gesetz über Ordnungswidrigkeiten aussetzen würde. Er ist über sein Recht zur Auskunftsverweigerung zu belehren.

(10) Die zuständigen Behörden und die beauftragte Stelle haben sich gegenseitig über Maßnahmen nach diesem Gesetz zu informieren und zu unterstützen. Erhalten die Behörden Informationen, die unter das Geschäftsgeheimnis fallen, so schützen sie deren Vertraulichkeit.

§ 9
Meldeverfahren

(1) Trifft die zuständige Behörde Maßnahmen nach § 8 Absatz 4, durch die das Inverkehrbringen eines Produkts untersagt oder eingeschränkt oder seine Rücknahme oder sein Rückruf angeordnet wird, so unterrichtet sie hiervon unter Angabe der Gründe die beauftragte Stelle. Dies umfasst auch die Unterrichtung über einen Mangel an einer technischen Norm, nach der das Produkt gefertigt wurde. Die zuständige Behörde unterrichtet die beauftragte Stelle auch über Maßnahmen und Vorkehrungen, die das Inverkehrbringen oder das Verwenden von Produkten, die eine erhebliche Gefahr darstellen, betreffen und im Rahmen des gemeinschaftlichen Systems zum raschen Austausch von Informationen über die Gefahren bei der Verwendung von Konsumgütern gemeldet werden müssen. Dabei ist das Verfahren gemäß Anhang II der Richtlinie 2001/95/EG des Europäischen Parlaments und des Rates vom 03. Dezember 2001 über die allgemeine Produktsicherheit (ABl. EG Nr. L 11 S. 4) zu beachten. Dies schließt auch die Meldung jeder Änderung oder Aufhebung der Maßnahmen oder Vorkehrungen mit ein. Wurde die in § 6 vorgesehene Kennzeichnung oder das in § 7 vorgesehene Zeichen von einer zugelassenen Stelle zuerkannt, ist auch die nach § 11 Absatz 2 zuständige Behörde zu unterrichten.

(2) Die beauftragte Stelle überprüft die eingegangenen Meldungen auf Vollständigkeit und Schlüssigkeit. Sie leitet die Meldungen nach Absatz 1 Satz 1 dem Bundesministerium für Wirtschaft und Arbeit zu. Sie unterrichtet das Bundesministerium für Wirtschaft und Arbeit und die zuständigen Bundesressorts über Meldungen nach Absatz 1 Satz 2 und leitet diese den zuständigen Stellen der Kommission der Europäischen Gemeinschaften zu.

(3) Die beauftragte Stelle unterrichtet die zuständigen Behörden sowie die zuständigen Bundesressorts über Mitteilungen der Kommission der Europäischen Gemeinschaften oder eines anderen Mitgliedstaates, die ihr bekannt werden.

§ 10
Veröffentlichung von Informationen

(1) Die beauftragte Stelle macht Anordnungen nach § 8 Absatz 4 Satz 2 Nr. 2, 5 und 6 öffentlich bekannt, die unanfechtbar geworden sind oder deren sofortige Vollziehung angeordnet worden ist. Personenbezogene Daten dürfen nur veröffentlicht werden, wenn sie zur Identifizierung des Produkts erforderlich sind.

(2) Die zuständigen Behörden und die beauftragte Stelle machen der Öffentlichkeit sonstige ihnen zur Verfügung stehende Informationen über von Verbraucherprodukten ausgehende Gefahren für die Sicherheit und Gesundheit der Verwender zugänglich; dies betrifft insbesondere Informationen zur Identifizierung der Verbraucherprodukte, die Art der Gefahren und die getroffenen Maßnahmen. Der Zugang kann auf elektronischem Wege gewährt werden. Das Bundesministerium für Wirtschaft und Arbeit kann im Einvernehmen mit dem Bundesministerium für Verbraucherschutz, Ernährung und Landwirtschaft und dem Bundesministerium für Umwelt, Naturschutz und Reaktorsicherheit durch Rechtsverordnung mit Zustimmung des Bundesrats die Einzelheiten der Veröffentlichung in einem elektronischen Informations- und Kommunikationssystem regeln. Dabei sind insbesondere Löschungsfristen vorzusehen sowie Vorschriften, die sicherstellen, dass die Veröffentlichungen unversehrt, vollständig und aktuell bleiben.

(3) Personenbezogene Daten dürfen nur übermittelt werden, soweit der Betroffene eingewilligt hat oder das schutzwürdige Informationsinteresse der Öffentlichkeit oder des Dritten, an den die Daten übermittelt werden, das schutzwürdige Interesse des Betroffenen an dem Ausschluss der Übermittlung überwiegt. Vor der Entscheidung über die Übermittlung ist der Betroffene anzuhören.

(4) Informationen nach Absatz 2 dürfen nicht zugänglich gemacht werden,
1. soweit das Bekannt werden der Informationen die Vertraulichkeit der Beratung von Behörden berührt oder eine erhebliche Gefahr für die öffentliche Sicherheit verursachen kann,
2. während der Dauer eines Gerichtsverfahrens, eines strafrechtlichen Ermittlungsverfahrens, eines Disziplinarverfahrens, eines ordnungswidrigkeitsrechtlichen Verfahrens hinsichtlich der Daten, die Gegenstand des Verfahrens sind,
3. soweit der Schutz geistigen Eigentums, insbesondere Urheberrechte, dem Informationsanspruch entgegenstehen oder
4. soweit durch die begehrten Informationen Betriebs- oder Geschäftsgeheimnisse oder wettbewerbsrelevante Informationen, die dem Wesen nach Betriebsgeheimnissen gleichkommen, offenbart würden, es sei denn, bestimmte Informationen über sicherheitsrelevante Eigenschaften von Verbraucherprodukten müssen unter

Berücksichtigung der Gesamtumstände veröffentlicht werden, um den Schutz der Sicherheit und Gesundheit der Verwender zu gewährleisten; dabei ist eine Abwägung entsprechend Absatz 3 vorzunehmen.
Vor der Entscheidung über die Zugänglichmachung sind in den Fällen des Satzes 1 Nr. 3 die Betroffenen anzuhören. Soweit übermittelte Informationen als Betriebs- oder Geschäftsgeheimnis gekennzeichnet sind, haben die zuständige Behörde oder die beauftragte Stelle im Zweifel von der Betroffenheit des Kennzeichnenden auszugehen.

(5) Stellen sich die von der Behörde an die Öffentlichkeit gegebenen Informationen im Nachhinein als falsch oder die zugrunde liegenden Umstände als unrichtig wiedergegeben heraus, so informiert die Behörde die Öffentlichkeit hierüber in der gleichen Art und Weise, in der sie die betreffenden Informationen zuvor bekannt gegeben hat, sofern dies zur Wahrung erheblicher Belange des Gemeinwohls erforderlich ist oder ein Betroffener hieran ein berechtigtes Interesse hat und dies beantragt.

Abschnitt 4
Besondere Vorschriften

§ 11
Zugelassene Stellen

(1) Bei der zuständigen Behörde kann ein Antrag auf Anerkennung als zugelassene Stelle gestellt werden. Diese Behörde prüft, ob die Anforderungen der Rechtsverordnung nach § 3 Absatz 3 eingehalten sind.
Eine Akkreditierung auf der Grundlage harmonisierter Normen kann im Rahmen des Anerkennungsverfahrens nach Satz 2 berücksichtigt werden. Bei Vorliegen der Voraussetzungen hat die zuständige Behörde der beauftragten Stelle den Antragsteller als zugelassene Stelle für bestimmte Produkte und Verfahren zu benennen.

(2) Eine Stelle ist von der zuständigen Behörde der beauftragten Stelle als GS-Stelle für einen bestimmten Aufgabenbereich zu benennen, wenn in einem Anerkennungsverfahren durch die zuständige Behörde festgestellt wurde, dass die Einhaltung der Anforderungen der Rechtsverordnung nach § 3 Absatz 3 gewährleistet ist.

(3) Eine Stelle, die in einem anderen Mitgliedstaat der Europäischen Union oder einem anderen Vertragsstaat des Abkommens über den Europäischen Wirtschaftsraum ansässig ist, kann von der zuständigen Behörde der beauftragten Stelle als GS-Stelle für einen bestimmten Aufgabenbereich benannt werden. Voraussetzung für die Benennung ist

1. der Abschluss eines Verwaltungsabkommens zwischen dem Bundesministerium für Wirtschaft und Arbeit und dem jeweiligen Mitgliedstaat der Europäischen Union oder dem jeweiligen Vertragsstaat des Abkommens über den Europäischen Wirtschaftsraum und
2. dass in einem Anerkennungsverfahren festgestellt wurde, dass die Anforderungen des Verwaltungsabkommens eingehalten sind.

In dem Verwaltungsabkommen müssen geregelt sein:
1. die Anforderungen an die GS-Stelle entsprechend Absatz 2,
2. die Beteiligung der zuständigen Behörde an dem im jeweiligen Mitgliedstaat oder Vertragsstaat durchgeführten Anerkennungsverfahren und
3. eine den Grundsätzen des Absatzes 5 entsprechende Überwachung der GS-Stelle.

(4) Die beauftragte Stelle macht die zugelassenen Stellen bekannt.

(5) Die zuständige Behörde überwacht die Einhaltung der in den Absätzen 1 und 2 genannten Anforderungen. Sie kann von der zugelassenen Stelle und ihrem mit der Leitung und der Durchführung der Fachaufgaben beauftragten Personal die zur Erfüllung ihrer Überwachungsaufgaben erforderlichen Auskünfte und sonstige Unterstützung verlangen sowie die dazu erforderlichen Anordnungen treffen. Die zuständigen Behörden und deren Beauftragte sind befugt, zu den Betriebs- und Geschäftszeiten Grundstücke und Geschäftsräume sowie Prüflaboratorien zu betreten und zu besichtigen und die Vorlage von Unterlagen für die Erteilung der Bescheinigungen zu verlangen. Die Auskunftspflichtigen haben die Maßnahmen nach Satz 3 zu dulden. Sie können die Auskunft auf solche Fragen verweigern, deren Beantwortung sie selbst oder einen der in § 383 Absatz 1 Nr. 1 bis 3 der Zivilprozessordnung bezeichneten Angehörigen der Gefahr strafrechtlicher Verfolgung oder eines Verfahrens nach dem Gesetz über Ordnungswidrigkeiten aussetzen würde. Sie sind über ihr Recht zur Auskunftsverweigerung zu belehren.

(6) Die für die Überwachung des Inverkehrbringens zuständigen Behörden können von der zugelassenen Stelle und ihrem mit der Leitung und der Durchführung der Fachaufgaben beauftragten Personal die zur Erfüllung ihrer Aufgaben erforderlichen Auskünfte und Unterlagen verlangen. Sie haben im Falle ihres Tätigwerdens nach Satz 1 die für das Anerkennungsverfahren nach Absatz 1 zuständige Behörde zu unterrichten.

§ 12
Aufgaben der Bundesanstalt für Arbeitsschutz und Arbeitsmedizin

(1) Die Bundesanstalt für Arbeitsschutz und Arbeitsmedizin ermittelt und bewertet im Rahmen ihres allgemeinen Forschungsauftrages präventiv Sicherheitsrisiken und gesundheitliche Risiken, die von Produkten ausgehen können, und macht Vorschläge zu deren Reduzierung.

(2) In Einzelfällen nimmt die Bundesanstalt für Arbeitsschutz und Arbeitsmedizin in Abstimmung mit den zuständigen Behörden Risikobewertungen an Produkten vor, bei denen hinreichende Anhaltspunkte vorliegen, dass eine unmittelbare Gefahr oder ein erhebliches Risiko für Sicherheit und Gesundheit besteht. Von dem Ergebnis der Bewertung unterrichtet sie unverzüglich die zuständige Behörde und in Abstimmung mit dieser den betroffenen Inverkehrbringer.

(3) In Einzelfällen nimmt die Bundesanstalt für Arbeitsschutz und Arbeitsmedizin in eigener Zuständigkeit Risikobewertungen an Produkten vor, soweit ein pflichtgemäßes Handeln gegenüber den Organen der Europäischen Gemeinschaften dies erfordert.

(4) Die Bundesanstalt für Arbeitsschutz und Arbeitsmedizin unterstützt die zuständige Behörde bei der Entwicklung und Durchführung des Überwachungskonzeptes gemäß § 8 Absatz 2, insbesondere indem sie die bei den Maßnahmen nach § 8 Absatz 4 festgestellten Mängel in der Beschaffenheit von Produkten wissenschaftlich auswertet und die zuständige Behörde sowie den Ausschuss für technische Arbeitsmittel und Verbraucherprodukte regelmäßig über den Stand der Erkenntnisse unterrichtet.

§ 13
Ausschuss für technische Arbeidtsmittel und Verbraucherprodukte

(1) Beim Bundesministerium für Wirtschaft und Arbeit wird ein „Ausschuss für technische Arbeitsmittel und Verbraucherprodukte" eingesetzt.

(2) Der Ausschuss hat die Aufgaben,

1. die Bundesregierung in Fragen der Sicherheit von technischen Arbeitsmitteln und Verbraucherprodukten zu beraten,
2. die in § 4 Absatz 2 Satz 3 dieses Gesetzes bezeichneten Normen und sonstigen technischen Spezifikationen zu ermitteln und
3. nationale technische Spezifikationen zu ermitteln, soweit solche Spezifikationen in Rechtsverordnungen nach § 3 Absatz 1 vorgesehen sind.

(3) Dem Ausschuss sollen sachverständige Personen aus dem Kreis der zuständigen Behörden für Sicherheit und Gesundheit des Bundes und der Länder, der zugelassenen Stellen, der Träger der gesetzlichen Unfallversicherung, des Deutschen Instituts für Normung e. V., der Kommission Arbeitsschutz und Normung, der Arbeitgebervereinigungen, der Gewerkschaften und der beteiligten Verbände, insbesondere der Hersteller und der Verbraucher, angehören. Die Mitgliedschaft ist ehrenamtlich.

(4) Das Bundesministerium für Wirtschaft und Arbeit beruft im Einvernehmen mit dem Bundesministerium für Verbraucherschutz, Ernährung und Landwirtschaft die Mitglieder des Ausschusses und für jedes Mitglied einen Stellvertreter. Der Ausschuss gibt sich eine Geschäftsordnung und wählt den Vorsitzenden aus seiner Mitte. Die Zahl der Mitglieder soll 21 nicht überschreiten. Die Geschäftsordnung und die Wahl des Vorsitzenden bedürfen der Zustimmung des Bundesministeriums für Wirtschaft und Arbeit.

(5) Die Bundesministerien sowie die für Sicherheit und Gesundheit zuständigen obersten Landesbehörden und Bundesoberbehörden haben das Recht, in Sitzungen des Ausschusses vertreten zu sein und gehört zu werden.

(6) Die Geschäfte des Ausschusses führt die Bundesanstalt für Arbeitsschutz und Arbeitsmedizin.

Abschnitt 5
Überwachungsbedürftige Anlagen

§ 14
Ermächtigung zum Erlass von Rechtsverordnungen

(1) Zum Schutze der Beschäftigten und Dritter vor Gefahren durch Anlagen, die mit Rücksicht auf ihre Gefährlichkeit einer besonderen Überwachung bedürfen (überwachungsbedürftige Anlagen), wird die Bundesregierung ermächtigt, nach Anhörung der beteiligten Kreise mit Zustimmung des Bundesrats durch Rechtsverordnung zu bestimmen,

1. dass die Errichtung solcher Anlagen, ihre Inbetriebnahme, die Vornahme von Änderungen an bestehenden Anlagen und sonstige die Anlagen betreffenden Umstände angezeigt und der Anzeige bestimmte Unterlagen beigefügt werden müssen;
2. dass die Errichtung solcher Anlagen, ihr Betrieb sowie die Vornahme von Änderungen an bestehenden Anlagen der Erlaubnis einer in der Rechtsverordnung bezeichneten oder nach Bundes- oder Landesrecht zuständigen Behörde bedürfen;
2a. dass solche Anlagen oder Teile von solchen Anlagen nach einer Bauartprüfung allgemein zugelassen und mit der allgemeinen Zulassung Auflagen zum Betrieb und zur Wartung verbunden werden können;
3. dass solche Anlagen, insbesondere die Errichtung, die Herstellung, die Bauart, die Werkstoffe, die Ausrüstung und die Unterhaltung sowie ihr Betrieb bestimmten, dem Stand der Technik entsprechenden Anforderungen genügen müssen;
4. dass solche Anlagen einer Prüfung vor Inbetriebnahme, regelmäßig wiederkehrenden Prüfungen und Prüfungen aufgrund behördlicher Anordnungen unterliegen.

(2) In den Rechtsverordnungen nach Absatz 1 können Vorschriften über die Einsetzung technischer Ausschüsse getroffen werden. Die Ausschüsse sollen die Bundesregierung oder das zuständige Bundesministerium in technischen Fragen beraten. Sie schlagen dem Stand der Technik entsprechende Regeln (technische Regeln) unter Berücksichtigung der für andere Schutzziele vorhandenen Regeln und, soweit dessen Zuständigkeiten berührt sind, in Abstimmung mit dem Technischen Ausschuss für Anlagensicherheit nach § 31a Absatz 1 des Bundes-Immissionsschutzgesetzes vor. In die Ausschüsse sind neben Vertretern der beteiligten Bundesbehörden und oberster Landesbehörden, der Wissenschaft und der zugelassenen Überwachungsstellen im Sinne des § 17 insbesondere Vertreter der Arbeitgeber, der Gewerkschaften und der Träger der gesetzlichen Unfallversicherung zu berufen.

(3) Technische Regeln können vom Bundesministerium für Wirtschaft und Arbeit im Bundesanzeiger veröffentlicht werden.

(4) Erlaubnisse nach einer Rechtsverordnung nach Absatz 1 Nr. 2 erlöschen, wenn der Inhaber innerhalb von zwei Jahren nach deren Erteilung nicht mit der Errichtung der Anlage begonnen, die Bauausführung zwei Jahre unterbrochen oder die Anlage

während eines Zeitraumes von drei Jahren nicht betrieben hat. Die Fristen können auf Antrag von der Erlaubnisbehörde aus wichtigem Grund verlängert werden.

§ 15
Befugnisse der zuständigen Behörde

(1) Die zuständige Behörde kann im Einzelfall die erforderlichen Maßnahmen zur Durchführung der durch Rechtsverordnung nach § 14 auferlegten Pflichten anordnen. Sie kann darüber hinaus die Maßnahmen anordnen, die im Einzelfall erforderlich sind, um Gefahren für Beschäftigte oder Dritte abzuwenden.

(2) Die zuständige Behörde kann die Stilllegung oder Beseitigung einer Anlage anordnen, die ohne die aufgrund einer Rechtsverordnung nach § 14 Absatz 1 Nr. 2 oder 4 erforderliche Erlaubnis oder Prüfung durch eine zugelassene Überwachungsstelle errichtet, betrieben oder geändert wird.

(3) Im Falle von Anordnungen nach Absatz 1 kann die zuständige Behörde den Betrieb der betreffenden Anlage bis zur Herstellung des den Anordnungen entsprechenden Zustandes untersagen. Das Gleiche gilt, wenn eine Anordnung nach anderen, die Einrichtung oder die Arbeitsstätte, in der die Anlage betrieben wird, betreffenden Vorschriften getroffen wird.

§ 16
Zutrittsrecht des Beauftragten der zugelassenen Überwachungsstelle

Eigentümer von überwachungsbedürftigen Anlagen und Personen, die solche Anlagen herstellen oder betreiben, sind verpflichtet, auf Verlangen den Beauftragten zugelassener Überwachungsstellen, denen die Prüfung der Anlagen obliegt, die Anlagen zugänglich zu machen, die vorgeschriebene oder behördlich angeordnete Prüfung zu gestatten, die hierfür benötigten Arbeitskräfte und Hilfsmittel bereitzustellen und ihnen die Angaben zu machen und die Unterlagen vorzulegen, die zur Erfüllung ihrer Aufgaben erforderlich sind. Das Grundrecht des Artikels 13 des Grundgesetzes wird insoweit eingeschränkt.

§ 17
Durchführung der Prüfung und Überwachung

(1) Die Prüfungen der überwachungsbedürftigen Anlagen werden, soweit in den nach § 14 Absatz 1 erlassenen Rechtsverordnungen nichts anderes bestimmt ist, von zugelassenen Überwachungsstellen vorgenommen.

(2) Für überwachungsbedürftige Anlagen

1. des Bundesgrenzschutzes kann das Bundesministerium des Innern,
2. im Geschäftsbereich des Bundesministeriums der Verteidigung kann dieses Ministerium,
3. der Eisenbahnen des Bundes, soweit die Anlagen dem Eisenbahnbetrieb dienen, kann das Bundesministerium für Verkehr, Bau- und Wohnungswesen bestimmen, welche Stellen die Prüfung und Überwachung vornehmen.

(3) Die Bundesregierung kann in den Rechtsverordnungen nach § 14 Absatz 1 mit Zustimmung des Bundesrats die Anforderungen bestimmen, denen die zugelassenen Überwachungsstellen nach Absatz 1 über die in Absatz 5 genannten allgemeinen Anforderungen einer Akkreditierung hinaus genügen müssen.

(4) Die Landesregierungen können durch Rechtsverordnungen
1. Einzelheiten des Akkreditierungsverfahrens nach Absatz 5 regeln,
2. sonstige Voraussetzungen für die Benennung zugelassener Überwachungsstellen nach Absatz 1 festlegen, soweit dies zur Gewährleistung der Sicherheit der Anlagen geboten ist, und
3. die Erfassung überwachungsbedürftiger Anlagen durch Datei führende Stellen regeln.

In den Rechtsverordnungen nach Satz 1 können auch Verpflichtungen der zugelassenen Überwachungsstellen

1. zur Kontrolle der fristgemäßen Veranlassung der in einer Rechtsverordnung nach § 14 Absatz 1 vorgesehenen wiederkehrenden Prüfungen einschließlich der Nachprüfungen zur Beseitigung von Mängeln und zur Unterrichtung der zuständigen Behörde bei Nichtbeachtung,
2. zur Gewährleistung eines für die Prüfung der überwachungsbedürftigen Anlagen erforderlichen flächendeckenden Angebots von Prüfleistungen,
3. zur Erstellung und Führung von Anlagendateien,
4. zur Übermittlung der zur Erfüllung ihrer Aufgaben erforderlichen Auskünfte an die zuständige Behörde,
5. zur Beteiligung an den Kosten Datei führender Stellen für die Erstellung und Führung von Anlagendateien und
6. zur Übermittlung der zur Erfüllung ihrer Aufgaben erforderlichen Auskünfte an Datei führende Stellen

begründet werden.

(5) Zugelassene Überwachungsstelle ist jede von der zuständigen Landesbehörde als Prüfstelle für einen bestimmten Aufgabenbereich dem Bundesministerium für Wirtschaft und Arbeit benannte und von ihm im Bundesanzeiger bekannt gemachte Überwachungsstelle. Die Überwachungsstelle kann benannt werden, wenn in einem Akkreditierungsverfahren festgestellt wurde, dass die Einhaltung der folgenden allgemeinen Anforderungen sowie der in einer Rechtsverordnung nach § 14 Absatz 1 enthaltenen besonderen Anforderungen gewährleistet ist:
1. Unabhängigkeit der Überwachungsstelle, ihres mit der Leitung oder der Durchführung der Fachaufgaben beauftragten Personals von Personen, die an der Planung oder Herstellung, dem Vertrieb, dem Betrieb oder der Instandhaltung der überwachungsbedürftigen Anlagen beteiligt oder in anderer Weise von den Ergebnissen der Prüfung oder Bescheinigung abhängig sind;

2. Verfügbarkeit der für die angemessene unabhängige Erfüllung der Aufgaben erforderlichen Organisationsstrukturen, des erforderlichen Personals und der notwendigen Mittel und Ausrüstungen;
3. ausreichende technische Kompetenz, berufliche Integrität und Erfahrung sowie fachliche Unabhängigkeit des beauftragten Personals;
4. Bestehen einer Haftpflichtversicherung;
5. Wahrung der im Zusammenhang mit der Tätigkeit der zugelassenen Überwachungsstelle bekannt gewordenen Betriebs- und Geschäftsgeheimnisse vor unbefugter Offenbarung;
6. Einhaltung der für die Durchführung von Prüfungen und die Erteilung von Bescheinigungen festgelegten Verfahren;
7. Sammlung und Auswertung der bei den Prüfungen gewonnenen Erkenntnisse sowie Unterrichtung des Personals in einem regelmäßigen Erfahrungsaustausch;
8. Zusammenarbeit mit anderen zugelassenen Überwachungsstellen zum Austausch der im Rahmen der Tätigkeit gewonnenen Erkenntnisse, soweit dies der Verhinderung von Schadensfällen dienen kann.

Als zugelassene Überwachungsstellen können, insbesondere zur Durchführung von Rechtsakten des Rates oder der Kommission der Europäischen Gemeinschaften, die Sachbereiche dieses Gesetzes betreffen, auch Prüfstellen von Unternehmen oder Unternehmensgruppen ohne Erfüllung der Anforderungen nach Satz 2 Nr. 1 benannt werden, wenn dies in einer Rechtsverordnung nach § 14 Absatz 1 vorgesehen ist und die darin festgelegten Anforderungen erfüllt sind.

(6) Die Akkreditierung kann unter Bedingungen erteilt und mit Auflagen verbunden werden. Sie ist zu befristen und kann mit dem Vorbehalt des Widerrufs sowie nachträglicher Auflagen erteilt werden. Erteilung, Ablauf, Rücknahme, Widerruf und Erlöschen sind dem Bundesministerium für Wirtschaft und Arbeit unverzüglich anzuzeigen.

(7) Die Akkreditierung zugelassener Überwachungsstellen ist Aufgabe der nach Landesrecht zuständigen Behörde. Die zuständige Behörde überwacht die Einhaltung der in Absatz 5 Satz 2 genannten allgemeinen Anforderungen sowie der in einer Rechtsverordnung nach § 14 Absatz 1 enthaltenen besonderen Anforderungen. Sie kann von der zugelassenen Überwachungsstelle und ihrem mit der Leitung und der Durchführung der Fachaufgaben beauftragten Personal die zur Erfüllung ihrer Überwachungsaufgaben erforderlichen Auskünfte und Unterstützung verlangen sowie die dazu erforderlichen Anordnungen treffen. Ihre Beauftragten sind befugt, zu den Betriebs- und Geschäftszeiten Grundstücke und Geschäftsräume zu betreten und zu besichtigen sowie die Vorlage von Unterlagen für die Erteilung der Bescheinigungen zu verlangen. Die Auskunftspflichtigen haben die Maßnahmen nach Satz 4 zu dulden.

(8) Die für die Durchführung der nach § 14 Absatz 1 erlassenen Rechtsverordnungen zuständigen Behörden können von der zugelassenen Überwachungsstelle und ihrem mit der Leitung und der Durchführung der Fachaufgaben beauftragten Personal die

zur Erfüllung ihrer Aufgaben erforderlichen Auskünfte und sonstige Unterstützung verlangen sowie die dazu erforderlichen Anordnungen treffen. Ihre Beauftragten sind befugt, zu den Betriebs- und Geschäftszeiten Grundstücke und Geschäftsräume zu betreten und zu besichtigen sowie die Vorlage und Übersendung von Unterlagen für die Erteilung der Bescheinigungen zu verlangen. Sie haben im Falle ihres Tätigwerdens nach den Sätzen 1 und 2 die für die Akkreditierung im Sinne von Absatz 5 zuständige Behörde zu unterrichten.

§ 18
Aufsichtsbehörden

(1) Die Aufsicht über die Ausführung der nach § 14 Absatz 1 erlassenen Rechtsverordnungen obliegt den nach Landesrecht zuständigen Behörden. Hierbei finden § 22 Absätze 1 und 2 sowie § 23 Absatz 2 des Arbeitsschutzgesetzes entsprechende Anwendung.

(2) Für Anlagen, die der Überwachung durch die Bundesverwaltung unterstehen, kann in Rechtsverordnungen nach § 14 Absatz 1 die Aufsicht einem Bundesministerium oder dem Bundesministerium des Innern für mehrere Geschäftsbereiche der Bundesverwaltung übertragen werden; das Bundesministerium kann die Aufsicht einer von ihm bestimmten Stelle übertragen. § 48 des Bundeswasserstraßengesetzes und § 4 des Bundesfernstraßengesetzes bleiben unberührt.

Abschnitt 6
Straf- und Bußgeldvorschriften

§ 19
Bußgeldvorschriften

(1) Ordnungswidrig handelt, wer vorsätzlich oder fahrlässig
1. einer Rechtsverordnung nach
   a) § 3 Absatz 1 Satz 2 Nr. 1, Absatz 2 Satz 2 Nr. 1 oder § 14 Absatz 1 Nr. 2, 3 oder 4 oder
   b) § 3 Absatz 1 Satz 2 Nr. 2, Absatz 2 Satz 2 Nr. 2 oder § 14 Absatz 1 Nr. 1
   oder einer vollziehbaren Anordnung aufgrund einer solchen Rechtsverordnung zuwiderhandelt, soweit die Rechtsverordnung für einen bestimmten Tatbestand auf diese Bußgeldvorschrift verweist,
2. entgegen § 5 Absatz 2 Satz 1 die zuständigen Behörden nicht, nicht richtig, nicht vollständig oder nicht rechtzeitig unterrichtet,
3. entgegen § 6 Absatz 1 ein Produkt, eine Verpackung oder eine Unterlage in den Verkehr bringt,
4. entgegen § 7 Absatz 1 Satz 2 das GS-Zeichen zuerkennt,
5. entgegen § 7 Absatz 3 Satz 3 oder Absatz 4 ein dort genanntes Zeichen verwendet oder mit ihm wirbt,

6. einer vollziehbaren Anordnung nach
   a) § 8 Absatz 4 Satz 2 Nr. 2 oder 5 bis 8 oder
   b) § 8 Absatz 4 Satz 2 Nr. 1 oder 3, § 11 Absatz 5 Satz 2, Absatz 6 Satz 1 oder § 17 Absatz 7 Satz 3
   zuwiderhandelt,
7. entgegen § 8 Absatz 9 Satz 1 eine Maßnahme nicht duldet oder die Behörde oder einen Beauftragten nicht unterstützt,
8. entgegen § 8 Absatz 9 Satz 2 eine Auskunft nicht, nicht richtig, nicht vollständig oder nicht rechtzeitig erteilt,
9. einer vollziehbaren Anordnung nach § 15 Absatz 1 zuwiderhandelt,
10. entgegen § 16 Satz 1 eine Anlage nicht oder nicht rechtzeitig zugänglich macht, eine Prüfung nicht gestattet, eine Arbeitskraft oder ein Hilfsmittel nicht oder nicht rechtzeitig bereit- stellt, eine Angabe nicht, nicht richtig, nicht vollständig oder nicht rechtzeitig macht oder eine Unterlage nicht oder nicht rechtzeitig vorlegt oder
11. entgegen § 18 Absatz 1 Satz 2 in Verbindung mit § 22 Absatz 2 Satz 6 des Arbeitsschutzgesetzes eine Maßnahme nicht duldet.

(2) Die Ordnungswidrigkeit kann in den Fällen des Absatzes 1 Nr. 1 Buchstabe a, Nr. 5, 6 Buchstabe a und Nr. 9 mit einer Geldbuße bis zu dreißigtausend Euro, in den übrigen Fällen mit einer Geldbuße bis zu dreitausend Euro geahndet werden.

§ 20
Strafvorschriften

Mit Freiheitsstrafe bis zu einem Jahr oder mit Geldstrafe wird bestraft, wer eine in § 19 Absatz 1 Nr. 1 Buchstabe a, Nr. 5 oder 6 Buchstabe a bezeichnete vorsätzliche Handlung beharrlich wiederholt oder durch eine solche vorsätzliche Handlung Leben oder Gesundheit eines Anderen oder fremde Sachen von bedeutendem Wert gefährdet.

Abschnitt 7
Schlussvorschriften

§ 21
Übergangsbestimmungen

(1) Bis zum Erlass einer Rechtsverordnung nach § 3 Absatz 3 ist bei der Benennung einer zugelassenen Stelle ein Akkreditierungsverfahren nach § 9 Absatz 2 Satz 2 und 3 des Gerätesicherheitsgesetzes in der am 31. Dezember 2000 geltenden Fassung durchzuführen.

(2) Die aufgrund der vor dem 31. Dezember 2000 nach § 11 Absatz 1 des Gerätesicherheitsgesetzes erlassenen Rechtsverordnungen vorgeschriebenen oder behördlich angeordneten Prüfungen der überwachungsbedürftigen Anlagen durch amtliche oder amtlich für diesen Zweck anerkannte Sachverständige sind unbeschadet der Bestim-

mungen der Absätze 3 und 4 bis zum Inkrafttreten entsprechender Rechtsverordnungen von zugelassenen Überwachungsstellen vorzunehmen.

(3) Bis zum 31. Dezember 2007 können die aufgrund von Rechtsvorschriften der Landesregierungen nach § 14 Absatz 4 des Gerätesicherheitsgesetzes vor dem 31. Dezember 2000 anerkannten technischen Überwachungsorganisationen tätig sein und Sachverständige für die Prüfung überwachungsbedürftiger Anlagen amtlich anerkannt werden. In diesem Zeitraum finden die in Satz 1 genannten Rechtsvorschriften entsprechende Anwendung; von der Anwendung ausgenommen sind Bestimmungen, durch die technische Überwachungsorganisationen verpflichtet werden, ihren Sachverständigen eine den Bezügen der vergleichbaren Beamten oder Angestellten des Landes oder des Bundes angeglichene Vergütung sowie eine Alters-, Hinterbliebenen- und Dienstunfähigkeitsversorgung zu gewähren.

(4) Bis zum 31. Dezember 2007 können die aufgrund der nach § 11 Absatz 1 des Gerätesicherheitsgesetzes in der am 31. Dezember 2000 geltenden Fassung erlassenen Rechtsverordnungen vorgeschriebenen oder behördlich angeordneten Prüfungen der überwachungsbedürftigen Anlagen durch zugelassene Überwachungsstellen von amtlichen oder amtlich für diesen Zweck anerkannten Sachverständigen vorgenommen werden. Satz 1 gilt entsprechend für Sachverständige, die aufgrund einer vor dem 31. Dezember 2000 nach § 11 Absatz 1 des Gerätesicherheitsgesetzes erlassenen Rechtsverordnung zur Durchführung vorgeschriebener oder behördlich angeordneter Prüfungen der überwachungsbedürftigen Anlagen berechtigt waren. Für die in Satz 1 genannten Prüfungen durch amtliche oder amtlich anerkannte Sachverständige sind Gebühren und Auslagen zu erheben; insoweit ist die Kostenverordnung für die Prüfung überwachungsbedürftiger Anlagen vom 23. November 1992 (BGBl. I S. 1944), geändert durch Verordnung vom 15. April 1996 (BGBl. I S. 611), weiter anzuwenden. Das Bundesministerium für Wirtschaft und Arbeit wird ermächtigt, nach Anhörung der beteiligten Kreise mit Zustimmung des Bundesrats durch Rechtsverordnung die Gebühren und Auslagen der Kostenverordnung für die Prüfung überwachungsbedürftiger Anlagen zu ändern.

(5) Die aufgrund der nach § 14 Absatz 1 erlassenen Rechtsverordnungen vorgeschriebenen oder behördlich angeordneten Prüfungen der überwachungsbedürftigen Anlagen durch zugelassene Überwachungsstellen dürfen bis zum 31. Dezember 2005 nur von amtlichen oder amtlich für diesen Zweck anerkannten Sachverständigen vorgenommen werden. Sofern die überwachungsbedürftigen Anlagen
1. nicht den Anforderungen einer Verordnung nach § 3 Absatz 1 entsprechen oder
2. den Anforderungen einer Verordnung nach § 3 Absatz 1 nur entsprechen, weil während einer Übergangszeit die vor dem Inkrafttreten dieser Verordnung geltenden Bestimmungen angewendet werden können,

dürfen die in Satz 1 genannten Prüfungen bis zum 31. Dezember 2007 nur von den in Satz 1 genannten Sachverständigen vorgenommen werden. Absatz 4 Satz 2 gilt entsprechend. Absatz 4 Satz 3 findet Anwendung.

3.2 Verzeichnis der deutschen notifizierten Stellen

Erste Verordnung zum Geräte- und Produktsicherheitsgesetz (Verordnung über das Inverkehrbringen von elektrischen Betriebsmitteln zur Verwendung innerhalb bestimmter Spannungsgrenzen – 1. GPSGV) vom 11. Juni 1979 (BGBl. I 1979, S. 629)

Umsetzung der Richtlinien:

Name und Anschrift der gemeldeten Stellen	Kenn-Nr.	Kompetenz für nachstehende Produkte	Kompetenz für nachstehende Verfahren/ Module	Artikel/ Anhänge der Richtlinien
Bundesrepublik Deutschland				
DKE Deutsche Kommission Elektrotechnik Elektronik Informationstechnik im DIN und VDE Stresemannallee 15 60596 Frankfurt am Main	–			Artikel 5
TÜV Saarland e. V. Am TÜV 1 66280 Sulzbach	0034	Die Aufgaben des TÜV Saarland e. V. im Bereich der „Niederspannungs-richtlinie" werden zukünftig durch die SGS–TÜV Saarland GmbH wahrge-nommen.		
TÜV NORD CERT GmbH Langemarckstraße 20 45141 Essen	0044		Gutachterbericht Stellungnahme	Artikel 8 Artikel 9
TÜV Nord e. V. TÜV CERT-Zertifizierungsstelle Große Bahnstraße 31 22525 Hamburg	0045		Gutachterbericht Stellungnahme	Artikel 8 Artikel 9
BGIA Berufsgenossenschaftliches Institut für Arbeitsschutz Prüf- und Zertifizierungsstelle im BG-PRÜFZERT Alte Heerstraße 111 53757 Sankt Augustin	0121		Gutachterbericht Stellungnahme	Artikel 8 Artikel 9

Name und Anschrift der gemeldeten Stellen	Kenn-Nr.	Kompetenz für nachstehende Produkte	Kompetenz für nachstehende Verfahren/ Module	Artikel/ Anhänge der Richtlinien
TÜV SÜD Product Service GmbH Ridlerstraße 65 80339 München	0123		Gutachterbericht Stellungnahme	Artikel 8 Artikel 9
LGA QualiTest GmbH Tillystraße 2 90431 Nürnberg	0125		Gutachterbericht Stellungnahme	Artikel 8 Artikel 9
TÜV Rheinland Product Safety GmbH Am Grauen Stein 51105 Köln	0197		Gutachterbericht Stellungnahme	Artikel 8 Artikel 9
Fachausschuss „Elektrotechnik" Prüf- und Zertifizierungsstelle im BG-PRÜFZERT Gustav-Heinemann-Ufer 130 50968 Köln	0340		Gutachterbericht Stellungnahme	Artikel 8 Artikel 9
Deutsche Prüfstelle für Land- und Forsttechnik (DPLF) Weißensteinstraße 70/72 34131 Kassel	0363		Gutachterbericht Stellungnahme	Artikel 8 Artikel 9
VDE Verband der Elektrotechnik Elektronik Informationstechnik e. V. Merianstraße 28 63069 Offenbach	0366		Gutachterbericht Stellungnahme	Artikel 8 Artikel 9
Fachausschuss Maschinenbau, Hebezeuge, Hütten- und Walzwerksanlagen Prüf- und Zertifizierungsstelle im BG-PRÜFZERT Graf-Recke-Straße 69 40239 Düsseldorf	0393		Gutachterbericht Stellungnahme	Artikel 8 Artikel 9
SLG Prüf- und Zertifizierungs GmbH Burgstädter Straße 20 09232 Hartmannsdorf	0494		Gutachterbericht Stellungnahme	Artikel 8 Artikel 9
EUROCAT GmbH Institute for Certification and Testing Wittichstraße 2 64295 Darmstadt	0535		Gutachterbericht Stellungnahme	Artikel 8 Artikel 9

Name und Anschrift der gemeldeten Stellen	Kenn-Nr.	Kompetenz für nachstehende Produkte	Kompetenz für nachstehende Verfahren/ Module	Artikel/ Anhänge der Richt-linien
Fachausschuss „Nahrungs- und Genussmittel" Prüf- und Zertifizierungsstelle im BG-PRÜFZERT Dynamostraße 11 68165 Mannheim	0556		Gutachterbericht Stellungnahme	Artikel 8 Artikel 9
NEMKO GmbH & Co. KG Reetzstraße 58 76327 Pfinztal	0687		Gutachterbericht Stellungnahme	Artikel 8 Artikel 9
Fachausschuss „Druck und Papierverarbeitung" Prüf- und Zertifizierungsstelle im BG-PRÜFZERT Rheinstraße 6–8 65185 Wiesbaden	0739		Gutachterbericht Stellungnahme	Artikel 8 Artikel 9
TÜV Thüringen Anlagentechnik GmbH Melchendorfer Straße 64 99096 Erfurt	0867		Gutachterbericht Stellungnahme	Artikel 8 Artikel 9
Intertek Deutschland GmbH Nikolaus-Otto-Straße 13 70771 Leinfelden-Echterdingen	0905		Gutachterbericht Stellungnahme	Artikel 8 Artikel 9
SGS–TÜV Saarland GmbH Am TÜV 1 66280 Sulzbach	1637		Gutachterbericht Stellungnahme	Artikel 8 Artikel 9
KEMA Quality GmbH Gostritzer Straße 61–63 01217 Dresden	–		Gutachterbericht Stellungnahme	Artikel 8 Artikel 9
Bureau Veritas E & E Product Service GmbH Businesspark A96 86842 Türkheim	2004		Gutachterbericht Stellungnahme	Artikel 8 Artikel 9

3.3 Normenverzeichnis

Bekanntmachung im Bundesanzeiger Nr. 203 vom 30. Oktober 2007, S. 7873

Normen gemäß Verordnung über das Inverkehrbringen elektrischer Betriebsmittel zur Verwendung innerhalb bestimmter Spannungsgrenzen – 1. GPSGV –

Verzeichnis 1: Harmonisierter Bereich – Teil 1[1)]

Auf der Grundlage der Artikel 5, 6 und 7 der Richtlinie 2006/95/EG des Europäischen Parlaments und des Rates vom 12. Dezember 2006 zur Angleichung der Rechtsvorschriften der Mitgliedstaaten betreffend elektrische Betriebsmittel zur Verwendung innerhalb bestimmter Spannungsgrenzen (ABl. EU Nr. L 374 S. 10) wird bekannt gegeben:

Abschnitt 1[2)]: Harmonisierte Normen

Die Bundesregierung macht die Fundstellen der für den Bereich „Elektrische Betriebsmittel zur Verwendung innerhalb bestimmter Spannungsgrenzen" harmonisierten Normen bekannt. Diese harmonisierten Normen lösen die Konformitätsvermutung[3)] aus, wenn sie im Amtsblatt der Europäischen Union[4)] bekannt gemacht und wenigstens in einem Mitgliedstaat national umgesetzt wurden.

Nationale Norm[5)] Ausgabedatum	Titel	Ersetzte Norm	Datum der Beendigung der Konformitätsvermutung für die ersetzte Norm Anmerkung 1
DIN EN 41003 (VDE 0804-100) August 1999	Besondere Sicherheitsanforderungen an Geräte zum Anschluss an Telekommunikationsnetze; Deutsche Fassung EN 41003:1998	DIN EN 41003: 1997-06 Anmerkung 2.1	01.01.2002
DIN EN 50065-4-2 (VDE 0808-4-2) Februar 2006	Signalübertragung auf elektrischen Niederspannungsnetzen im Frequenzbereich 3 kHz bis 148,5 kHz und 1,6 MHz bis 30 MHz – Teil 4-2: Niederspannungs-Entkopplungsfilter – Sicherheitsanforderungen; Deutsche Fassung EN 50065-4-2:2001 + A1:2003 + A2:2005	DIN EN 50065-4-2:2003-09	–
		Änderung A2: 2005 Anmerkung 3	01.03.2008

Nationale Norm [5] Ausgabedatum	Titel	Ersetzte Norm	Datum der Beendigung der Konformitätsvermutung für die ersetzte Norm Anmerkung 1
DIN EN 50065-4-7 (VDE 0808-4-7) Februar 2006	Signalübertragung auf elektrischen Niederspannungsnetzen im Frequenzbereich 3 kHz bis 148,5 kHz und von 1,6 MHz bis 30 MHz – Teil 4-7: Bewegliche Niederspannungs-Entkopplungsfilter – Sicherheitsanforderungen; Deutsche Fassung EN 50065-4-7:2005	Keine	–
DIN EN 50085-1 (VDE 0604-1) März 2006	Elektroinstallationskanalsysteme für elektrische Installationen – Teil 1: Allgemeine Anforderungen; Deutsche Fassung EN 50085-1:2005	DIN EN 50085-1: 1998-04 DIN EN 50085-1 Berichtigung 1: 1999-10 Anmerkung 2.1	–
DIN EN 50085-2-3 (VDE 0604-2-3) Dezember 1999	Elektroinstallationskanalsysteme für elektrische Installationen; Teil 2-3: Besondere Anforderungen an Verdrahtungskanäle zum Einbau in Schaltschränke; Deutsche Fassung EN 50085-2-3:1999	Keine	–
DIN EN 50086-2-4 (VDE 0605-2-4) Dezember 2001	Installationsrohrsysteme zum Führen von Leitungen für elektrische Energie und für Information; Teil 2-4: Besondere Anforderungen für erdverlegte Elektroinstallationsrohrsysteme; Deutsche Fassung EN 50086-2-4:1994 + A1:2001 + Corr. 2001	DIN EN 50086-2-4: 1994-09	–
DIN EN 50090-2-2 (VDE 0829-2-2) Juni 1997	Elektrische Systemtechnik für Heim und Gebäude (ESHG); Teil 2-2: Systemübersicht; Allgemeine technische Anforderungen; Deutsche Fassung EN 50090-2-2:1996 + Corrigendum 1997	DIN V VDE 0829-220	–
DIN EN 50090-2-2/A1 (VDE 0829-2-2/A1) November 2002	Elektrische Systemtechnik für Heim und Gebäude (ESHG); Teil 2-2: Systemübersicht; Allgemeine technische Anforderungen; Deutsche Fassung EN 50090-2-2:1996/ A1:2002	Anmerkung 3	01.08.2004

Nationale Norm [5) Ausgabedatum	Titel	Ersetzte Norm	Datum der Beendigung der Konformitätsvermutung für die ersetzte Norm Anmerkung 1
DIN EN 50106 (VDE 0700-500) August 2001	Sicherheit elektrischer Geräte für den Hausgebrauch und ähnliche Zwecke; Besondere Regeln für Stückprüfungen von Geräten im Anwendungsbereich der EN 60335-1 und EN 60967; Deutsche Fassung EN 50106:1997 + A1:1998 + A2:2001	DIN EN 50106: 1998-06 und deren Änderung Anmerkung 2.1	01.04.2004
DIN EN 50132-2-1 (VDE 0830-7-2-1) April 1999	Alarmanlagen; CCTV-Überwachungsanlagen für Sicherheitsanwendungen; Teil 2-1: Schwarzweiß-Kameras; Deutsche Fassung EN 50132-2-1:1997	Keine	–
DIN EN 50146 (VDE 0604-201) Dezember 2000	Kabelbinder für elektrische Installationen; Deutsche Fassung EN 50146:2000	Keine	–
DIN EN 50156-1 (VDE 0116-1) März 2005	Elektrische Ausrüstung von Feuerungsanlagen – Teil 1: Bestimmungen für die Anwendungsplanung und Errichtung; Deutsche Fassung EN 50156-1:2004	DIN VDE 0116: 1989-10	–
DIN EN 50178 (VDE 0160) April 1998	Ausrüstung von Starkstromanlagen mit elektronischen Betriebsmitteln; Deutsche Fassung EN 50178:1997	DIN VDE 0160: 1988-05 DIN VDE 0160/A1: 1989-04	–
DIN EN 50194 (VDE 0400-30-1) Dezember 2000	Elektrische Geräte für die Detektion von brennbaren Gasen in Wohnhäusern; Prüfverfahren und Anforderungen an das Betriebsverhalten; Deutsche Fassung EN 50194:2000	Keine	–
DIN EN 50214 (VDE 0283-2) August 1998	Flexible Aufzugssteuerleitungen; Deutsche Fassung EN 50214:1997	DIN VDE 0281-403:1989-06 Anmerkung 2.3	01.12.1998
DIN EN 50250 (VDE 0623-4) Juli 2003	Übergangsadapter für industrielle Anwendung; Deutsche Fassung EN 50250:2002 + Corrigendum 2002	DIN EN 50250:1999-06 Anmerkung 2.1	01.07.2005
DIN EN 50262 (VDE 0619) Mai 2005	Kabelverschraubungen für elektrische Installationen; Deutsche Fassung EN 50262:1998 + A1:2001 + A2:2004	DIN EN 50262: 2002-09	–
		Änderung A2: 2004 Anmerkung 3	01.10.2007

Nationale Norm [5)] Ausgabedatum	Titel	Ersetzte Norm	Datum der Beendigung der Konformitätsvermutung für die ersetzte Norm Anmerkung 1
DIN EN 50266-1 (VDE 0482-266-1) September 2001	Allgemeine Prüfverfahren für Kabel und isolierte Leitungen im Brandfall; Prüfung der senkrechten Flammenausbreitung von senkrecht angeordneten Bündeln von Kabeln und isolierten Leitungen; Teil 1: Prüfvorrichtung; Deutsche Fassung EN 50266-1:2001	HD 405.3 S1:1993 Anmerkung 2.1	01.08.2002
DIN EN 50266-2-1 (VDE 0482-266-2-1) September 2001	Allgemeine Prüfverfahren für Kabel und isolierte Leitungen im Brandfall; Prüfung der senkrechten Flammenausbreitung von senkrecht angeordneten Bündeln von Kabeln und isolierten Leitungen; Teil 2-1: Prüfverfahren – Prüfart A F/R; Deutsche Fassung EN 50266-2-1:2001	HD 405.3 S1:1993 Anmerkung 2.1	01.08.2002
DIN EN 50266-2-2 (VDE 0482-266-2-2) September 2001	Allgemeine Prüfverfahren für Kabel und isolierte Leitungen im Brandfall; Prüfung der senkrechten Flammenausbreitung von senkrecht angeordneten Bündeln von Kabeln und isolierten Leitungen; Teil 2-2: Prüfverfahren – Prüfart A; Deutsche Fassung EN 50266-2-2:2001	HD 405.3 S1:1993 Anmerkung 2.1	01.08.2002
DIN EN 50266-2-3 (VDE 0482-266-2-3) September 2001	Allgemeine Prüfverfahren für Kabel und isolierte Leitungen im Brandfall; Prüfung der senkrechten Flammenausbreitung von senkrecht angeordneten Bündeln von Kabeln und isolierten Leitungen; Teil 2-3: Prüfverfahren – Prüfart B; Deutsche Fassung EN 50266-2-3:2001	HD 405.3 S1:1993 Anmerkung 2.1	01.08.2002
DIN EN 50266-2-4 (VDE 0482-266-2-4) September 2001	Allgemeine Prüfverfahren für Kabel und isolierte Leitungen im Brandfall; Prüfung der senkrechten Flammenausbreitung von senkrecht angeordneten Bündeln von Kabeln und isolierten Leitungen; Teil 2-4: Prüfverfahren – Prüfart C; Deutsche Fassung EN 50266-2-4:2001	HD 405.3 S1:1993 Anmerkung 2.1	01.08.2002

Nationale Norm [5] Ausgabedatum	Titel	Ersetzte Norm	Datum der Beendigung der Konformitätsvermutung für die ersetzte Norm Anmerkung 1
DIN EN 50266-2-5 (VDE 0482-266-2-5) September 2001	Allgemeine Prüfverfahren für Kabel und isolierte Leitungen im Brandfall; Prüfung der senkrechten Flammenausbreitung von senkrecht angeordneten Bündeln von Kabeln und isolierten Leitungen; Teil 2-5: Prüfverfahren – Prüfart D; Deutsche Fassung EN 50266-2-5:2001	Keine	–
DIN EN 50267-1 (VDE 0482-267-1) April 1999	Allgemeine Prüfverfahren für das Verhalten von Kabeln und isolierten Leitungen im Brandfall; Prüfung der bei der Verbrennung der Werkstoffe von Kabeln und isolierten Leitungen entstehenden Gase; Teil 1: Prüfgeräte; Deutsche Fassung EN 50267-1:1998	DIN VDE 0472-813:1994-03 Anmerkung 2.1	01.03.2000
DIN EN 50267-2-1 (VDE 0482-267-2-1) April 1999	Allgemeine Prüfverfahren für das Verhalten von Kabeln und isolierten Leitungen im Brandfall; Prüfung der bei der Verbrennung der Werkstoffe von Kabeln und isolierten Leitungen entstehenden Gase; Teil 2-1: Prüfverfahren; Bestimmung des Gehaltes an Halogenwasserstoffsäure; Deutsche Fassung EN 50267-2-1:1998	DIN VDE 0472-813:1994-03	–
DIN EN 50267-2-2 (VDE 0482-267-2-2) April 1999	Allgemeine Prüfverfahren für das Verhalten von Kabeln und isolierten Leitungen im Brandfall; Prüfung der bei der Verbrennung von Kabeln und isolierten Leitungen entstehenden Gase; Teil 2-2: Prüfverfahren; Bestimmung des Grades der Azidität von Gasen bei Werkstoffen durch die Messung von pH-Wert und Leitfähigkeit; Deutsche Fassung EN 50267-2-2:1998	DIN VDE 0472-813:1994-03	–

Nationale Norm [5) Ausgabedatum	Titel	Ersetzte Norm	Datum der Beendigung der Konformitätsvermutung für die ersetzte Norm Anmerkung 1
DIN EN 50267-2-3 (VDE 0482-267-2-3) April 1999	Allgemeine Prüfverfahren für das Verhalten von Kabeln und isolierten Leitungen im Brandfall; Prüfung der bei der Verbrennung der Werkstoffe von Kabeln und isolierten Leitungen entstehenden Gase; Teil 2-3: Prüfverfahren; Bestimmung des Grades der Azidität der wesentlichen Werkstoffe von Kabeln durch die Bestimmung eines gewichteten Mittelwertes von pH-Wert und Leitfähigkeit; Deutsche Fassung EN 50267-2-3:1998	DIN VDE 0472-813:1994-03 Anmerkung 2.1	01.03.2000
DIN EN 50274 (VDE 0660-514) November 2002	Niederspannungs-Schaltgerätekombinationen; Schutz gegen elektrischen Schlag; Schutz gegen unabsichtliches direktes Berühren gefährlicher aktiver Teile; Deutsche Fassung EN 50274:2002	DIN VDE 0106-100:1983-03	–
DIN EN 50363-0 (VDE 0207-363-0) Oktober 2006	Isolier-, Mantel- und Umhüllungswerkstoffe für Niederspannungskabel und -leitungen – Teil 0: Allgemeine Einführung; Deutsche Fassung EN 50363-0:2005	Keine	–
DIN EN 50363-1 (VDE 0207-363-1) Oktober 2006	Isolier-, Mantel- und Umhüllungswerkstoffe für Niederspannungskabel und -leitungen – Teil 1: Vernetzte, elastomere Isoliermischungen; Deutsche Fassung EN 50363-1:2005	Keine	–
DIN EN 50363-2-1 (VDE 0207-363-2-1) Oktober 2006	Isolier-, Mantel- und Umhüllungswerkstoffe für Niederspannungskabel und -leitungen – Teil 2-1: Vernetzte, elastomere Mantelmischungen; Deutsche Fassung EN 50363-2-1:2005	Keine	–
DIN EN 50363-2-2 (VDE 0207-363-2-2) Oktober 2006	Isolier-, Mantel- und Umhüllungswerkstoffe für Niederspannungskabel und -leitungen – Teil 2-2: Vernetzte, elastomere Umhüllungsmischungen; Deutsche Fassung EN 50363-2-2:2005	Keine	–
DIN EN 50363-3 (VDE 0207-363-3) Oktober 2006	Isolier-, Mantel- und Umhüllungswerkstoffe für Niederspannungskabel und -leitungen – Teil 3: PVC-Isoliermischungen; Deutsche Fassung EN 50363-3:2005	Keine	–

Nationale Norm [5] Ausgabedatum	Titel	Ersetzte Norm	Datum der Beendigung der Konformitätsvermutung für die ersetzte Norm Anmerkung 1
DIN EN 50363-4-1 (VDE 0207-363-4-1) Oktober 2006	Isolier-, Mantel- und Umhüllungswerkstoffe für Niederspannungskabel und -leitungen – Teil 4-1: PVC-Mantelmischungen; Deutsche Fassung EN 50363-4-1:2005	Keine	–
DIN EN 50363-4-2 (VDE 0207-363-4-2) Oktober 2006	Isolier-, Mantel- und Umhüllungswerkstoffe für Niederspannungskabel und -leitungen – Teil 4-2: PVC-Umhüllungsmischungen; Deutsche Fassung EN 50363-4-2:2005	Keine	–
DIN EN 50363-5 (VDE 0207-363-5) Oktober 2006	Isolier-, Mantel- und Umhüllungswerkstoffe für Niederspannungskabel und -leitungen – Teil 5: Halogenfreie, vernetzte Isoliermischungen; Deutsche Fassung EN 50363-5:2005	Keine	–
DIN EN 50363-6 (VDE 0207-363-6) Oktober 2006	Isolier-, Mantel- und Umhüllungswerkstoffe für Niederspannungskabel und -leitungen – Teil 6: Halogenfreie, vernetzte Mantelmischungen; Deutsche Fassung EN 50363-6:2005	Keine	–
DIN EN 50363-7 (VDE 0207-363-7) Oktober 2006	Isolier-, Mantel- und Umhüllungswerkstoffe für Niederspannungskabel und -leitungen – Teil 7: Halogenfreie, thermoplastische Isoliermischungen; Deutsche Fassung EN 50363-7:2005	Keine	–
DIN EN 50363-8 (VDE 0207-363-8) Oktober 2006	Isolier-, Mantel- und Umhüllungswerkstoffe für Niederspannungskabel und -leitungen – Teil 8: Halogenfreie, thermoplastische Mantelmischungen; Deutsche Fassung EN 50363-8:2005	Keine	–
DIN EN 50363-9-1 (VDE 0207-363-9-1) Oktober 2006	Isolier-, Mantel- und Umhüllungswerkstoffe für Niederspannungskabel und -leitungen – Teil 9-1: Diverse Isoliermischungen – Vernetztes Polyvinylchlorid (XLPVC); Deutsche Fassung EN 50363-9-1:2005	Keine	–
DIN EN 50363-10-1 (VDE 0207-363-10-1) Oktober 2006	Isolier-, Mantel- und Umhüllungswerkstoffe für Niederspannungskabel und -leitungen – Teil 10-1: Diverse Mantelmischungen – Vernetztes Polyvinylchlorid (XLPVC); Deutsche Fassung EN 50363-10-1:2005	Keine	–

Nationale Norm [5)] Ausgabedatum	Titel	Ersetzte Norm	Datum der Beendigung der Konformitätsvermutung für die ersetzte Norm Anmerkung 1
DIN EN 50363-10-2 (VDE 0207-363-10-2) Oktober 2006	Isolier-, Mantel- und Umhüllungswerkstoffe für Niederspannungskabel und -leitungen – Teil 10-2: Diverse Mantelmischungen – Thermoplastisches Polyurethan; Deutsche Fassung EN 50363-10-2:2005	Keine	–
DIN EN 50364 (VDE 0848-364) Mai 2002	Begrenzung der Exposition von Personen gegenüber elektromagnetischen Feldern von Geräten, die im Frequenzbereich von 0 Hz bis 10 GHz betrieben und in der elektronischen Artikelüberwachung (en:EAS), Hochfrequenz-Identifizierung (en:RFID) und ähnliche Anwendungen verwendet werden; Deutsche Fassung EN 50364:2001	Keine	–
DIN EN 50366 (VDE 0700-366) November 2003 [6)]	Elektrische Geräte für den Hausgebrauch und ähnliche Zwecke; Elektromagnetische Felder; Verfahren zur Bewertung und Messung; Deutsche Fassung EN 50366:2003	Keine	–
DIN EN 50368 (VDE 0604-202) Mai 2004	Kabelhalter für elektrische Installationen; Deutsche Fassung EN 50368:2003	Keine	–
DIN EN 50369 (VDE 0605-100) März 2006	Flüssigkeitsdichte Elektroinstallationsschlauchsysteme; Deutsche Fassung EN 50369:2005	Keine	–
DIN EN 50371 (VDE 0848-371) November 2002	Fachgrundnorm zum Nachweis der Übereinstimmung von elektronischen und elektrischen Geräten kleiner Leistung mit den Basisgrenzwerten für die Sicherheit von Personen in elektromagnetischen Feldern (10 MHz bis 300 GHz) – Allgemeine Öffentlichkeit; Deutsche Fassung EN 50371:2002	Keine	–
DIN EN 50395 (VDE 0481-395) Juli 2006	Elektrische Prüfverfahren für Niederspannungskabel und -leitungen; Deutsche Fassung EN 50395:2005	DIN VDE 0281-2: 2003-09 DIN VDE 0282-2: 2003-09 Anmerkung 2.1	01.07.2008

Nationale Norm [5] Ausgabedatum	Titel	Ersetzte Norm	Datum der Beendigung der Konformitätsvermutung für die ersetzte Norm Anmerkung 1
DIN EN 50396 (VDE 0473-396) Juli 2006	Nicht-elektrische Prüfverfahren für Niederspannungskabel und -leitungen; Deutsche Fassung EN 50396:2005	DIN VDE 0281-2: 2003-09 DIN VDE 0282-2:2003-09 Anmerkung 2.1	01.07.2008
DIN EN 50428 (VDE 0632-400) Januar 2006	Schalter für Haushalt und ähnliche ortsfeste elektrische Installationen – Ergänzungsnorm – Schalter und ähnliches Installationsmaterial zur Verwendung in elektronischer Systemtechnik für Heim und Gebäude (ESHG); Deutsche Fassung EN 50428:2005	Keine	–
DIN EN 60034-1 (VDE 0530-1) April 2005	Drehende elektrische Maschinen – Teil 1: Bemessung und Betriebsverhalten (IEC 60034-1:2004); Deutsche Fassung EN 60034-1:2004	DIN EN 60034-1: 2000-09 DIN EN 60034-1 A11:2003-08 Anmerkung 2.1	01.06.2007
DIN EN 60034-5 (VDE 0530-5) Dezember 2001[6]	Drehende elektrische Maschinen; Teil 5: Schutzarten aufgrund der Gesamtkonstruktion von drehenden elektrischen Maschinen (IP-Code) – Einteilung (IEC 60034-5:2000); Deutsche Fassung EN 60034-5:2001	DIN VDE 0530-5:1988-04 Anmerkung 2.1	01.12.2003
DIN EN 60034-6 (VDE 0530-6) August 1996	Drehende elektrische Maschinen; Teil 6: Einteilung der Kühlverfahren (IC-Code) (IEC 60034-6:1991); Deutsche Fassung EN 60034-6:1993	Keine	–
DIN EN 60034-7 (VDE 0530-7) Dezember 2001	Drehende elektrische Maschinen; Teil 7: Klassifizierung der Bauarten, der Aufstellungsarten und der Klemmkasten-Lage (IM-Code) (IEC 60034-7:1992 + A1:2000); Deutsche Fassung EN 60034-7:1993 + A1:2001	DIN EN 60034-7: 1996-06	–
DIN EN 60034-8 (VDE 0530-8) September 2003	Drehende elektrische Maschinen; Teil 8: Anschlussbezeichnungen und Drehsinn (IEC 60034-8:2002); Deutsche Fassung EN 60034-8:2002	DIN VDE 0530-8: 1987-07	–

Nationale Norm[5)] Ausgabedatum	Titel	Ersetzte Norm	Datum der Beendigung der Konformitätsvermutung für die ersetzte Norm Anmerkung 1
DIN EN 60034-8 (VDE 0530-8) Berichtigung 1 September 2005	Drehende elektrische Maschinen – Teil 8: Anschlussbezeichnungen und Drehsinn (IEC 60034-8:2002); Deutsche Fassung EN 60034-8:2002, Berichtigungen zu DIN EN 60034-8 (VDE 0530-8):2003-09	–	–
DIN EN 60034-9 (VDE 0530-9) März 2006	Drehende elektrische Maschinen – Teil 9: Geräuschgrenzwerte (IEC 60034-9:2003, modifiziert); Deutsche Fassung EN 60034-9:2005	DIN EN 60034-9: 1998-06 Anmerkung 2.1	01.03.2008
DIN EN 60034-11 (VDE 0530-11) April 2005	Drehende elektrische Maschinen – Teil 11: Thermischer Schutz (IEC 60034-11:2004); Deutsche Fassung EN 60034-11:2004	Keine	–
DIN EN 60034-12 (VDE 0530-12) November 2002	Drehende elektrische Maschinen; Teil 12: Anlaufverhalten von Drehstrommotoren mit Käfigläufer ausgenommen polumschaltbare Motoren (IEC 60034-12:2002); Deutsche Fassung EN 60034-12:2002	DIN EN 60034-12: 1996-11 DIN EN 60034-12 A11:1999-11 Anmerkung 2.1	01.05.2005 01.05.2005
DIN EN 60034-14 (VDE 0530-14) September 2004	Drehende elektrische Maschinen – Teil 14: Mechanische Schwingungen von bestimmten Maschinen mit einer Achshöhe von 56 mm und höher – Messung, Bewertung und Grenzwerte der Schwingstärke (IEC 60034-14:2003); Deutsche Fassung EN 60034-14:2004	DIN EN 60034-14: 1997:09 Anmerkung 2.1	01.12.2006
DIN EN 60051-1 Oktober 1999	Direkt wirkende anzeigende elektrische Messgeräte und ihr Zubehör; Messgeräte mit Skalenanzeige; Teil 1: Definitionen und allgemeine Anforderungen für alle Teile dieser Norm (IEC 60051-1:1997); Deutsche Fassung EN 60051-1:1998	DIN EN 60051-1: 1991-11 DIN EN 60051-1 A1:1996-02 DIN EN 60051-1 A2: 1995-09 Anmerkung 2.1	01.09.1999
DIN EN 60051-2 November 1991	Direkt wirkende anzeigende elektrische Messgeräte und ihr Zubehör; Messgeräte mit Skalenanzeige; Teil 2: Spezielle Anforderungen für Strom- und Spannungs-Messgeräte (IEC 60051-2:1984, Ausgabe 4); Deutsche Fassung EN 60051-2:1989	DIN 43780: 1976-08	–

Nationale Norm [5) Ausgabedatum	Titel	Ersetzte Norm	Datum der Beendigung der Konformitätsvermutung für die ersetzte Norm Anmerkung 1
DIN EN 60051-3 November 1991	Direkt wirkende anzeigende elektrische Messgeräte und ihr Zubehör; Messgeräte mit Skalenanzeige; Teil 3: Spezielle Anforderungen für Wirk- und Blindleistungs-Messgeräte (IEC 60051-3:1984, Ausgabe 4); Deutsche Fassung EN 60051-3:1989	DIN 43780: 1976-08	–
DIN EN 60051-3/A1 August 1995	Direkt wirkende anzeigende elektrische Messgeräte und ihr Zubehör; Messgeräte mit Skalenanzeige; Teil 3: Spezielle Anforderungen für Wirk- und Blindleistungs-Messgeräte (IEC 60051-3:1984/ A1:1994); Deutsche Fassung EN 60051-3:1989/ A1:1995	Anmerkung 3	01.10.2000
DIN EN 60051-4 November 1991	Direkt wirkende anzeigende elektrische Messgeräte und ihr Zubehör; Messgeräte mit Skalenanzeige; Teil 4: Spezielle Anforderungen für Frequenz-Messgeräte (IEC 60051-4:1984, Ausgabe 4); Deutsche Fassung EN 60051-4:1989	DIN 43780: 1976-08	–
DIN EN 60051-5 November 1991	Direkt wirkende anzeigende elektrische Messgeräte und ihr Zubehör; Messgeräte mit Skalenanzeige; Teil 5: Spezielle Anforderungen für Phasenverschiebungswinkel-Messgeräte, Leistungsfaktor-Messgeräte und Synchronoskope (IEC 60051-5:1985, Ausgabe 4); Deutsche Fassung EN 60051-5:1989	DIN 43780: 1976-08	–
DIN EN 60051-6 November 1991	Direkt wirkende anzeigende elektrische Messgeräte und ihr Zubehör; Messgeräte mit Skalenanzeige; Teil 6: Spezielle Anforderungen für Widerstands-(Scheinwiderstands-) und Leitfähigkeits-Messgeräte (IEC 60051-6:1984, Ausgabe 4); Deutsche Fassung EN 60051-6:1989	DIN 43780: 1976-08	–
DIN EN 60051-7 November 1991	Direkt wirkende anzeigende elektrische Messgeräte und ihr Zubehör; Messgeräte mit Skalenanzeige; Teil 7: Spezielle Anforderungen für Vielfach-Messgeräte (IEC 60051-7:1984, Ausgabe 4); Deutsche Fassung EN 60051-7:1989	DIN 43780: 1976-08	–

Nationale Norm [5)] Ausgabedatum	Titel	Ersetzte Norm	Datum der Beendigung der Konformitätsvermutung für die ersetzte Norm Anmerkung 1
DIN EN 60051-8 November 1991	Direkt wirkende anzeigende elektrische Messgeräte und ihr Zubehör; Messgeräte mit Skalenanzeige; Teil 8: Spezielle Anforderungen für Zubehör (IEC 60051-8:1984, Ausgabe 4); Deutsche Fassung EN 60051-8:1989	DIN 43780: 1976-08	–
DIN EN 60051-9 November 1991	Direkt wirkende anzeigende elektrische Messgeräte und ihr Zubehör; Messgeräte mit Skalenanzeige; Teil 9: Empfohlene Prüfverfahren (IEC 60051-9:1988, Ausgabe 4); Deutsche Fassung EN 60051-9:1989	DIN 43780: 1976-08	–
DIN EN 60051-9/A1 Februar 1996	Direkt wirkende anzeigende elektrische Messgeräte und ihr Zubehör; Messgeräte mit Skalenanzeige; Teil 9: Empfohlene Prüfverfahren (IEC 60051-9:1988/ A1:1994); Deutsche Fassung EN 60051-9:1989/ A1:1995	Anmerkung 3	15.02.2001
DIN EN 60051-9/A2 September 1995	Direkt wirkende anzeigende elektrische Messgeräte und ihr Zubehör; Messgeräte mit Skalenanzeige; Teil 9: Empfohlene Prüfverfahren (IEC 60051-9:1988/ A2:1995); Deutsche Fassung EN 60051-9:1989/ A2:1995	Anmerkung 3	15.02.2001
DIN EN 60061-1 Mai 2006	Lampensockel und -fassungen sowie Lehren zur Kontrolle der Austauschbarkeit und Sicherheit – Teil 1: Lampensockel (IEC 60061-1:1969 + Ergänzungen A:1970 bis V:1997 + A21:1998 bis A36:2005, modifiziert); Deutsche Fassung EN 60061-1:1993 + A1:1995 bis A7:1997 + A21:1998 bis A36:2005	Keine	–
		Änderung A34: 2004 Anmerkung 4	01.09.2007
		Änderung A35: 2005 Anmerkung 4	01.12.2007
		Änderung A36: 2005 Anmerkung 3	01.10.2008

Nationale Norm [5] Ausgabedatum	Titel	Ersetzte Norm	Datum der Beendigung der Konformitätsvermutung für die ersetzte Norm Anmerkung 1
DIN EN 60061-2 Mai 2006	Lampensockel und -fassungen sowie Lehren zur Kontrolle der Austauschbarkeit und Sicherheit – Teil 2: Lampenfassungen (IEC 60061-2:1969 + Ergänzungen A:1970 bis S:1997 + A18:1998 bis A33:2005, modifiziert); Deutsche Fassung EN 60061-2:1993 + A1:1995 bis A7:1997 + A18:1998 bis A33:2005	Keine	–
		Änderung A31: 2004 Anmerkung 4	01.09.2007
		Änderung A32: 2005 Anmerkung 4	01.12.2007
		Änderung A33: 2005 Anmerkung 3	01.10.2008
DIN EN 60061-3 Mai 2006	Lampensockel und -fassungen sowie Lehren zur Kontrolle der Austauschbarkeit und Sicherheit – Teil 3: Lehren (IEC 60061-3:1969 + Ergänzungen A:1970 bis U:1997 + A20:1998 bis A35:2005, modifiziert); Deutsche Fassung EN 60061-3:1993 + A1:1995 bis A7:1997 + A20:1998 bis A35:2005	Keine	–
		Änderung A33: 2004 Anmerkung 4	01.09.2007
		Änderung A34: 2005 Anmerkung 4	01.12.2007
		Änderung A35: 2005 Anmerkung 3	01.11.2008
DIN EN 60061-4 August 2005 [6]	Lampensockel und -fassungen sowie Lehren zur Kontrolle der Austauschbarkeit und Sicherheit – Teil 4: Leitfaden und allgemeine Informationen (IEC 60061-4:1990 + Ergänzungen A:1992, B:1994, C:1994, D:1995 + A5:1998 bis A9:2004, modifiziert); Deutsche Fassung EN 60061-4:1992 + A1:1995 bis A9:2005	Keine Änderung A9:2005 Anmerkung 4	– 01.12.2007
DIN EN 60065 (VDE 0860) Januar 2003 [6]	Audio-, Video- und ähnliche elektronische Geräte; Sicherheitsanforderungen (IEC 60065:2001, modifiziert + Corr. 1:2002-08); Deutsche Fassung EN 60065:2002	DIN EN 60065: 1999-10 Anmerkung 2.1	01.03.2007
DIN EN 60110-1 (VDE 0560-9) September 1999	Leistungskondensatoren für induktive Erwärmungsanlagen; Teil 1: Allgemeines (IEC 60110-1:1998); Deutsche Fassung EN 60110-1:1998	DIN VDE 0560-9: 1970-10	–
		HD 207 S1:1977 Anmerkung 2.1	01.05.2001
DIN EN 60127-1 (VDE 0820-1) August 2003 [6]	Geräteschutzsicherungen; Teil 1: Begriffe für Geräteschutzsicherungen und allgemeine Anforderungen an G-Sicherungseinsätze (IEC 60127-1:1988 + A1:1999 + A2:2002); Deutsche Fassung EN 60127-1:1991 + A1:1999 + A2:2003	DIN VDE 0820-1: 1992-11 DIN EN 60127-1/ A1: 1999-11	–

Nationale Norm[5)] Ausgabedatum	Titel	Ersetzte Norm	Datum der Beendigung der Konformitätsvermutung für die ersetzte Norm Anmerkung 1
DIN EN 60127-2 (VDE 0820-2) April 2004	Geräteschutzsicherungen – Teil 2: G-Sicherungseinsätze (IEC 60127-2:2003 + A1:2003); Deutsche Fassung EN 60127-2:2003 + A1:2003	DIN EN 60127-2: 2003-11 und deren Änderungen Anmerkung 2.1	01.03.2006
DIN EN 60127-3 (VDE 0820-3) September 2003	Geräteschutzsicherungen; Teil 3: Kleinstsicherungseinsätze (IEC 60127-3:1988 + A1:1991 + Corrigendum 1:1994 + Corrigendum 2:1996 + A2:2002); Deutsche Fassung EN 60127-3:1996 + A2:2003	DIN EN 60127-3: 1996-11 Anmerkung 2.1	01.12.2001
DIN EN 60127-4 (VDE 0820-4) Oktober 2005	Geräteschutzsicherungen – Teil 4: Welteinheitliche modulare Sicherungseinsätze (UMF) – Bauarten für Steck- und Oberflächenmontage (IEC 60127-4:2005); Deutsche Fassung EN 60127-4:2005	DIN EN 60127-4: 2004-05 und deren Änderungen Anmerkung 2.1	01.03.2008
DIN EN 60127-6 (VDE 0820-6) Oktober 2003	Geräteschutzsicherungen; Teil 6: G-Sicherungshalter für G-Sicherungseinsätze (IEC 60127-6:1994 + A1:1996 + A2:2002); Deutsche Fassung EN 60127-6:1994 + A1:1996 + A2:2003	DIN EN 60127-6: 1996-12	–
DIN EN 60143-1 (VDE 0560-42) Januar 1995[6)]	Reihenkondensatoren für Starkstromanlagen; Teil 1: Allgemeines – Betriebsverhalten – Prüfen und Bemessen – Sicherheitsanforderungen – Richtlinie zum Errichten (IEC 143:1992); Deutsche Fassung EN 60143-1:1993	Keine	–
DIN EN 60143-2 (VDE 0560-43) Dezember 1995	Reihenkondensatoren für Starkstromanlagen; Teil 2: Schutzeinrichtungen für Reihenkondensatorbatterien (IEC 143-2:1994); Deutsche Fassung EN 60143-2:1994	Keine	–
DIN EN 60155 (VDE 0712-101) Februar 1996[6)]	Glimmstarter für Leuchtstofflampen (IEC 155:1993); Deutsche Fassung EN 60155:1995	DIN VDE 0712-101:1990-03	–
DIN EN 60155/A1 (VDE 0712-101/A1) Juli 1996	Glimmstarter für Leuchtstofflampen (IEC 155:1993/A1:1995); Deutsche Fassung EN 60155:1995/A1:1995	Anmerkung 3	01.09.2001

Nationale Norm [5) Ausgabedatum	Titel	Ersetzte Norm	Datum der Beendigung der Konformitätsvermutung für die ersetzte Norm Anmerkung 1
DIN EN 60204-1 (VDE 0113-1) November 1998[6)]	Sicherheit von Maschinen; Elektrische Ausrüstung von Maschinen; Teil 1: Allgemeine Anforderungen (IEC 60204-1:1997 + Corrigendum 1998); Deutsche Fassung EN 60204-1:1997	DIN EN 60204-1: 1993-06 Anmerkung 2.1	01.07.2001
DIN EN 60215 (VDE 0866) Dezember 1993	Sicherheitsbestimmungen für Funksender (IEC 215:1987 + A1:1990); Deutsche Fassung EN 60215:1989 + A1:1992	DIN VDE 0866:1989-09	–
DIN EN 60215/A2 (VDE 0866/A1) März 1995	Sicherheitsbestimmungen für Funksender (IEC 215/A2:1993); Deutsche Fassung EN 60215/A2:1994	Anmerkung 3	15.07.1995
DIN EN 60228 (VDE 0295) September 2005	Leiter für Kabel und isolierte Leitungen (IEC 60228:2004); Deutsche Fassung EN 60228:2005 + Corrigendum 2005	DIN VDE 0295: 1992-06	–
DIN EN 60238 (VDE 0616-1) Mai 2005	Lampenfassungen mit Edisongewinde (IEC 60238:2004); Deutsche Fassung EN 60238:2004 + Corrigendum Januar 2005	DIN EN 60238: 2003-05 und deren Änderungen Anmerkung 2.1	01.10.2007
DIN EN 60252-1 (VDE 0560-8) Mai 2002	Motorkondensatoren; Teil 1: Allgemeines – Leistung, Prüfung und Bemessung – Sicherheitsanforderungen – Leitfaden für die Installation und den Betrieb (IEC 60252-1:2001); Deutsche Fassung EN 60252-1:2001	DIN EN 60252: 1994-11 Anmerkung 2.1	01.10.2004
DIN EN 60252-2 (VDE 0560-82) Februar 2004	Wechselspannungsmotorkondensatoren – Teil 2: Motoranlaufkondensatoren (IEC 60252-2:2003); Deutsche Fassung EN 60252-2:2003	Keine	–
DIN EN 60255-5 (VDE 0435-130) Dezember 2001	Elektrische Relais; Teil 5: Isolationskoordination für Messrelais und Schutzeinrichtungen – Anforderungen und Prüfungen (IEC 60255-5:2000); Deutsche Fassung EN 60255-5:2001	Keine	–
DIN EN 60269-1 (VDE 0636-10) November 2005	Niederspannungssicherungen – Teil 1: Allgemeine Anforderungen (IEC 60269-1:1998 + A1:2005); Deutsche Fassung EN 60269-1:1998 + A1:2005	DIN EN 60269-1: 1999-11 und deren Änderungen Anmerkung 2.1	01.07.2001
		Änderung A1: 2005 Anmerkung 3	01.03.2008

Nationale Norm [5)] Ausgabedatum	Titel	Ersetzte Norm	Datum der Beendigung der Konformitätsvermutung für die ersetzte Norm Anmerkung 1
DIN EN 60269-2 (VDE 0636-20) September 2002	Niederspannungssicherungen; Teil 2: Zusätzliche Anforderungen an Sicherungen zum Gebrauch durch Elektrofachkräfte bzw. elektrotechnisch unterwiesene Personen (Sicherungen überwiegend für den industriellen Gebrauch) (IEC 60269-2:1986 + A1:1995 + A2:2001); Deutsche Fassung EN 60269-2:1995 + A1:1998 + A2:2002	DIN EN 60269-2: 1995-12 DIN EN 60269-2/ A1:1999-09	–
DIN EN 60269-3 (VDE 0636-30) Juli 2004	Niederspannungssicherungen – Teil 3: Zusätzliche Anforderungen an Sicherungen zum Gebrauch durch Laien (Sicherungen überwiegend für Hausinstallationen und ähnliche Anwendungen) (IEC 60269-3:1987 + A1:2003); Deutsche Fassung EN 60269-3:1995 + A1:2003	DIN EN 60269-3: 1995-12	–
DIN EN 60269-4 (VDE 0636-40) November 2003	Niederspannungssicherungen; Teil 4: Zusätzliche Anforderungen an Sicherungseinsätze zum Schutz von Halbleiter-Bauelementen (IEC 60269-4:1986 + A1:1995 + A2:2002); Deutsche Fassung EN 60269-4:1996 + A1:1997 + A2:2003	DIN EN 60269-4: 1997-04 DIN EN 60269-4/ A1:1997-10	–
DIN EN 60269-4-1 (VDE 0636-401) Februar 2003	Niederspannungssicherungen; Teil 4-1: Zusätzliche Anforderungen an Sicherungseinsätze zum Schutz von Halbleiter-Bauelementen – Hauptabschnitte I bis III: Beispiele für genormte Typen der Sicherungseinsätze (IEC 60269-4-1:2002); Deutsche Fassung EN 60269-4-1:2002	Keine	–
DIN EN 60309-1 (VDE 0623-1) Mai 2000	Stecker, Steckdosen und Kupplungen für industrielle Anwendungen; Teil 1: Allgemeine Anforderungen (IEC 60309-1:1999); Deutsche Fassung EN 60309-1:1999	DIN EN 60309-1: 1998-11 Anmerkung 2.1	01.04.2002
DIN EN 60309-1/A11 (VDE 0623-1/A11) November 2004	Stecker, Steckdosen und Kupplungen für industrielle Anwendungen – Teil 1: Allgemeine Anforderungen; Deutsche Fassung EN 60309-1:1999/ A11:2004	Anmerkung 3	01.11.2004

Nationale Norm [5)] Ausgabedatum	Titel	Ersetzte Norm	Datum der Beendigung der Konformitätsvermutung für die ersetzte Norm Anmerkung 1
DIN EN 60309-2 (VDE 0623-20) Mai 2000	Stecker, Steckdosen und Kupplungen für industrielle Anwendungen; Teil 2: Anforderungen und Hauptmaße für die Austauschbarkeit von Stift- und Buchsensteckvorrichtungen (IEC 60309-2:1999); Deutsche Fassung EN 60309-2:1999	DIN EN 60309-2: 1999-04 Anmerkung 2.1	01.05.2002
DIN EN 60309-2/A11 (VDE 0623-20/A11) November 2004	Stecker, Steckdosen und Kupplungen für industrielle Anwendungen – Teil 2: Anforderungen und Hauptmaße für die Austauschbarkeit von Stift- und Buchsensteckvorrichtungen; Deutsche Fassung EN 60309-2:1999/A11:2004	Anmerkung 3	01.11.2004
DIN EN 60320-1 (VDE 0625-1) Juni 2002	Gerätesteckvorrichtungen für den Hausgebrauch und ähnliche allgemeine Zwecke; Teil 1: Allgemeine Anforderungen (IEC 60320-1:2001); Deutsche Fassung EN 60320-1:2001	DIN EN 60320-1: 1997-07 DIN EN 60230-1/A2:1998-10 Anmerkung 2.1	01.07.2004
DIN EN 60320-1 (VDE 0625-1) Berichtigung 1 April 2003	Berichtigungen zu DIN EN 60320-1 (VDE 0625-1):2002-06	–	–
DIN EN 60320-2-1 (VDE 0625-2-1) September 2001	Gerätesteckvorrichtungen für den Hausgebrauch und ähnliche allgemeine Zwecke; Teil 2-1: Nähmaschinen-Steckvorrichtungen (IEC 60320-2-1:2000); Deutsche Fassung EN 60320-2-1:2000	DIN VDE 0625-2-1:1987-11 Anmerkung 2.1	01.09.2003
DIN EN 60320-2-2 (VDE 0625-2-2) September 1999	Gerätesteckvorrichtungen für den Hausgebrauch und ähnliche allgemeine Zwecke; Teil 2-2: Netzweiterverbindungen für Geräte für den Hausgebrauch und ähnliche Einrichtungen (IEC 60320-2-2:1998); Deutsche Fassung EN 60320-2-2:1998	DIN EN 60320-2-2: 1993-03 Anmerkung 2.1	01.07.2001
DIN EN 60320-2-4 (VDE 0625-2-4) Mai 2006	Gerätesteckvorrichtungen für den Hausgebrauch und ähnliche allgemeine Zwecke – Teil 2-4: Gerätesteckvorrichtungen mit vom Gerätegewicht abhängiger Kupplung (IEC 60320-2-4:2005); Deutsche Fassung EN 60320-2-4:2006	Keine	–

Nationale Norm [5)] Ausgabedatum	Titel	Ersetzte Norm	Datum der Beendigung der Konformitätsvermutung für die ersetzte Norm Anmerkung 1
DIN EN 60332-1-1 (VDE 0482-332-1-1) Juni 2005	Prüfungen an Kabeln, isolierten Leitungen und Glasfaserkabeln im Brandfall – Teil 1-1: Prüfung der vertikalen Flammenausbreitung an einer Ader, einer isolierten Leitung oder einem Kabel – Prüfgerät (IEC 60332-1-1:2004); Deutsche Fassung EN 60332-1-1:2004	DIN EN 50265-1: 1999-04 Anmerkung 2.1	01.09.2007
DIN EN 60332-1-2 (VDE 0482-332-1-2) Juni 2005	Prüfungen an Kabeln, isolierten Leitungen und Glasfaserkabeln im Brandfall – Teil 1-2: Prüfung der vertikalen Flammenausbreitung an einer Ader, einer isolierten Leitung oder einem Kabel – Prüfverfahren mit 1-kW-Flamme mit Gas/Luft-Gemisch (IEC 60332-1-2:2004); Deutsche Fassung EN 60332-1-2:2004	DIN EN 50265-2-1: 1999-04 Anmerkung 2.1	01.09.2007
DIN EN 60332-1-3 (VDE 0482-332-1-3) Juni 2005	Prüfungen an Kabeln, isolierten Leitungen und Glasfaserkabeln im Brandfall – Teil 1-3: Prüfung der vertikalen Flammenausbreitung an einer Ader, einer isolierten Leitung oder einem Kabel – Prüfverfahren zur Bewertung brennender Tropfen/Teile (IEC 60332-1-3:2004); Deutsche Fassung EN 60332-1-3:2004	Keine	–
DIN EN 60332-2-1 (VDE 0482-332-2-1) Juni 2005	Prüfungen an Kabeln, isolierten Leitungen und Glasfaserkabeln im Brandfall – Teil 2-1: Prüfung der vertikalen Flammenausbreitung an einer kleinen Ader, einer kleinen isolierten Leitung oder einem kleinen Kabel – Prüfgerät (IEC 60332-2-1:2004); Deutsche Fassung EN 60332-2-1:2004	DIN EN 50265-1:1999-04 Anmerkung 2.1	01.09.2007
DIN EN 60332-2-2 (VDE 0482-332-2-2) Juni 2005	Prüfungen an Kabeln, isolierten Leitungen und Glasfaserkabeln im Brandfall – Teil 2-2: Prüfung der vertikalen Flammenausbreitung an einer kleinen Ader, einer kleinen isolierten Leitung oder einem kleinen Kabel – Prüfverfahren mit leuchtender Flamme (IEC 60332-2-2:2004); Deutsche Fassung EN 60332-2-2:2004	DIN EN 50265-2-2: 1999-04 Anmerkung 2.1	01.09.2007

Nationale Norm [5)] Ausgabedatum	Titel	Ersetzte Norm	Datum der Beendigung der Konformitätsvermutung für die ersetzte Norm Anmerkung 1
DIN EN 60335-1 (VDE 0700-1) Juli 2005[6)]	Sicherheit elektrischer Geräte für den Hausgebrauch und ähnliche Zwecke – Allgemeine Anforderungen (IEC 60335-1:2001, modifiziert + A1:2004); Deutsche Fassung EN 60335-1-2002 + A11:2004 + A1:2004;	DIN EN 60335-1:2003-07 und deren Änderungen Anmerkung 2.1	–
		Änderung A1: 2004 Anmerkung 3	01.10.2007
DIN EN 60335-2-2 (VDE 0700-2) September 2005	Sicherheit elektrischer Geräte für den Hausgebrauch und ähnliche Zwecke – Teil 2-2: Besondere Anforderungen für Staubsauger und Wassersauger (IEC 60335-2-2:2002 + A1:2004); Deutsche Fassung EN 60335-2-2:2003 + A1:2004	DIN EN 60335-2-2: 2004-03 Anmerkung 2.1	01.03.2006
		Änderung A1: 2004 Anmerkung 3	01.09.2007
DIN EN 60335-2-3 (VDE 0700-3) Januar 2006	Sicherheit elektrischer Geräte für den Hausgebrauch und ähnliche Zwecke; Teil 2-3: Besondere Anforderungen für elektrische Bügeleisen (IEC 60335-2-3:2002 + Berichtigung 2002 + A1:2004); Deutsche Fassung EN 60335-2-3:2002 + A1:2005	DIN EN 60335-2-3: 2003-06 Anmerkung 2.1	01.10.2005
		A1:2005 Anmerkung 3	01.04.2008
DIN EN 60335-2-4 (VDE 0700-4) Dezember 2004[6)]	Sicherheit elektrischer Geräte für den Hausgebrauch und ähnliche Zwecke – Teil 2-4: Besondere Anforderungen für Wäscheschleudern (IEC 60335-2-4: 2002 + A1:2004 + Corrigendum April 2004); Deutsche Fassung EN 60335-2-4:2002 + A1:2004	DIN EN 60335-2-4: 2003-07 und deren Änderungen Anmerkung 2.1	01.10.2005
DIN EN 60335-2-5 (VDE 0700-5) Februar 2004	Sicherheit elektrischer Geräte für den Hausgebrauch und ähnliche Zwecke – Teil 2-5: Besondere Anforderungen für Geschirrspülmaschinen (IEC 60335-2-5:2002 + Corrigendum 2003, modifiziert); Deutsche Fassung EN 60335-2-5:2003	DIN EN 60335-2-5: 2000-11 und deren Änderungen Anmerkung 2.1	01.03.2006

Nationale Norm [5)] Ausgabedatum	Titel	Ersetzte Norm	Datum der Beendigung der Konformitätsvermutung für die ersetzte Norm Anmerkung 1
DIN EN 60335-2-5/A1 (VDE 0700-5/A1) November 2005	Sicherheit elektrischer Geräte für den Hausgebrauch und ähnliche Zwecke – Teil 2-5: Besondere Anforderungen für Geschirrspülmaschinen (IEC 60335-2-5:2002/A1:2005); Deutsche Fassung EN 60335-2-5:2003/ A1:2005	Anmerkung 3	01.02.2008
DIN EN 60335-2-6 (VDE 0700-6) September 2005	Sicherheit elektrischer Geräte für den Hausgebrauch und ähnliche Zwecke – Teil 2-6: Besondere Anforderungen für ortsfeste Herde, Kochmulden, Backöfen und ähnliche Geräte (IEC 60335-2-6:2002, modifiziert + A1:2004); Deutsche Fassung EN 60335-2-6:2003 + A1:2005	DIN EN 60335-2-6: 2003-10 und deren Änderungen Anmerkung 2.1	01.03.2006
		Änderung A1: 2005 Anmerkung 3	01.12.2007
DIN EN 60335-2-7 (VDE 0700-7) Dezember 2004[6)]	Sicherheit elektrischer Geräte für den Hausgebrauch und ähnliche Zwecke – Teil 2-7: Besondere Anforderungen für Waschmaschinen (IEC 60335-2-7:2002, modifiziert + A1:2004); Deutsche Fassung EN 60335-2-7:2003 + A1:2004	DIN EN 60335-2-7: 2004-02 Anmerkung 2.1	01.08.2007
DIN EN 60335-2-8 (VDE 0700-8) April 2006	Sicherheit elektrischer Geräte für den Hausgebrauch und ähnliche Zwecke – Teil 2-8: Besondere Anforderungen für Rasiergeräte, Haarschneidemaschinen und ähnliche Geräte (IEC 60335-2-8:2002, modifiziert + A1:2005); Deutsche Fassung EN 60335-2-8:2003 + A1:2005	DIN EN 60335-2-8: 2004-11 und deren Änderung Anmerkung 2.1	01.03.2006
		Änderung A1: 2005 Anmerkung 3	01.09.2008
DIN EN 60335-2-9 (VDE 0700-9) November 2004[6)]	Sicherheit elektrischer Geräte für den Hausgebrauch und ähnliche Zwecke – Teil 2-9: Besondere Anforderungen für Grillgeräte, Brotröster und ähnliche ortsveränderliche Kochgeräte (IEC 60335-2-9:2002, modifiziert + A1:2004); Deutsche Fassung EN 60335-2-9:2003 + A1:2004 Anmerkung 9	DIN EN 60335-2-9: 2004-03 und deren Änderungen Anmerkung 2.1	01.03.2006

Nationale Norm [5) Ausgabedatum	Titel	Ersetzte Norm	Datum der Beendigung der Konformitätsvermutung für die ersetzte Norm Anmerkung 1
DIN EN 60335-2-10 (VDE 0700-10) April 2004	Sicherheit elektrischer Geräte für den Hausgebrauch und ähnliche Zwecke – Teil 2-10: Besondere Anforderungen für Bodenbehandlungs- und Nassschrubbmaschinen (IEC 60335-2-10:2002); Deutsche Fassung EN 60335-2-10:2003	DIN EN 60335-2-10: 1996-01 Anmerkung 2.1	01.04.2006
DIN EN 60335-2-11 (VDE 0700-11) September 2005 [6)]	Sicherheit elektrischer Geräte für den Hausgebrauch und ähnliche Zwecke – Teil 2-11: Besondere Anforderungen für Trommeltrockner (IEC 60335-2-11:2002 + A1:2003); Deutsche Fassung EN 60335-2-11:2003 + A1:2004	DIN EN 60335-2-11: 2004-02 und deren Änderungen Anmerkung 2.1	01.08.2007
DIN EN 60335-2-12 (VDE 0700-12) November 2003	Sicherheit elektrischer Geräte für den Hausgebrauch und ähnliche Zwecke; Teil 2-12: Besondere Anforderungen für Warmhalteplatten und ähnliche Geräte (IEC 60335-2-12:2002); Deutsche Fassung EN 60335-2-12:2003	DIN EN 60335-2-12: 1996-04 Anmerkung 2.1	01.05.2006
DIN EN 60335-2-13 (VDE 0700-13) März 2005	Sicherheit elektrischer Geräte für den Hausgebrauch und ähnliche Zwecke – Teil 2-13: Besondere Anforderungen für Frittiergeräte, Bratpfannen und ähnliche Geräte (IEC 60335-2-13:2002, modifiziert + A1:2004); Deutsche Fassung EN 60335-2-13:2003 + A1:2004	DIN EN 60335-2-13: 2004-03 und deren Änderung Anmerkung 2.1	01.04.2006
DIN EN 60335-2-14 (VDE 0700-14) Mai 2004 [6)]	Sicherheit elektrischer Geräte für den Hausgebrauch und ähnliche Zwecke – Teil 2-14: Besondere Anforderungen für Küchenmaschinen (IEC 60335-2-14:2002, modifiziert); Deutsche Fassung EN 60335-2-14:2003	DIN EN 60335-2-14: 2000-11 und deren Änderungen Anmerkung 2.1	01.05.2006
DIN EN 60335-2-15 (VDE 0700-15) Mai 2006	Sicherheit elektrischer Geräte für den Hausgebrauch und ähnliche Zwecke – Teil 2-15: Besondere Anforderungen für Geräte zur Flüssigkeitserhitzung (IEC 60335-2-15:2002 + A1:2005); Deutsche Fassung EN 60335-2-15:2002 + A1:2005	DIN EN 60335-2-15: 2003-05 und deren Änderungen Anmerkung 2.1	01.01.2007
		Änderung A1: 2005 Anmerkung 3	01.09.2008

Nationale Norm [5) Ausgabedatum	Titel	Ersetzte Norm	Datum der Beendigung der Konformitätsvermutung für die ersetzte Norm Anmerkung 1
DIN EN 60335-2-15 (VDE 0700-15) Berichtigung 2 Mai 2007	Sicherheit elektrischer Geräte für den Hausgebrauch und ähnliche Zwecke – Teil 2-15: Besondere Anforderungen für Geräte zur Flüssigkeitserhitzung (IEC 60335-2-15:2002 + A1:2005); Deutsche Fassung EN 60335-2-15:2002 + A1:2005, Berichtigungen zu DIN EN 60335-2-15 (VDE 0700-15):2006-05; Deutsche Fassung CENELEC-Corrigendum Dezember 2006 zu EN 60335-2-15:2002	Ersatz für DIN EN 60335-2-15 Berichtigung 1: 2007-01	–
DIN EN 60335-2-16 (VDE 0700-16) April 2004	Sicherheit elektrischer Geräte für den Hausgebrauch und ähnliche Zwecke – Teil 2-16: Besondere Anforderungen für Zerkleinerer von Nahrungsmittelabfällen (IEC 60335-2-16:2002, modifiziert); Deutsche Fassung EN 60335-2-16:2003	DIN EN 60335-2-16: 1997-11 Anmerkung 2.1	01.07.2006
DIN EN 60335-2-17 (VDE 0700-17) August 2003[6)]	Sicherheit elektrischer Geräte für den Hausgebrauch und ähnliche Zwecke; Teil 2-17: Besondere Anforderungen für Wärmezudecken, Wärmeunterbetten, Heizkissen und ähnliche schmiegsame Wärmegeräte (IEC 60335-2-17:2002); Deutsche Fassung EN 60335-2-17:2002	DIN EN 60335-2-17: 1999-09 Anmerkung 2.1	01.11.2005
DIN EN 60335-2-21 (VDE 0700-21) August 2005	Sicherheit elektrischer Geräte für den Hausgebrauch und ähnliche Zwecke – Teil 2-21: Besondere Anforderungen für Wassererwärmer (Warmwasserspeicher und Warmwasserboiler) (IEC 60335-2-21:2002, modifiziert + A1:2004); Deutsche Fassung EN 60335-2-21:2003 + A1:2005	DIN EN 60335-2-21: 2003-10 und deren Änderungen Anmerkung 2.1	01.03.2006
		Änderung A1: 2005 Anmerkung 3	01.11.2007
DIN EN 60335-2-23 (VDE 0700-23) November 2003	Sicherheit elektrischer Geräte für den Hausgebrauch und ähnliche Zwecke; Teil 2-23: Besondere Anforderungen für Geräte zur Behandlung von Haut oder Haar (IEC 60335-2-23:2003); Deutsche Fassung EN 60335-2-23:2003	DIN EN 60335-2-23: 2002-01 und deren Änderung Anmerkung 2.1	01.05.2006

Nationale Norm[5)] Ausgabedatum	Titel	Ersetzte Norm	Datum der Beendigung der Konformitätsvermutung für die ersetzte Norm Anmerkung 1
DIN EN 60335-2-24 (VDE 0700-24) März 2006	Sicherheit elektrischer Geräte für den Hausgebrauch und ähnliche Zwecke – Teil 2-24: Besondere Anforderungen für Kühl-/Gefriergeräte, Speiseeis- und Eisbereiter (IEC 60335-2-24:2002 + A1:2005); Deutsche Fassung EN 60335-2-24:2003 + A11:2004 + A1:2005	DIN EN 60335-2-24: 2004-12 und deren Änderung Anmerkung 2.1	01.08.2007
		Änderung A1: 2005 Anmerkung 3	01.03.2008
DIN EN 60335-2-24 (VDE 0700-24) Berichtigung 1 Juli 2006	Sicherheit elektrischer Geräte für den Hausgebrauch und ähnliche Zwecke – Teil 2-24: Besondere Anforderungen für Kühl-/Gefriergeräte, Speiseeis- und Eisbereiter (IEC 60335-2-24:2002 + A1:2005); Deutsche Fassung EN 60335-2-24:2003 + A11:2004 + A1:2005, Berichtigungen zu DIN EN 60335-2-24 (VDE 0700-24):2006-03	–	–
DIN EN 60335-2-25 (VDE 0700-25) März 2006[6)]	Sicherheit elektrischer Geräte für den Hausgebrauch und ähnliche Zwecke – Teil 2-25: Besondere Anforderungen für Mikrowellenkochgeräte und kombinierte Mikrowellenkochgeräte (IEC 60335-2-25:2002 + A1:2005); Deutsche Fassung EN 60335-2-25:2002 + A1:2005	DIN EN 60335-2-25: 2003-07 und deren Änderung Anmerkung 2.1	01.10.2005
		Änderung A1: 2005 Anmerkung 3	01.06.2008
DIN EN 60335-2-26 (VDE 0700-26) Mai 2004	Sicherheit elektrischer Geräte für den Hausgebrauch und ähnliche Zwecke – Teil 2-26: Besondere Anforderungen für Uhren (IEC 60335-2-26:2002); Deutsche Fassung EN 60335-2-26:2003	DIN EN 60335-2-26: 1997-06 Anmerkung 2.1	01.05.2006
DIN EN 60335-2-27 (VDE 0700-27) April 2004	Sicherheit elektrischer Geräte für den Hausgebrauch und ähnliche Zwecke – Teil 2-27: Besondere Anforderungen für Hautbestrahlungsgeräte mit Ultraviolett- und Infrarotstrahlung (IEC 60335-2-27:2002); Deutsche Fassung EN 60335-2-27:2003 Anmerkung 12	DIN EN 60335-2-27: 2001-05 und deren Änderung Anmerkung 2.1	01.05.2006

Nationale Norm [5) Ausgabedatum	Titel	Ersetzte Norm	Datum der Beendigung der Konformitätsvermutung für die ersetzte Norm Anmerkung 1
DIN EN 60335-2-28 (VDE 0700-28) April 2004	Sicherheit elektrischer Geräte für den Hausgebrauch und ähnliche Zwecke – Teil 2-28: Besondere Anforderungen für Nähmaschinen (IEC 60335-2-28:2002, modifiziert); Deutsche Fassung EN 60335-2-28:2003	DIN EN 60335-2-28: 1997-09 Anmerkung 2.1	01.04.2006
DIN EN 60335-2-29 (VDE 0700-29) Juni 2005	Sicherheit elektrischer Geräte für den Hausgebrauch und ähnliche Zwecke – Teil 2-29: Besondere Anforderungen für Batterieladegeräte (IEC 60335-2-29:2002 + A1:2004); Deutsche Fassung EN 60335-2-29:2004	DIN EN 60335-2-29: 1998-03 DIN EN 60335-2-29/A11: 1998-09 Anmerkung 2.1	01.06.2007
DIN EN 60335-2-30 (VDE 0700-30) Mai 2005	Sicherheit elektrischer Geräte für den Hausgebrauch und ähnliche Zwecke – Teil 2-30: Besondere Anforderungen für Raumheizgeräte (IEC 60335-2-30:2002, modifiziert + A1:2004); Deutsche Fassung EN 60335-2-30:2003 + A1:2004	DIN EN 60335-2-30: 2004-03 und deren Änderung Anmerkung 2.1	01.03.2006
		Änderung A1: 2004 Anmerkung 3	01.09.2007
DIN EN 60335-2-31 (VDE 0700-31) April 2004	Sicherheit elektrischer Geräte für den Hausgebrauch und ähnliche Zwecke – Teil 2-31: Besondere Anforderungen für Dunstabzugshauben (IEC 60335-2-31:2002); Deutsche Fassung EN 60335-2-31:2003	DIN EN 60335-2-31: 1998-01 DIN EN 60335-2-31/A1/11: 1999 Anmerkung 2.1	01.05.2006
DIN EN 60335-2-32 (VDE 0700-32) April 2004	Sicherheit elektrischer Geräte für den Hausgebrauch und ähnliche Zwecke – Teil 2-32: Besondere Anforderungen für Massagegeräte (IEC 60335-2-32:2002) Deutsche Fassung EN 60335-2-32:2003	DIN EN 60335-2-32: 2000-08 und deren Änderung Anmerkung 2.1	01.04.2006
DIN EN 60335-2-34 (VDE 0700-34) September 2003	Sicherheit elektrischer Geräte für den Hausgebrauch und ähnliche Zwecke; Teil 2-34: Besondere Anforderungen für Motorverdichter (IEC 60335-2-34:2002); Deutsche Fassung EN 60335-2-34:2002	DIN EN 60335-2-34: 2000-11 Anmerkung 2.1	01.12.2005

Nationale Norm[5]) Ausgabedatum	Titel	Ersetzte Norm	Datum der Beendigung der Konformitätsvermutung für die ersetzte Norm Anmerkung 1
DIN EN 60335-2-34 (VDE 0700-34) Berichtigung 1 Oktober 2004	Berichtigungen zu DIN EN 60335-2-34 (VDE 0700-34):2003-09 und Deutsche Fassung EN 60335-2-34/A11:2004	Anmerkung 3	01.12.2006
DIN EN 60335-2-34/A1 (VDE 0700-34/A1) März 2006	Sicherheit elektrischer Geräte für den Hausgebrauch und ähnliche Zwecke – Teil 2-34: Besondere Anforderungen für Motorverdichter (IEC 60335-2-34:2002/A1:2004); Deutsche Fassung EN 60335-2-34:2002/A1:2005	Anmerkung 3	01.02.2008
DIN EN 60335-2-35 (VDE 0700-35) Juli 2003[6])	Sicherheit elektrischer Geräte für den Hausgebrauch und ähnliche Zwecke; Teil 2-35: Besondere Anforderungen für Durchflusserwärmer (IEC 60335-2-35:2002); Deutsche Fassung EN 60335-2-35:2002	DIN EN 60335-2-35: 2000-11 und deren Änderung Anmerkung 2.1	01.11.2005
DIN EN 60335-2-36 (VDE 0700-36) September 2005	Sicherheit elektrischer Geräte für den Hausgebrauch und ähnliche Zwecke – Teil 2-36: Besondere Anforderungen für elektrische Herde, Brat- und Backöfen und Kochplatten für den gewerblichen Gebrauch (IEC 60335-2-36:2002 + A1:2004); Deutsche Fassung EN 60335-2-36:2002 + A1:2004	DIN EN 60335-2-36: 2003-09 Anmerkung 2.1	01.12.2005
DIN EN 60335-2-37 (VDE 0700-37) September 2003	Sicherheit elektrischer Geräte für den Hausgebrauch und ähnliche Zwecke; Teil 2-37: Besondere Anforderungen für elektrische Friteusen für den gewerblichen Gebrauch (IEC 60335-2-37:2002); Deutsche Fassung EN 60335-2-37:2002	DIN EN 60335-2-37: 2001-10 Anmerkung 2.1	01.12.2005
DIN EN 60335-2-38 (VDE 0700-38) November 2003	Sicherheit elektrischer Geräte für den Hausgebrauch und ähnliche Zwecke; Teil 2-38: Besondere Anforderungen für elektrische Bratplatten und Kontaktgrills für den gewerblichen Gebrauch (IEC 60335-2-38:2002); Deutsche Fassung EN 60335-2-38:2003	DIN EN 60335-2-38: 2001-10 Anmerkung 2.1	01.02.2006

Nationale Norm [5) Ausgabedatum	Titel	Ersetzte Norm	Datum der Beendigung der Konformitätsvermutung für die ersetzte Norm Anmerkung 1
DIN EN 60335-2-39 (VDE 0700-39) März 2006	Sicherheit elektrischer Geräte für den Hausgebrauch und ähnliche Zwecke – Teil 2-39: Besondere Anforderungen für elektrische Mehrzweck-Koch- und -Bratpfannen für den gewerblichen Gebrauch (IEC 60335-2-39:2002 + A1:2004); Deutsche Fassung EN 60335-2-39:2003 + A1:2004	DIN EN 60335-2-39: 2003-11 Anmerkung 2.1	01.02.2006
DIN EN 60335-2-40 (VDE 0700-40) November 2006	Sicherheit elektrischer Geräte für den Hausgebrauch und ähnliche Zwecke – Teil 2-40: Besondere Anforderungen für elektrisch betriebene Wärmepumpen, Klimageräte und Raumluft-Entfeuchter (IEC 60335-2-40:2002, modifiziert + A1:2005, modifiziert); Deutsche Fassung EN 60335-2-40:2003 + A11:2004 + A12:2005 + A1:2006 + Corrigendum:2006	DIN EN 60335-2-40: 2004-03 DIN EN 60335-2-40/A11: 2005-11 DIN EN 60335-2-40/A12:2006-03 Anmerkung 2.1	01.03.2007
		Änderung A12: 2005 Anmerkung 3	01.11.2007
		Änderung A1: 2006 Anmerkung 3	01.09.2008
DIN EN 60335-2-41 (VDE 0700-41) Dezember 2004	Sicherheit elektrischer Geräte für den Hausgebrauch und ähnliche Zwecke – Teil 2-41: Besondere Anforderungen für Pumpen (IEC 60335-2-41:2002 + A1:2004); Deutsche Fassung EN 60335-2-41:2003 + A1:2004	DIN EN 60335-2-41: 2004-05	–
		DIN EN 60335-2-41: 2002-01 und deren Änderung Anmerkung 2.1	01.05.2006
DIN EN 60335-2-42 (VDE 0700-42) November 2003	Sicherheit elektrischer Geräte für den Hausgebrauch und ähnliche Zwecke; Teil 2-42: Besondere Anforderungen für elektrische Heißumluftöfen; Dampfgeräte und Heißluftdämpfer für den gewerblichen Gebrauch (IEC 60335-2-42:2002); Deutsche Fassung EN 60335-2-42:2003	DIN EN 60335-2-42: 2001-10 Anmerkung 2.1	01.02.2006

Nationale Norm[5)] Ausgabedatum	Titel	Ersetzte Norm	Datum der Beendigung der Konformitätsvermutung für die ersetzte Norm Anmerkung 1
DIN EN 60335-2-43 **(VDE 0700-43)** August 2006	Sicherheit elektrischer Geräte für den Hausgebrauch und ähnliche Zwecke – Teil 2-43: Besondere Anforderungen für Kleidungs- und Handtuchtrockner (IEC 60335-2-43:2002 + A1:2005); Deutsche Fassung EN 60335-2-43:2003 + A1:2006	DIN EN 60335-2-43: 2004-05 Anmerkung 2.1 Änderung A1: 2006 Anmerkung 3	01.05.2006 01.11.2008
DIN EN 60335-2-44 **(VDE 0700-44)** September 2003	Sicherheit elektrischer Geräte für den Hausgebrauch und ähnliche Zwecke; Teil 2-44: Besondere Anforderungen für Bügelmaschinen und Bügelpressen (IEC 60335-2-44:2002); Deutsche Fassung EN 60335-2-44:2002	DIN EN 60335-2-44: 1998-06 Anmerkung 2.1	01.11.2005
DIN EN 60335-2-44 **(VDE 0700-44)** **Berichtigung 1** Mai 2006	Sicherheit elektrischer Geräte für den Hausgebrauch und ähnliche Zwecke – Teil 2-44: Besondere Anforderungen für Bügelmaschinen und Bügelpressen (IEC 60335-2-44:2002); Deutsche Fassung EN 60335-2-44:2002, Berichtigungen zu DIN EN 60335-2-44 (VDE 0700-44):2003-09	–	–
DIN EN 60335-2-45 **(VDE 0700-45)** Juni 2003	Sicherheit elektrischer Geräte für den Hausgebrauch und ähnliche Zwecke; Teil 2-45: Besondere Anforderungen für ortsveränderliche Elektrowärmewerkzeuge und ähnliche Geräte (IEC 60335-2-45:2002); Deutsche Fassung EN 60335-2-45:2002	DIN EN 60335-2-45: 1999-04 Anmerkung 2.1	01.12.2005
DIN EN 60335-2-47 **(VDE 0700-47)** November 2003	Sicherheit elektrischer Geräte für den Hausgebrauch und ähnliche Zwecke; Teil 2-47: Besondere Anforderungen für elektrische Kochkessel für den gewerblichen Gebrauch (IEC 60335-2-47:2002); Deutsche Fassung EN 60335-2-47:2003	DIN EN 60335-2-47: 2001-11 Anmerkung 2.1	01.02.2006
DIN EN 60335-2-48 **(VDE 0700-48)** November 2003	Sicherheit elektrischer Geräte für den Hausgebrauch und ähnliche Zwecke; Teil 2-48: Besondere Anforderungen für elektrische Strahlungsgrillgeräte und Toaster für den gewerblichen Gebrauch (IEC 60335-2-48:2002); Deutsche Fassung EN 60335-2-48:2003	DIN EN 60335-2-48: 2001-11 Anmerkung 2.1	01.02.2006

Nationale Norm [5)] Ausgabedatum	Titel	Ersetzte Norm	Datum der Beendigung der Konformitätsvermutung für die ersetzte Norm Anmerkung 1
DIN EN 60335-2-49 (VDE 0700-49) November 2003	Sicherheit elektrischer Geräte für den Hausgebrauch und ähnliche Zwecke; Teil 2-49: Besondere Anforderungen für elektrische Wärmeschränke für den gewerblichen Gebrauch (IEC 60335-2-49:2002); Deutsche Fassung EN 60335-2-49:2003	DIN EN 60335-2-49: 2001-11 Anmerkung 2.1	01.02.2006
DIN EN 60335-2-50 (VDE 0700-50) November 2003	Sicherheit elektrischer Geräte für den Hausgebrauch und ähnliche Zwecke; Teil 2-50: Besondere Anforderungen für elektrische Wasserbäder für den gewerblichen Gebrauch (IEC 60335-2-50:2002); Deutsche Fassung EN 60335-2-50:2003	DIN EN 60335-2-50: 2001-11 Anmerkung 2.1	01.02.2006
DIN EN 60335-2-51 (VDE 0700-51) Mai 2004	Sicherheit elektrischer Geräte für den Hausgebrauch und ähnliche Zwecke – Teil 2-51: Besondere Anforderungen für ortsfeste Umwälzpumpen für Heizungs- und Brauchwasseranlagen (IEC 60335-2-51:2002); Deutsche Fassung EN 60335-2-51:2003	DIN EN 60335-2-51: 1998-03 Anmerkung 2.1	01.05.2006
DIN EN 60335-2-52 (VDE 0700-52) Mai 2004	Sicherheit elektrischer Geräte für den Hausgebrauch und ähnliche Zwecke – Teil 2-52: Besondere Anforderungen für Mundpflegegeräte (IEC 60335-2-52:2002); Deutsche Fassung EN 60335-2-52:2003	DIN EN 60335-2-52: 1997-04 Anmerkung 2.1	01.05.2006
DIN EN 60335-2-53 (VDE 0700-53) Februar 2004	Sicherheit elektrischer Geräte für den Hausgebrauch und ähnliche Zwecke – Teil 2-53: Besondere Anforderungen an Sauna-Heizgeräte (IEC 60335-2-53:2002); Deutsche Fassung EN 60335-2-53:2003	DIN EN 60335-2-53: 1998-03 Anmerkung 2.1	01.05.2006
DIN EN 60335-2-54 (VDE 0700-54) September 2005	Sicherheit elektrischer Geräte für den Hausgebrauch und ähnliche Zwecke – Teil 2-54: Besondere Anforderungen für Geräte zur Oberflächenreinigung mit Flüssigkeiten oder Dampf (IEC 60335-2-54:2002 + A1:2004); Deutsche Fassung EN 60335-2-54:2003 + A1:2004	DIN EN 60335-2-54: 2004-03 und deren Änderungen Anmerkung 2.1	01.05.2006

Nationale Norm [5) Ausgabedatum	Titel	Ersetzte Norm	Datum der Beendigung der Konformitätsvermutung für die ersetzte Norm Anmerkung 1
DIN EN 60335-2-55 (VDE 0700-55) Mai 2004	Sicherheit elektrischer Geräte für den Hausgebrauch und ähnliche Zwecke – Teil 2-55: Besondere Anforderungen für elektrische Geräte zum Gebrauch mit Aquarien und Gartenteichen (IEC 60335-2-55:2002); Deutsche Fassung EN 60335-2-55:2003	DIN EN 60335-2-55: 1997-12 Anmerkung 2.1	01.05.2006
DIN EN 60335-2-56 (VDE 0700-56) November 2004	Sicherheit elektrischer Geräte für den Hausgebrauch und ähnliche Zwecke – Teil 2-56: Besondere Anforderungen für Projektoren und ähnliche Geräte (IEC 60335-2-56:2002); Deutsche Fassung EN 60335-2-56:2003	DIN EN 60335-2-56: 1998-01 Anmerkung 2.1	01.03.2006
DIN EN 60335-2-58 (VDE 0700-58) November 2005	Sicherheit elektrischer Geräte für den Hausgebrauch und ähnliche Zwecke – Teil 2-58: Besondere Anforderungen für elektrische Spülmaschinen für den gewerblichen Gebrauch (IEC 60335-2-58:2002, modifiziert); Deutsche Fassung EN 60335-2-58:2005	DIN EN 60335-2-58: 1998-06 DIN EN 60335-2-58/A1: 1999-09 Anmerkung 2.1	01.12.2007
DIN EN 60335-2-59 (VDE 0700-59) April 2004 [6)	Sicherheit elektrischer Geräte für den Hausgebrauch und ähnliche Zwecke – Teil 2-59: Besondere Anforderungen für Insektenvernichter (IEC 60335-2-59:2002, modifiziert); Deutsche Fassung EN 60335-2-59:2003	DIN EN 60335-2-59: 2001-08 und deren Änderungen Anmerkung 2.1	01.05.2006
DIN EN 60335-2-60 (VDE 0700-60) Mai 2004	Sicherheit elektrischer Geräte für den Hausgebrauch und ähnliche Zwecke – Teil 2-60: Besondere Anforderungen für Sprudelbadgeräte (IEC 60335-2-60:2002); Deutsche Fassung EN 60335-2-60:2003	DIN EN 60335-2-60: 1998-06 Anmerkung 2.1	01.05.2006
DIN EN 60335-2-60/A1 (VDE 0700-60/A1) November 2005	Sicherheit elektrischer Geräte für den Hausgebrauch und ähnliche Zwecke – Teil 2-60: Besondere Anforderungen für Sprudelbadgeräte (IEC 60335-2-60:2002/A1:2004); Deutsche Fassung EN 60335-2-60: 2003/A1:2005	Anmerkung 3	01.02.2008

Nationale Norm [5)] Ausgabedatum	Titel	Ersetzte Norm	Datum der Beendigung der Konformitätsvermutung für die ersetzte Norm Anmerkung 1
DIN EN 60335-2-61 (VDE 0700-61) Februar 2006	Sicherheit elektrischer Geräte für den Hausgebrauch und ähnliche Zwecke – Teil 2-61: Besondere Anforderungen für Speicherheizgeräte (IEC 60335-2-61:2002 + A1:2005); Deutsche Fassung EN 60335-2-61:2003 + A1:2005;	DIN EN 60335-2-61: 2004-05 Anmerkung 2.1	01.05.2006
		Änderung A1: 2005 Anmerkung 3	01.05.2008
DIN EN 60335-2-62 (VDE 0700-62) November 2003	Sicherheit elektrischer Geräte für den Hausgebrauch und ähnliche Zwecke; Teil 2-62: Besondere Anforderungen für elektrische Spülbecken für den gewerblichen Gebrauch (IEC 60335-2-62:2002); Deutsche Fassung EN 60335-2-62:2003	DIN EN 60335-2-62: 2001-05 und deren Änderungen Anmerkung 2.1	01.02.2006
DIN EN 60335-2-65 (VDE 0700-65) Mai 2004	Sicherheit elektrischer Geräte für den Hausgebrauch und ähnliche Zwecke – Teil 2-65: Besondere Anforderungen für Luftreinigungsgeräte (IEC 60335-2-65:2002); Deutsche Fassung EN 60335-2-65:2003	DIN EN 60335-2-65: 2001-10 und deren Änderung Anmerkung 2.1	01.05.2006
DIN EN 60335-2-66 (VDE 0700-66) September 2003	Sicherheit elektrischer Geräte für den Hausgebrauch und ähnliche Zwecke; Teil 2-66: Besondere Anforderungen für Wasserbett-Beheizungen (IEC 60335-2-66:2002); Deutsche Fassung EN 60335-2-66:2003	DIN EN 60335-2-66: 2001-08 und deren Änderung Anmerkung 2.1	01.03.2006
DIN EN 60335-2-67 (VDE 0700-67) September 2006	Sicherheit elektrischer Geräte für den Hausgebrauch und ähnliche Zwecke – Teil 2-67: Besondere Anforderungen für Bodenbehandlungs- und Bodenreinigungsmaschinen für industrielle und gewerbliche Zwecke (IEC 60335-2-67:2002 + A1:2005); Deutsche Fassung EN 60335-2-67:2003 + A1:2006	DIN EN 60335-2-67: 2004-03 und deren Änderung Anmerkung 2.1	01.03.2006
		Änderung A1: 2006 Anmerkung 3	01.12.2008
DIN EN 60335-2-68 (VDE 0700-68) September 2006	Sicherheit elektrischer Geräte für den Hausgebrauch und ähnliche Zwecke – Teil 2-68: Besondere Anforderungen für Sprühextraktionsmaschinen für industrielle und gewerbliche Zwecke (IEC 60335-2-68:2002 + A1:2005); Deutsche Fassung EN 60335-2-68:2003 + A1:2006	DIN EN 60335-2-68: 2004-11	01.03.2006
		Änderung A1: 2006 Anmerkung 3	01.12.2008

Nationale Norm [5)] Ausgabedatum	Titel	Ersetzte Norm	Datum der Beendigung der Konformitätsvermutung für die ersetzte Norm Anmerkung 1
DIN EN 60335-2-69 (VDE 0700-69) November 2004	Sicherheit elektrischer Geräte für den Hausgebrauch und ähnliche Zwecke – Teil 2-69: Besondere Anforderungen für Staub- und Wassersauger einschließlich kraftbetriebener Bürsten für industrielle und gewerbliche Zwecke (IEC 60335-2-69:2002, modifiziert); Deutsche Fassung EN 60335-2-69:2003	DIN EN 60335-2-69: 2001-05 DIN EN 60335-2-69 Berichtigung 1: 2003-04 Anmerkung 2.1	01.03.2006
DIN EN 60335-2-70 (VDE 0700-70) Juni 2003	Sicherheit elektrischer Geräte für den Hausgebrauch und ähnliche Zwecke; Teil 2-70: Besondere Anforderungen für Melkmaschinen (IEC 60335-2-70:2002); Deutsche Fassung EN 60335-2-70:2002	DIN VDE 0700-221:1986-03	–
		DIN EN 60335-2-70: 1997-01 Anmerkung 2.1	01.10.2005
DIN EN 60335-2-71 (VDE 0700-71) März 2004	Sicherheit elektrischer Geräte für den Hausgebrauch und ähnliche Zwecke – Teil 2-71: Besondere Anforderungen für Elektrowärmegeräte für Tieraufzucht und Tierhaltung (IEC 60335-2-71:2002, modifiziert); Deutsche Fassung EN 60335-2-71:2003	DIN EN 60335-2-71: 1997-04 DIN EN 60335-2-71/A1: 1999-04 DIN EN 60335-2-71/A2: 2001-02 Anmerkung 2.1	01.06.2006
DIN EN 60335-2-73 (VDE 0700-73) April 2004 [6)]	Sicherheit elektrischer Geräte für den Hausgebrauch und ähnliche Zwecke – Teil 2-73: Besondere Anforderungen für ortsfeste Heizeinsätze (IEC 60335-2-73:2002, modifiziert); Deutsche Fassung EN 60335-2-73:2003	DIN EN 60335-2-73: 1997-04 Anmerkung 2.1	01.05.2006
DIN EN 60335-2-74 (VDE 0700-74) September 2003	Sicherheit elektrischer Geräte für den Hausgebrauch und ähnliche Zwecke; Teil 2-74: Besondere Anforderungen für ortsveränderliche Tauchheizgeräte (IEC 60335-2-74:2002); Deutsche Fassung EN 60335-2-74:2003	DIN EN 60335-2-74: 1997-02 Anmerkung 2.1	01.03.2006

Nationale Norm [5)] Ausgabedatum	Titel	Ersetzte Norm	Datum der Beendigung der Konformitätsvermutung für die ersetzte Norm Anmerkung 1
DIN EN 60335-2-75 (VDE 0700-75) September 2005	Sicherheit elektrischer Geräte für den Hausgebrauch und ähnliche Zwecke – Teil 2-75: Besondere Anforderungen für Ausgabegeräte und Warenautomaten für den gewerblichen Gebrauch (IEC 60335-2-75:2002, modifiziert + A1:2004); Deutsche Fassung EN 60335-2-75:2004 + A1:2005	DIN EN 60335-2-75: 2003-04 DIN EN 60335-2-63: 1995-03 Anmerkung 2.1	01.03.2007
		Änderung A1: 2005 Anmerkung 3	01.12.2007
DIN EN 60335-2-75 (VDE 0700-75) Berichtigung 1 Juli 2006	Sicherheit elektrischer Geräte für den Hausgebrauch und ähnliche Zwecke – Teil 2-75: Besondere Anforderungen für Ausgabegeräte und Warenautomaten für den gewerblichen Gebrauch (IEC 60335-2-75:2002, modifiziert + A1:2004); Deutsche Fassung EN 60335-2-75:2004 + A1:2005, Berichtigungen zu DIN EN 60335-2-75 (VDE 0700-75): 2005-09	–	–
DIN EN 60335-2-78 (VDE 0700-78) Februar 2004	Sicherheit elektrischer Geräte für den Hausgebrauch und ähnliche Zwecke – Teil 2-78: Besondere Anforderungen an Barbecue-Grillgeräte zur Verwendung im Freien (IEC 60335-2-78:2002); Deutsche Fassung EN 60335-2-78:2003	DIN EN 60335-2-78: 1997-10 Anmerkung 2.1	01.05.2006
DIN EN 60335-2-79 (VDE 0700-79) Juni 2005[6)]	Sicherheit elektrischer Geräte für den Hausgebrauch und ähnliche Zwecke – Teil 2-79: Besondere Anforderungen für Hochdruckreiniger und Dampfreiniger (IEC 60335-2-79:2002, modifiziert); Deutsche Fassung EN 60335-2-79:2004	DIN EN 60335-2-79: 2001-10 und deren Änderungen Anmerkung 2.1	01.04.2007
DIN EN 60335-2-80 (VDE 0700-80) Dezember 2004	Sicherheit elektrischer Geräte für den Hausgebrauch und ähnliche Zwecke – Teil 2-80: Besondere Anforderungen für Ventilatoren (IEC 60335-2-80:2002 + A1:2004); Deutsche Fassung EN 60335-2-80:2003 + A1:2004	DIN EN 60335-2-80: 1998-04 Anmerkung 2.1	01.03.2006

Nationale Norm [5) Ausgabedatum	Titel	Ersetzte Norm	Datum der Beendigung der Konformitätsvermutung für die ersetzte Norm Anmerkung 1
DIN EN 60335-2-80 (VDE 0700-80) Berichtigung 1 März 2005	Berichtigungen zu DIN EN 60335-2-80 (VDE 0700-80):2004-12	–	–
DIN EN 60335-2-81 (VDE 0700-81) Oktober 2003	Sicherheit elektrischer Geräte für den Hausgebrauch und ähnliche Zwecke; Teil 2-81: Besondere Anforderungen für Fußwärmer und Heizmatten (IEC 60335-2-81:2002); Deutsche Fassung EN 60335-2-81:2003	DIN EN 60335-2-81: 1998-09 Anmerkung 2.1	01.03.2006
DIN EN 60335-2-82 (VDE 0700-82) Mai 2004	Sicherheit elektrischer Geräte für den Hausgebrauch und ähnliche Zwecke – Teil 2-82: Besondere Anforderungen für Dienstleistungs- und Unterhaltungsautomaten (IEC 60335-2-82:2002); Deutsche Fassung EN 60335-2-82:2003	DIN EN 60335-2-82: 2000-11 Anmerkung 2.1	01.05.2006
DIN EN 60335-2-83 (VDE 0700-83) Februar 2003	Sicherheit elektrischer Geräte für den Hausgebrauch und ähnliche Zwecke; Teil 2-83: Besondere Anforderungen für beheizbare Dachabläufe (IEC 60335-2-83:2001); Deutsche Fassung EN 60335-2-83:2002	DIN VDE 0700-233:1998-08	–
DIN EN 60335-2-84 (VDE 0700-84) Februar 2004	Sicherheit elektrischer Geräte für den Hausgebrauch und ähnliche Zwecke – Teil 2-84: Besondere Anforderungen an elektrische Toiletten (IEC 60335-2-84:2002 + Berichtigung 1:2003-08); Deutsche Fassung EN 60335-2-84:2003	DIN EN 60335-2-84: 1999-07 Anmerkung 2.1	01.05.2006
DIN EN 60335-2-85 (VDE 0700-85) Februar 2004	Sicherheit elektrischer Geräte für den Hausgebrauch und ähnliche Zwecke – Teil 2-85: Besondere Anforderungen für Dampfgeräte für Stoffe (IEC 60335-2-85:2002); Deutsche Fassung EN 60335-2-85:2003	DIN EN 60335-2-85: 2001-02 und deren Änderung Anmerkung 2.1	01.05.2006
DIN EN 60335-2-86 (VDE 0686) Februar 2006	Sicherheit elektrischer Geräte für den Hausgebrauch und ähnliche Zwecke – Teil 2-86: Besondere Anforderungen für elektrische Fischereigeräte (IEC 60335-2-86:2002, modifiziert + A1:2005); Deutsche Fassung EN 60335-2-86:2003 + A1:2005	DIN EN 60335-2-86: 2004-03 Anmerkung 2.1	01.08.2007
		Änderung A1: 2005 Anmerkung 3	01.05.2008

Nationale Norm [5)] Ausgabedatum	Titel	Ersetzte Norm	Datum der Beendigung der Konformitätsvermutung für die ersetzte Norm Anmerkung 1
DIN EN 60335-2-87 (VDE 0700-87) Juli 2003	Sicherheit elektrischer Geräte für den Hausgebrauch und ähnliche Zwecke; Teil 2-87: Besondere Anforderungen für elektrische Tierbetäubungsgeräte (IEC 60335-2-87:2002); Deutsche Fassung EN 60335-2-87:2002	DIN EN 60335-2-87: 1999-08 Anmerkung 2.1	01.10.2005
DIN EN 60335-2-88 (VDE 0700-88) September 2003	Sicherheit elektrischer Geräte für den Hausgebrauch und ähnliche Zwecke; Teil 2-88: Besondere Anforderungen für elektrische Luftbefeuchter, die zur Verwendung mit Heiz-, Lüftungs- oder Klimaanlagen bestimmt sind (IEC 60335-2-88:2002); Deutsche Fassung EN 60335-2-88:2002	DIN EN 60335-2-88: 1998-05 Anmerkung 2.1	01.12.2005
DIN EN 60335-2-89 (VDE 0700-89) April 2006	Sicherheit elektrischer Geräte für den Hausgebrauch und ähnliche Zwecke – Teil 2-89: Besondere Anforderungen für gewerbliche Kühl-/Gefriergeräte mit eingebautem oder getrenntem Verflüssigersatz oder Motorverdichter (IEC 60335-2-89:2002 + A1:2005 + Corrigendum 1:2005); Deutsche Fassung EN 60335-2-89:2002 + A11:2004 + A1:2005	DIN EN 60335-2-89: 2003-07	–
		Änderung A1: 2005 Anmerkung 3	01.02.2008
DIN EN 60335-2-90 (VDE 0700-90) Mai 2004 [6)]	Sicherheit elektrischer Geräte für den Hausgebrauch und ähnliche Zwecke – Teil 2-90: Besondere Anforderungen für gewerbliche Mikrowellenkochgeräte (IEC 60335-2-90:2002 + A1:2003); Deutsche Fassung EN 60335-2-90:2002 + A1:2003 + Corrigendum November 2003	DIN EN 60335-2-90: 2003-07 Anmerkung 2.1	01.10.2005
DIN EN 60335-2-96 (VDE 0700-96) Juli 2004	Sicherheit elektrischer Geräte für den Hausgebrauch und ähnliche Zwecke – Teil 2-96: Besondere Anforderungen für Flächenheizelemente (IEC 60335-2-96:2002 + A1:2003); Deutsche Fassung EN 60335-2-96:2002 + A1:2004	DIN EN 60335-2-96: 2003-07	–

Nationale Norm[5] Ausgabedatum	Titel	Ersetzte Norm	Datum der Beendigung der Konformitätsvermutung für die ersetzte Norm Anmerkung 1
DIN EN 60335-2-97 (VDE 0700-97) Mai 2001	Sicherheit elektrischer Geräte für den Hausgebrauch und ähnliche Zwecke; Teil 2-97: Besondere Anforderungen für Rollläden, Markisen, Jalousien und ähnliche Einrichtungen (IEC 60335-2-97:1998, modifiziert); Deutsche Fassung EN 60335-2-97:2000	Keine	–
DIN EN 60335-2-98 (VDE 0700-98) Mai 2004	Sicherheit elektrischer Geräte für den Hausgebrauch und ähnliche Zwecke – Teil 2-98: Besondere Anforderungen für Luftbefeuchter (IEC 60335-2-98:2002); Deutsche Fassung EN 60335-2-98:2003	DIN EN 60335-2-98: 2000-08 und deren Änderung Anmerkung 2.1	01.05.2006
DIN EN 60335-2-98/A1 (VDE 0700-98/A1) Oktober 2005	Sicherheit elektrischer Geräte für den Hausgebrauch und ähnliche Zwecke – Teil 2-98: Besondere Anforderungen für Luftbefeuchter (IEC 60335-2-98:2002/A1:2004); Deutsche Fassung EN 60335-2-98:2003/A1:2005	Anmerkung 3	01.12.2007
DIN EN 60335-2-99 (VDE 0700-99) April 2004	Sicherheit elektrischer Geräte für den Hausgebrauch und ähnliche Zwecke – Teil 2-99: Besondere Anforderungen für elektrische Dunstabzugshauben für den gewerblichen Gebrauch (IEC 60335-2-99:2003); Deutsche Fassung EN 60335-2-99:2003	Keine	–
DIN EN 60335-2-101 (VDE 0700-101) Juli 2003	Sicherheit elektrischer Geräte für den Hausgebrauch und ähnliche Zwecke; Teil 2-101: Besondere Anforderungen für Verdampfungsgeräte (IEC 60335-2-101:2002); Deutsche Fassung EN 60335-2-101:2002	Keine	–
DIN EN 60335-2-105 (VDE 0700-105) September 2005	Sicherheit elektrischer Geräte für den Hausgebrauch und ähnliche Zwecke – Teil 2-105: Besondere Anforderungen für multifunktionelle Duscheinrichtungen (IEC 60335-2-105:2004); Deutsche Fassung EN 60335-2-105:2005	Keine	–

Nationale Norm [5) Ausgabedatum	Titel	Ersetzte Norm	Datum der Beendigung der Konformitätsvermutung für die ersetzte Norm Anmerkung 1
DIN EN 60360 Januar 1999	Standardverfahren zur Messung der Lampensockel-Übertemperatur (IEC 60360:1998); Deutsche Fassung EN 60360:1998	DIN EN 60360: 1990-02 DIN EN 60360/A1: 1995-02 DIN EN 60360/A2: 1997-07 Anmerkung 2.1	01.05.2001
DIN EN 60399 April 2005	Mantelgewinde für Lampenfassungen mit Schirmträgerring (IEC 60399:2004); Deutsche Fassung EN 60399:2004	DIN EN 60399: 1999-08 und deren Änderungen Anmerkung 2.1	01.10.2007
DIN EN 60400 (VDE 0616-3) Mai 2005	Lampenfassungen für röhrenförmige Leuchtstofflampen und Starterfassungen (IEC 60400:1999, modifiziert + A1:2002 + A2:2004); Deutsche Fassung EN 60400:2000 + A1:2002 + Corrigendum Juli 2003 + A2:2004	DIN EN 60400: 2003-03 und deren Änderungen Anmerkung 2.1	01.01.2007
		Änderung A2: 2004 Anmerkung 3	01.10.2007
DIN EN 60432-1 (VDE 0715-1) September 2005	Glühlampen – Sicherheitsanforderungen – Teil 1: Glühlampen für den Hausgebrauch und ähnliche allgemeine Beleuchtungszwecke (IEC 60432-1:1999, modifiziert + A1:2005); Deutsche Fassung EN 60432-1:2000 + A1:2005	DIN EN 60432-1: 2000-10 und deren Änderungen Anmerkung 2.1 Änderung A1: 2005 Anmerkung 3	01.01.2003 01.04.2008
DIN EN 60432-2 (VDE 0715-2) März 2006	Glühlampen – Sicherheitsanforderungen – Teil 2: Halogen-Glühlampen für den Hausgebrauch und ähnliche allgemeine Beleuchtungszwecke (IEC 60432-2:1999, modifiziert + A1:2005, modifiziert); Deutsche Fassung EN 60432-2:2000 + A1:2005	DIN EN 60432-2: 2000-10 und deren Änderungen Anmerkung 2.1	01.01.2003
		Änderung A1: 2005 Anmerkung 3	01.09.2008
DIN EN 60432-3 (VDE 0715-11) September 2005	Glühlampen – Sicherheitsanforderungen; Teil 3: Halogen-Glühlampen (Fahrzeuglampen ausgenommen) (IEC 60432-3:2002 + A1:2005); Deutsche Fassung EN 60432-3:2003 + A1:2005	DIN EN 60432-3: 2003-09	–
		Änderung A1: 2005 Anmerkung 3	01.04.2008

Nationale Norm[5] Ausgabedatum	Titel	Ersetzte Norm	Datum der Beendigung der Konformitätsvermutung für die ersetzte Norm Anmerkung 1
DIN EN 60439-1 (VDE 0660-500) Januar 2005	Niederspannungs-Schaltgerätekombinationen – Teil 1: Typgeprüfte und partiell typgeprüfte Kombinationen (IEC 60439-1:1999 + A1:2004); Deutsche Fassung EN 60439-1:1999 + A1:2004	DIN EN 60439-1: 2000-08 und deren Änderungen Anmerkung 2.1	01.08.2002
DIN EN 60439-2 (VDE 0660-502) Juli 2006	Niederspannungs-Schaltgerätekombinationen – Teil 2: Besondere Anforderungen an Schienenverteiler (IEC 60439-2:2000 + A1:2005); Deutsche Fassung EN 60439-2:2000 + A1:2005	DIN EN 60439-2: 2001-01 Anmerkung 2.1	01.04.2003
		Änderung A1: 2005 Anmerkung 3	01.10.2008
DIN EN 60439-3 (VDE 0660-504) Mai 2002	Niederspannungs-Schaltgerätekombinationen; Teil 3: Besondere Anforderungen an Niederspannungs-Schaltgerätekombinationen, zu deren Bedienung Laien Zutritt haben – Installationsverteiler (IEC 60439-3:1990 + A1:1993 + A2:2001); Deutsche Fassung EN 60439-3:1991 + Corrigendum 1994 + A1:1994 + A2:2001	DIN VDE 0660-504:1992-04 DIN EN 60439-3/A1: 1994-10	–
DIN EN 60439-4 (VDE 0660-501) Juni 2005	Niederspannungs-Schaltgerätekombinationen – Teil 4: Besondere Anforderungen an Baustromverteiler (BV) (IEC 60439-4:2004); Deutsche Fassung EN 60439-4:2004	DIN EN 60439-4: 2000-05 und deren Änderungen Anmerkung 2.1	01.09.2007
DIN EN 60439-5 (VDE 0660-503) Februar 1997[6]	Niederspannung-Schaltgerätekombinationen; Teil 5: Besondere Anforderungen an Niederspannung-Schaltgerätekombinationen, die im Freien an öffentlich zugängigen Plätzen aufgestellt werden; Kabelverteilerschränke (KVS) in Energieversorgungsnetzen (IEC 439-5:1996); Deutsche Fassung EN 60439-5:1996	DIN VDE 0660-503:1986-07	–

Nationale Norm [5) Ausgabedatum	Titel	Ersetzte Norm	Datum der Beendigung der Konformitätsvermutung für die ersetzte Norm Anmerkung 1
DIN EN 60439-5/A1 (VDE 0660-503/A1) Mai 1999	Niederspannungs-Schaltgerätekombinationen; Teil 5: Besondere Anforderungen an Niederspannungs-Schaltgerätekombinationen, die im Freien an öffentlich zugängigen Plätzen aufgestellt werden; Kabelverteilerschränke (KVS) in Energieversorgungsnetzen (IEC 60439-5:1996/A1: 1998); Deutsche Fassung EN 60439-5:1996/A1:1998	Anmerkung 3	01.05.2001
DIN EN 60446 (VDE 0198) Oktober 1999	Grund- und Sicherheitsregeln für die Mensch-Maschine-Schnittstelle; Kennzeichnung von Leitern durch Farben oder numerische Zeichen (IEC 60446:1999); Deutsche Fassung EN 60446:1999	DIN 40705: 1980-02 Anmerkung 2.1	01.04.2002
DIN EN 60477 März 1999	Gleichstrom-Messwiderstände (IEC 60477:1974 + A1:1997); Deutsche Fassung EN 60477:1997 + A1:1997	DIN 43783-1: 1976-11	–
DIN EN 60477-2 März 1999	Messwiderstände; Teil 2: Wechselstrom-Messwiderstände (IEC 60477-2:1979 + A1:1997); Deutsche Fassung EN 60477-2:1997 + A1:1997	DIN IEC 60477-2: 1981-05	–
DIN EN 60519-1 (VDE 0721-1) Mai 2004	Sicherheit in Elektrowärmeanlagen – Teil 1: Allgemeine Anforderungen (IEC 60519-1:2003); Deutsche Fassung EN 60519-1:2003	DIN EN 60519-1: 1995-08 Anmerkung 2.1	01.10.2006
DIN EN 60519-2 (VDE 0721-411) März 1995[6)]	Sicherheit in Elektrowärmeanlagen; Teil 2: Besondere Bestimmungen für Einrichtungen mit Widerstandserwärmung (IEC 519-2:1992); Deutsche Fassung EN 60519-2:1993	Keine	–
DIN EN 60519-3 (VDE 0721-3) Januar 2006	Sicherheit in Elektrowärmeanlagen – Teil 3: Besondere Anforderungen an induktive und konduktive Erwärmungsanlagen und an Induktionsschmelzanlagen (IEC 60519-3:2005); Deutsche Fassung EN 60519-3:2005	DIN EN 60519-3: 1996-11 Anmerkung 2.1	01.04.2008

Nationale Norm [5] Ausgabedatum	Titel	Ersetzte Norm	Datum der Beendigung der Konformitätsvermutung für die ersetzte Norm Anmerkung 1
DIN EN 60519-4 (VDE 0721-4) September 2000 [6]	Sicherheit in Elektrowärmeanlagen; Teil 4: Besondere Bestimmungen für Lichtbogenofenanlagen (IEC 60519-4:1995 + A1:2000) Deutsche Fassung EN 60519-4:1997 + A1:2000	DIN EN 60519-4: 1997-12	–
DIN EN 60519-6 (VDE 0721-6) April 2003	Sicherheit in Elektrowärmeanlagen; Teil 6: Sicherheitsanforderungen für industrielle Mikrowellen-Erwärmungseinrichtungen (IEC 60519-6:2002); Deutsche Fassung EN 60519-6:2002	Keine	–
DIN EN 60519-8 (VDE 0721-8) Juni 2006	Sicherheit in Elektrowärmeanlagen – Teil 8: Besondere Anforderungen an Elektroschlacke-Umschmelzöfen (IEC 60519-8:2005); Deutsche Fassung EN 60519-8:2005	Keine	–
DIN EN 60519-9 (VDE 0721-9) Juni 2006	Sicherheit in Elektrowärmeanlagen – Teil 9: Besondere Anforderungen an kapazitive Hochfrequenz-Erwärmungsanlagen (IEC 60519-9:2005); Deutsche Fassung EN 60519-9:2005	DIN EN 60519-9: 1996-11 Anmerkung 2.1	01.10.2008
DIN EN 60519-10 (VDE 0721-10) Mai 2006	Sicherheit in Elektrowärmeanlagen – Teil 10: Besondere Anforderungen an elektrische Trace-Widerstandsheizungen für industrielle und gewerbliche Zwecke (IEC 60519-10:2005); Deutsche Fassung EN 60519-10:2005	Keine	–
DIN EN 60519-11 (VDE 0721-11) Januar 1998	Sicherheit in Elektrowärmeanlagen; Teil 11: Besondere Anforderungen an Anlagen zum elektromagnetischen Rühren, Fördern und Gießen flüssiger Metalle (IEC 60519-11:1997); Deutsche Fassung EN 60519-11:1997	Keine	–
DIN EN 60519-21 (VDE 0721-21) Oktober 1998	Sicherheit in Elektrowärmeanlagen; Teil 21: Besondere Anforderungen für Einrichtungen mit Widerstandserwärmung – Einrichtungen zum Erwärmen und Schmelzen von Glas (IEC 60519-21:1998); Deutsche Fassung EN 60519-21:1998	Keine	–

Nationale Norm [5)] Ausgabedatum	Titel	Ersetzte Norm	Datum der Beendigung der Konformitätsvermutung für die ersetzte Norm Anmerkung 1
DIN EN 60523 August 1994	Gleichspannungs-Kompensatoren (IEC 523:1975 + A1:1979 + Berichtigung:1980); Deutsche Fassung EN 60523:1993	DIN IEC 523: 1979-02	–
DIN EN 60523/A2 Januar 1999	Gleichspannungs-Kompensatoren (IEC 60523:1975/A2:1997); Deutsche Fassung EN 60523:1993/ A2:1997	Anmerkung 3	01.07.1998
DIN EN 60524 August 1994	Gleichspannungs-Widerstandsteiler (IEC 524:1975 + A1:1981); Deutsche Fassung EN 60524:1993	DIN IEC 524: 1979-02	–
DIN EN 60524/A2 Januar 1999	Gleichspannungs-Widerstandsteiler (IEC 60524:1975/A2:1997); Deutsche Fassung EN 60524:1993/ A2:1997	Anmerkung 3	01.07.1998
DIN EN 60529 **(VDE 0470-1)** September 2000	Schutzarten durch Gehäuse (IP-Code) (IEC 60529:1989 + A1:1999); Deutsche Fassung EN 60529:1991 + A1:2000	DIN VDE 0470-1: 1992-11	–
DIN EN 60564 August 1994	Gleichstrom-Widerstandsmessbrücken (IEC 564:1977 + A1:1981); Deutsche Fassung EN 60564:1993	IEC 564:1980-03	–
DIN EN 60564/A2 Januar 1999	Gleichstrom-Widerstandsmessbrücken (IEC 60564:1977/A2:1997); Deutsche Fassung EN 60564:1993/ A2:1997	Anmerkung 3	01.07.2003
DIN EN 60570 **(VDE 0711-300)** Januar 2004	Elektrische Stromschienensysteme für Leuchten (IEC 60570:2003, modifiziert); Deutsche Fassung EN 60570:2003	DIN EN 60570: 2001-11 und deren Änderungen DIN EN 60570-2-1: 1995-04 und deren Änderung Anmerkung 2.1	01.03.2010
DIN EN 60598-1 **(VDE 0711-1)** März 2005	Leuchten – Teil 1: Allgemeine Anforderungen und Prüfungen (IEC 60598-1:2003, modifiziert); Deutsche Fassung EN 60598-1:2004	DIN EN 60598-1: 2001-06 DIN EN 60598-1/ A12: 2002-11 Anmerkung 2.1	01.07.2007

Nationale Norm[5] Ausgabedatum	Titel	Ersetzte Norm	Datum der Beendigung der Konformitätsvermutung für die ersetzte Norm Anmerkung 1
DIN EN 60598-2-2 (VDE 0711-202) April 1997	Leuchten; Teil 2: Besondere Anforderungen; Hauptabschnitt 2: Einbauleuchten (IEC 598-2-2:1996); Deutsche Fassung EN 60598-2-2:1996	DIN VDE 0711-202:1991-09 Anmerkung 2.1	01.04.2002
DIN EN 60598-2-2/A1 (VDE 0711-202/A1) November 1997	Leuchten; Teil 2: Besondere Anforderungen; Hauptabschnitt 2: Einbauleuchten (IEC 60598-2-2:1996/A1:1997); Deutsche Fassung EN 60598-2-2/A1:1997	Anmerkung 3	01.12.2002
DIN EN 60598-2-3 (VDE 0711-2-3) Juli 2003	Leuchten; Teil 2-3: Besondere Anforderungen; Leuchten für Straßen- und Wegebeleuchtung (IEC 60598-2-3:2002); Deutsche Fassung EN 60598-2-3:2003	DIN EN 60598-2-3: 2001-11 und deren Änderungen Anmerkung 2.1	01.02.2010
DIN EN 60598-2-3 (VDE 0711-2-3) Berichtigung 1 November 2005	Leuchten; Teil 2-3: Besondere Anforderungen; Leuchten für Straßen- und Wegebeleuchtung (IEC 60598-2-3:2002); Deutsche Fassung EN 60598-2-3:2003; Berichtigungen zu DIN EN 60598-2-3 (VDE 0711-2-3):2003-07	–	–
DIN EN 60598-2-4 (VDE 0711-2-4) Mai 1998	Leuchten; Teil 2: Besondere Anforderungen; Hauptabschnitt 4: Ortsveränderliche Leuchten für allgemeine Zwecke (IEC 60598-2-4:1997); Deutsche Fassung EN 60598-2-4:1997	DIN VDE 0711-204:1991-09 DIN EN 60598-2-4 A3:1995-08 Anmerkung 2.1	01.04.2005
DIN EN 60598-2-5 (VDE 0711-2-5) November 1998	Leuchten; Teil 2-5: Besondere Anforderungen; Scheinwerfer (IEC 60598-2-5:1998); Deutsche Fassung EN 60598-2-5:1998	DIN VDE 0711-205:1991-09 DIN EN 60598-2-5 A2:1996-03 Anmerkung 2.1	01.04.2005
DIN EN 60598-2-5 (VDE 0711-2-5) Berichtigung 1 August 1999	Berichtigungen zu DIN EN 60598-2-5 (VDE 0711-2-5):1998-11; CENELEC-Corrigendum zu EN 60598-2-5:1998	–	–
DIN EN 60598-2-6 (VDE 0711-206) Oktober 1995	Leuchten; Teil 2: Besondere Anforderungen; Hauptabschnitt 6: Leuchten mit eingebauten Transformatoren für Glühlampen (IEC 598-2-6:1994); Deutsche Fassung EN 60598-2-6:1994	DIN VDE 0711-206/+A2: 1991-09 Anmerkung 2.1	01.07.2000

Nationale Norm [5)] Ausgabedatum	Titel	Ersetzte Norm	Datum der Beendigung der Konformitätsvermutung für die ersetzte Norm Anmerkung 1
DIN EN 60598-2-6/A1 (VDE 0711-206/A1) September 1997	Leuchten; Teil 2: Besondere Anforderungen; Hauptabschnitt 6: Leuchten mit eingebauten Transformatoren oder Konvertern für Glühlampen (IEC 598-2-6:1994/A1:1996); Deutsche Fassung EN 60598-2-6/A1:1997	Anmerkung 3	01.09.2002
DIN EN 60598-2-7/A2 (VDE 0711-207/A2) April 1997	Leuchten; Teil 2: Besondere Anforderungen; Hauptabschnitt 7: Ortsveränderliche Gartenleuchten (IEC 598-2-7:1982/A2:1994, modifiziert); Deutsche Fassung EN 60598-2-7/A2:1996	Anmerkung 3	01.03.2002
DIN EN 60598-2-7/A2 (VDE 0711-207/A2) Berichtigung 1 August 1999	Berichtigungen zu DIN EN 60598-2-7/A2 (VDE 0711-207/A2):1997-04; CENELEC-Corrigendum zu EN 60598-2-7:1989/A2:1996	–	–
DIN EN 60598-2-7/A13 (VDE 0711-207/A13) Dezember 1997	Leuchten; Teil 2: Besondere Anforderungen; Hauptabschnitt 7: Ortsveränderliche Gartenleuchten; Deutsche Fassung EN 60598-2-7/A13:1997	Anmerkung 3	–
DIN EN 60598-2-8 (VDE 0711-2-8) Mai 2001	Leuchten; Teil 2: Besondere Anforderungen – Hauptabschnitt 8: Handleuchten (IEC 60598-2-8:1996, modifiziert + A1:2000); Deutsche Fassung EN 60598-2-8:1997 + A1:2000	DIN EN 60598-2-8: 1997-12 Anmerkung 2.1	01.03.2003
DIN EN 60598-2-9/A1 (VDE 0711-209/A1) März 1996	Leuchten; Teil 2: Besondere Anforderungen; Hauptabschnitt Neun: Photo- und Filmaufnahmeleuchten (nicht professionelle Anwendung) (IEC 598-2-9:1987/A1:1993); Deutsche Fassung EN 60598-2-9/A1:1994	Anmerkung 3	01.04.2000
DIN EN 60598-2-10 (VDE 0711-2-10) März 2004	Leuchten – Teil 2-10: Besondere Anforderungen – Ortsveränderliche Leuchten für Kinder (IEC 60598-2-10:2003); Deutsche Fassung EN 60598-2-10:2003	DIN VDE 0711-210:1991-10 DIN EN 60598-2-10/A2: 1995-12	–

Nationale Norm [5) Ausgabedatum	Titel	Ersetzte Norm	Datum der Beendigung der Konformitätsvermutung für die ersetzte Norm Anmerkung 1
DIN EN 60598-2-10 (VDE 0711-2-10) Berichtigung 1 November 2005	Leuchten – Teil 2-10: Besondere Anforderungen – Ortsveränderliche Leuchten für Kinder (IEC 60598-2-10: 2003); Deutsche Fassung EN 60598-2-10: 2003, Berichtigungen zu DIN EN 60598-2-10 (VDE 0711-2-10):2004-03	–	–
DIN EN 60598-2-11 (VDE 0711-2-11) September 2005	Leuchten – Teil 2-11: Besondere Anforderungen – Aquarienleuchten (IEC 60598-2-11:2005); Deutsche Fassung EN 60598-2-11:2005	Keine	–
DIN EN 60598-2-11 (VDE 0711-2-11) Berichtigung 1 Januar 2006	Leuchten – Teil 2-11: Besondere Anforderungen – Aquarienleuchten (IEC 60598-2-11:2005); Deutsche Fassung EN 60598-2-11: 2005, Berichtigungen zu DIN EN 60598-2-11 (VDE 0711-2-11):2005-09	–	–
DIN EN 60598-2-19/A2 (VDE 0711-2-19/A2) April 1999	Leuchten; Teil 2: Besondere Anforderungen; Hauptabschnitt 19: Luftführende Leuchten (Sicherheitsanforderungen) (IEC 60598-2-19:1981/A2:1997); Deutsche Fassung EN 60598-2-19/A2:1998	Anmerkung 3	01.10.1998
DIN EN 60598-2-20 (VDE 0711-2-20) August 2004	Leuchten – Teil 2-20: Besondere Anforderungen (IEC 60598-2-20:1996, modifiziert + A1:1998, modifiziert + A2:2002, modifiziert); Deutsche Fassung EN 60598-2-20:1997 + A1:1998 + Corrigendum Dezember 1998 + A2:2004	DIN VDE 0711-220+A11: 1992/12: 1992 Anmerkung 2.1 DIN EN 60598-2-20: 1998-07 DIN EN 60598-2-20/A1: 1998-12 DIN EN 60598-2-20/A1 Berichtigung 1: 1999-08	01.04.2003 –
DIN EN 60598-2-20 (VDE 0711-2-20) Berichtigung 1 Dezember 2004	Berichtigungen zu DIN EN 60598-2-20 (VDE 0711 Teil 2-20):2004-08 – Corrigendum zu EN 60598-2-20:1997/A2:2004	–	–

Nationale Norm [5) Ausgabedatum	Titel	Ersetzte Norm	Datum der Beendigung der Konformitätsvermutung für die ersetzte Norm Anmerkung 1
DIN EN 60598-2-22 (VDE 0711-2-22) Juni 2003	Leuchten; Teil 2-22: Besondere Anforderungen – Leuchten für Notbeleuchtung (IEC 60598-2-22:1997, modifiziert + A1:2002); Deutsche Fassung EN 60598-2-22:1998 + Corrigendum 1999 + A1:2003	DIN EN 60598-2-22: 1999-04 Anmerkung 2.1	01.03.2007
		Änderung A1: 2003 Anmerkung 3	01.10.2009
DIN EN 60598-2-22 (VDE 0711-2-22) Berichtigung 1 April 2006	Leuchten – Teil 2-22: Besondere Anforderungen – Leuchten für Notbeleuchtung (IEC 60598-2-22:1997, modifiziert + A1:2002); Deutsche Fassung EN 60598-2-22:1998 + Corrigendum 1999 + A1:2003, Berichtigungen zu DIN EN 60598-2-22 (VDE 0711-2-22):2003-06; CENELEC-Corrigendum Dezember 2005 zu EN 60598-2-22:1998	–	–
DIN EN 60598-2-23 (VDE 0711-2-23) Juni 2001	Leuchten; Teil 2-23: Besondere Anforderungen; Kleinspannungsbeleuchtungssysteme für Glühlampen (IEC 60598-2-23:1996 + A1:2000); Deutsche Fassung EN 60598-2-23:1996 + A1:2000	DIN EN 60598-2-23: 1997-03	–
DIN EN 60598-2-24 (VDE 0711-2-24) Juli 1999	Leuchten; Teil 2: Besondere Anforderungen; Hauptabschnitt 24: Leuchten mit begrenzter Oberflächentemperatur (IEC 60598-2-24:1997, modifiziert); Deutsche Fassung EN 60598-2-24:1998	DIN 57710-5: 1983-02	–
DIN EN 60598-2-25 (VDE 0711-2-25) Juli 2005	Leuchten; Teil 2-25: Besondere Anforderungen – Leuchten zur Verwendung in klinischen Bereichen von Krankenhäusern und Gebäuden zur Gesundheitsfürsorge (IEC 60598-2-25:1994 + Corrigendum 1994 + A1:2004); Deutsche Fassung EN 60598-2-25:1994 + A1:2004	DIN EN 60598-2-25: 1995-04	–
		Änderung A1: 2004 Anmerkung 3	01.11.2011
DIN EN 60618 März 1999	Induktive Spannungsteiler (IEC 60618:1978 + A1:1981 + A2:1997); Deutsche Fassung EN 60618:1997 + A2:1997	Keine	–

Nationale Norm [5) Ausgabedatum	Titel	Ersetzte Norm	Datum der Beendigung der Konformitätsvermutung für die ersetzte Norm Anmerkung 1
DIN EN 60645-1 September 2002	Akustik; Audiometer; Teil 1: Reinton-Audiometer (IEC 60645-1:2001); Deutsche Fassung EN 60645-1:2001	DIN EN 60645-1: 1994-09 Anmerkung 2.1	01.10.2004
DIN EN 60645-3 Juni 1995	Audiometer; Teil 3: Akustische Kurzzeit-Hörprüfsignale für audiometrische und neuro-otologische Zwecke (IEC 645-3:1994); Deutsche Fassung EN 60645-3:1995	Keine	–
DIN EN 60645-4 Juni 1995	Audiometer; Teil 4: Geräte für die Audiometrie in einem erweiterten Hochtonbereich (IEC 645-4:1994); Deutsche Fassung EN 60645-4:1995	Keine	–
DIN EN 60662 August 1995	Natriumdampf-Hochdrucklampen (IEC 662:1980 1. Ausgabe einschließlich Änderung 1:1986, Änderung 2:1987, Änderung 3:1990, Änderung 4:1992 und Änderung 5:1993, modifiziert); Deutsche Fassung EN 60662:1993 + A4:1994 + A5:1994	DIN EN 60662: 1993-12	–
DIN EN 60662/A6 November 1995	Natriumdampf-Hochdrucklampen (IEC 662:1980/A6:1994); Deutsche Fassung EN 60662:1993/A6:1994	Anmerkung 3	15.07.2000
DIN EN 60662/A7 August 1996	Natriumdampf-Hochdrucklampen (IEC 662:1980/A7:1995); Deutsche Fassung EN 60662:1993/A7:1995	Anmerkung 3	01.09.2001
DIN EN 60662/A9 Februar 1998	Natriumdampf-Hochdrucklampen (IEC 60662:1980/A9:1997); Deutsche Fassung EN 60662:1993/A9:1997	Anmerkung 3	01.04.2003
DIN EN 60662/A10 April 1998	Natriumdampf-Hochdrucklampen (IEC 60662:1980/A10:1997); Deutsche Fassung EN 60662:1993/A10:1997	Anmerkung 3	01.07.2003
DIN EN 60664-1 (VDE 0110-1) November 2003	Isolationskoordination für elektrische Betriebsmittel in Niederspannungsanlagen; Teil 1: Grundsätze, Anforderungen und Prüfungen (IEC 60664-1:1992 + A1:2000 + A2: 2002); Deutsche Fassung EN 60664-1:2003	DIN VDE 0110-1: 1997-04 Anmerkung 2.1	01.04.2006

Nationale Norm [5)] Ausgabedatum	Titel	Ersetzte Norm	Datum der Beendigung der Konformitätsvermutung für die ersetzte Norm Anmerkung 1
DIN EN 60664-3 (VDE 0110-3) September 2003	Isolationskoordination für elektrische Betriebsmittel in Niederspannungsanlagen; Teil 3: Anwendung von Beschichtungen, Eingießen oder Vergießen zum Schutz gegen Verschmutzung (IEC 60664-3:2003); Deutsche Fassung EN 60664-3:2003	DIN VDE 0110-3: 1998-05 Anmerkung 2.1	01.04.2006
DIN EN 60664-4 (VDE 0110-4) Juni 2006	Isolationskoordination für elektrische Betriebsmittel in Niederspannungsanlagen – Teil 4: Berücksichtigung von hochfrequenten Spannungsbeanspruchungen (IEC 60664-4:2005); Deutsche Fassung EN 60664-4:2006	Keine	–
DIN EN 60664-4 (VDE 0110-4) Berichtigung 1 Februar 2007	Isolationskoordination für elektrische Betriebsmittel in Niederspannungsanlagen – Teil 4: Berücksichtigung von hochfrequenten Spannungsbeanspruchungen (IEC 60664-4:2005); Deutsche Fassung EN 60664-4:2006, Berichtigungen zu DIN EN 60664-4 (VDE 0110-4):2006-06; CENELEC-Corrigendum Oktober 2006 zu EN 60664-4:2006	–	–
DIN EN 60664-5 (VDE 0110-5) April 2004	Isolationskoordination für elektrische Betriebsmittel in Niederspannungsanlagen – Teil 5: Ein umfassendes Verfahren zur Bemessung der Luft- und Kriechstrecken für Abstände gleich oder unter 2 mm (IEC 60664-5:2003); Deutsche Fassung EN 60664-5:2003	Keine	–
DIN EN 60669-1 (VDE 0632-1) September 2003	Schalter für Haushalt und ähnliche ortsfeste elektrische Installationen; Teil 1: Allgemeine Anforderungen (IEC 60669-1:1998, modifiziert + A1:1999, modifiziert); Deutsche Fassung EN 60669-1:1999 + A1:2002	DIN EN 60669-1: 2001-01 und deren Änderung Anmerkung 2.1	01.10.2005

Nationale Norm [5)] Ausgabedatum	Titel	Ersetzte Norm	Datum der Beendigung der Konformitätsvermutung für die ersetzte Norm Anmerkung 1
DIN EN 60669-1 (VDE 0632-1) Berichtigung 1 April 2007	Schalter für Haushalt und ähnliche ortsfeste elektrische Installationen – Teil 1: Allgemeine Anforderungen – (IEC 60669-1:1998, modifiziert + A1:1999, modifiziert); Deutsche Fassung EN 60669-1:1999 + A1:2002, Berichtigungen zu DIN EN 60669-1 (VDE 0632-1):2003-09; CENELEC-Corrigendum Januar 2007 zu EN 60669-1:1999 + A1:2002	–	–
DIN EN 60669-2-1 (VDE 0632-2-1) August 2005	Schalter für Haushalt und ähnliche ortsfeste elektrische Installationen – Teil 2-1: Besondere Anforderungen – Elektronische Schalter (IEC 60669-2-1:2002, modifiziert); Deutsche Fassung EN 60669-2-1:2004	DIN EN 60669-2-1: 2002-06 und deren Änderung Anmerkung 2.1	01.07.2009
DIN EN 60669-2-2 (VDE 0632-2-2) Oktober 1997[6)]	Schalter für Haushalt und ähnliche ortsfeste elektrische Installationen; Teil 2: Besondere Anforderungen; Hauptabschnitt 2: Fernschalter (IEC 60669-2-2:1996); Deutsche Fassung EN 60669-2-2:1997	EN 60669-2-2:1996 Anmerkung 2.1	01.06.1999
DIN EN 60669-2-2/A1 (VDE 0632-2-2/A1) Mai 1998	Schalter für Haushalt und ähnliche ortsfeste elektrische Installationen; Teil 2: Besondere Anforderungen – Hauptabschnitt 2: Fernschalter – Änderung 1 (IEC 60669-2-2:1996/A1:1997); Deutsche Fassung EN 60669-2-2:1997/A1:1997	Anmerkung 3	01.06.2004
DIN EN 60669-2-3 (VDE 0632-2-3) Juni 1998[6)]	Schalter für Haushalt und ähnliche ortsfeste elektrische Installationen; Teil 2-3: Besondere Anforderungen; Zeitschalter (IEC 60669-2-3:1997); Deutsche Fassung EN 60669-2-3:1997	DIN EN 60669-2-3:1997-04 Anmerkung 2.1	01.06.1999
DIN EN 60669-2-4 (VDE 0632-2-4) Oktober 2005	Schalter für Haushalt und ähnliche ortsfeste elektrische Installationen – Teil 2-4: Besondere Anforderungen – Trennschalter (IEC 60669-2-4:2004, modifiziert); Deutsche Fassung EN 60669-2-4:2005	Keine	–

Nationale Norm [5)] Ausgabedatum	Titel	Ersetzte Norm	Datum der Beendigung der Konformitätsvermutung für die ersetzte Norm Anmerkung 1
DIN EN 60670-1 (VDE 0606-1) Oktober 2005	Dosen und Gehäuse für Installationsgeräte für Haushalt und ähnliche ortsfeste elektrische Installationen – Teil 1: Allgemeine Anforderungen (IEC 60670-1:2002 + Corrigendum 2003, modifiziert); Deutsche Fassung EN 60670-1:2005	Keine	–
DIN EN 60691 (VDE 0821) Juli 2003[6)]	Temperatursicherungen; Anforderungen und Anwendungshinweise (IEC 60691:2002); Deutsche Fassung EN 60691:2003	DIN EN 60691: 2001-07 und deren Änderung Anmerkung 2.1	01.12.2005
DIN EN 60695-1-1 (VDE 0471-1-1) Oktober 2000	Prüfungen zur Beurteilung der Brandgefahr; Teil 1-1: Anleitung zur Beurteilung der Brandgefahr von elektrotechnischen Erzeugnissen; Allgemeiner Leitfaden (IEC 60695-1-1:1999 + Corrigendum 2000); Deutsche Fassung EN 60695-1-1:2000	DIN EN 60695-1-1: 1996-07 Anmerkung 2.1	01.01.2003
DIN EN 60695-2-10 (VDE 0471-2-10) November 2001	Prüfungen zur Beurteilung der Brandgefahr; Teil 2-10: Prüfungen mit dem Glühdraht; Glühdrahtprüfeinrichtungen und allgemeines Prüfverfahren (IEC 60695-2-10:2000); Deutsche Fassung EN 60695-2-10:2001	DIN EN 60695-2-1/0: 1997-04 Anmerkung 2.1	01.11.2003
DIN EN 60695-2-11 (VDE 0471-2-11) November 2001	Prüfungen zur Beurteilung der Brandgefahr; Teil 2-11: Prüfungen mit dem Glühdraht; Prüfung mit dem Glühdraht zur Entflammbarkeit von Enderzeugnissen (IEC 60695-2-11:2000); Deutsche Fassung EN 60695-2-11:2001	DIN EN 60695-2-1/1: 1997-04 Anmerkung 2.1	01.11.2003
DIN EN 60695-2-12 (VDE 0471-2-12) November 2001	Prüfungen zur Beurteilung der Brandgefahr; Teil 2-12: Prüfungen mit dem Glühdraht; Prüfung mit dem Glühdraht zur Entflammbarkeit von Werkstoffen (IEC 60695-2-12:2000); Deutsche Fassung EN 60695-2-12:2001	DIN EN 60695-2-1/2: 1997-04 Anmerkung 2.1	01.11.2003
DIN EN 60695-2-13 (VDE 0471-2-13) November 2001	Prüfungen zur Beurteilung der Brandgefahr; Teil 2-13: Prüfungen mit dem Glühdraht; Prüfungen mit dem Glühdraht zur Entzündbarkeit von Werkstoffen (IEC 60695-2-13:2000); Deutsche Fassung EN 60695-2-13:2001	DIN EN 60695-2-1/3: 1997-04 Anmerkung 2.1	01.11.2003

Nationale Norm [5) Ausgabedatum	Titel	Ersetzte Norm	Datum der Beendigung der Konformitätsvermutung für die ersetzte Norm Anmerkung 1
DIN EN 60695-10-2 (VDE 0471-10-2) Mai 2004	Prüfungen zur Beurteilung der Brandgefahr – Teil 10-2: Unübliche Wärme – Kugeldruckprüfung (IEC 60695-10-2:2003); Deutsche Fassung EN 60695-10-2:2003	Keine	–
DIN EN 60695-10-3 (VDE 0471-10-3) Mai 2003	Prüfungen zur Beurteilung der Brandgefahr; Teil 10-3: Unübliche Wärme – Prüfung auf Verformung durch Abbau von Formspannungen (IEC 60695-10-3:2002); Deutsche Fassung EN 60695-10-3:2002	Keine	–
DIN EN 60695-11-2 (VDE 0471-11-2) Juni 2004	Prüfungen zur Beurteilung der Brandgefahr – Teil 11-2: Prüfflammen – 1-kW-Flamme (Nennwert) mit Gas/Luft-Gemisch – Prüfaufbau, Vorkehrungen zur Bestätigungsprüfung und Leitfaden (IEC 60695-11-2:2003); Deutsche Fassung EN 60695-11-2:2003	DIN EN 60695-2-4-1: 1994-05 DIN EN 60695-2-4-1/A1: 1996-11 Anmerkung 2.1	01.10.2006
DIN EN 60695-11-5 (VDE 0471-11-5) November 2005	Prüfungen zur Beurteilung der Brandgefahr – Teil 11-5: Prüfflammen – Prüfverfahren mit der Nadelflamme – Versuchsaufbau, Vorkehrungen zur Bestätigungsprüfung und Leitfaden (IEC 60695-11-5:2004); Deutsche Fassung EN 60695-11-5:2005	DIN EN 60695-2-2: 1996-09 und deren Änderung Anmerkung 2.1	01.02.2008
DIN EN 60695-11-10 (VDE 0471-11-10) Mai 2004	Prüfungen zur Beurteilung der Brandgefahr – Teil 11-10: Prüfflammen – Prüfverfahren mit 50-W-Prüfflamme horizontal und vertikal (IEC 60695-11-10:1999 + A1:2003); Deutsche Fassung EN 60695-11-10: 1999 + A1:2003	DIN EN 60695-11-10: 2000-01	–
DIN EN 60695-11-20 (VDE 0471-11-20) Mai 2004	Prüfungen zur Beurteilung der Brandgefahr – Teil 11-20: Prüfflammen – Prüfverfahren mit einer 500-W-Prüfflamme (IEC 60695-11-20:1999 + A1:2003); Deutsche Fassung EN 60695-11-20: 1999 + A1:2003	DIN EN 60695-11-20: 2000-01	–
DIN EN 60702-1 (VDE 0284-1) November 2002	Mineralisolierte Leitungen mit einer Bemessungsspannung bis 750 V; Teil 1: Leitungen (IEC 60702-1:2002); Deutsche Fassung EN 60702-1:2002	DIN VDE 0284-1:1995-02 Anmerkung 2.1	01.03.2005

Nationale Norm [5)] Ausgabedatum	Titel	Ersetzte Norm	Datum der Beendigung der Konformitätsvermutung für die ersetzte Norm Anmerkung 1
DIN EN 60702-2 (VDE 0284-2) November 2002	Mineralisolierte Leitungen mit einer Bemessungsspannung bis 750 V; Teil 2: Endverschlüsse (IEC 60702-2:2002); Deutsche Fassung EN 60702-2:2002	DIN VDE 0284-2:1995-04 Anmerkung 2.1	01.03.2005
DIN EN 60715 September 2001	Abmessungen von Niederspannungsschaltgeräten; Genormte Tragschienen für die mechanische Befestigung von elektrischen Geräten in Schaltanlagen (IEC 60715:1981 + A1:1995); Deutsche Fassung EN 60715:2001	Keine	–
DIN EN 60719 (VDE 0299-2) Februar 1994	Berechnung der unteren und oberen Grenzen der mittleren Außenmaße von Leitungen mit runden Kupferleitern und Nennspannungen bis 450/750 V (IEC 719:1992); Deutsche Fassung EN 60719:1993	Keine	–
DIN EN 60728-11 (VDE 0855-1) Oktober 2005	Kabelnetze für Fernsehsignale, Tonsignale und interaktive Dienste – Teil 11: Sicherheitsanforderungen (IEC 60728-11:2005); Deutsche Fassung EN 60728-11:2005	DIN EN 50083-1:1994-03 DIN EN 50083-1 A1:1991-01 DIN EN 50083-1 A2:1998-06 DIN EN 50083-1 Berichtigung 1: 2001-01 Anmerkung 2.1	01.04.2008

Nationale Norm [5] Ausgabedatum	Titel	Ersetzte Norm	Datum der Beendigung der Konformitätsvermutung für die ersetzte Norm Anmerkung 1
DIN EN 60730-1 (VDE 0631-1) Dezember 2005	Automatische elektrische Regel- und Steuergeräte für den Hausgebrauch und ähnliche Anwendungen – Teil 1: Allgemeine Anforderungen (IEC 60730-1:1999, modifiziert + A1:2003, modifiziert); Deutsche Fassung EN 60730-1:2000 + A1:2004 + A12:2003 + A13:2004 + A14:2005	DIN EN 60730-1: 2002-01 DIN EN 60730-1 Berichtigung 1: 2002-08 DIN EN 60730-1/ A11: 2002-09 DIN EN 60730-1/ A12: 2004-05 Anmerkung 2.1	–
		Änderung A13: 2004 Anmerkung 3	01.09.2007
		Änderung A11: 2002 Anmerkung 3	01.02.2009
		Änderung A12: 2003 Anmerkung 3	01.06.2010
		Änderung A14: 2005 Anmerkung 3	01.06.2010
DIN EN 60730-2-1 (VDE 0631-2-1) Juli 1997	Automatische elektrische Regel- und Steuergeräte für den Hausgebrauch und ähnliche Anwendungen; Teil 2: Besondere Anforderungen an Regel- und Steuergeräte für elektrische Haushaltgeräte (IEC 730-2-1:1989, modifiziert); Deutsche Fassung EN 60730-2-1:1997	DIN EN 60730-2-1:1993-06 DIN EN 60730-2-1/ A12: 1994-02 DIN EN 60730-2-1/ A13: 1996-06 Anmerkung 2.1	01.04.2004
DIN EN 60730-2-1 (VDE 0631-2-1) Berichtigung 1 September 2001	Berichtigungen zu DIN EN 60730-2-1 (VDE 0631-2-1):1997-07	–	–
DIN EN 60730-2-1/A11 (VDE 0631-2-1/A11) November 2005	Automatische elektrische Regel- und Steuergeräte für den Hausgebrauch und ähnliche Anwendungen – Teil 2.1: Besondere Anforderungen an Regel- und Steuergeräte für elektrische Haushaltsgeräte; Deutsche Fassung EN 60730-2-1:1997/ A11:2005	Anmerkung 3	01.03.2009

Nationale Norm [5)] Ausgabedatum	Titel	Ersetzte Norm	Datum der Beendigung der Konformitätsvermutung für die ersetzte Norm Anmerkung 1
DIN EN 60730-2-2 (VDE 0631-2-2) September 2006	Automatische elektrische Regel- und Steuergeräte für den Hausgebrauch und ähnliche Anwendungen – Teil 2-2: Besondere Anforderungen an thermisch wirkende Motorschutzeinrichtungen (IEC 60730-2-2:2001, modifiziert + A1:2005, modifiziert); Deutsche Fassung EN 60730-2-2:2002 + A1:2006 + A11:2005	DIN EN 60730-2-2: 2002-09 und deren Änderungen Anmerkung 2.1	01.03.2009
		Änderung A1: 2006 Anmerkung 3	01.03.2009
		Änderung A11: 2005 Anmerkung 3	01.03.2009
DIN EN 60730-2-3 (VDE 0631-2-3) Februar 2002	Automatische elektrische Regel- und Steuergeräte für den Hausgebrauch und ähnliche Anwendungen; Teil 2-3: Besondere Anforderungen an thermische Schutzeinrichtungen für Vorschaltgeräte für röhrenförmige Leuchtstofflampen (IEC 60730-2-3:1990, mod. + A1:1995, mod. + A2:2001); Deutsche Fassung EN 60730-2-3:1992 + A1:1998 + A2:2001	DIN EN 60730-2-3:1993-06 DIN EN 60730-2-3 Berichtigung 1: 2001-10 DIN EN 60730-2-3/ A1:1998-11 DIN EN 60730-2-3/ A1 Berichtigung 1: 2001-10	–
		Änderung A2: 2001 Anmerkung 3	01.07.2008 –
DIN EN 60730-2-3/A11 (VDE 0631-2-3/A11) November 2005	Automatische elektrische Regel- und Steuergeräte für den Hausgebrauch und ähnliche Anwendungen – Teil 2-3: Besondere Anforderungen an thermische Schutzeinrichtungen für Vorschaltgeräte für röhrenförmige Leuchtstofflampen; Deutsche Fassung EN 60730-2-3:1992/ A11:2005	Anmerkung 3	01.07.2008
DIN EN 60730-2-4 (VDE 0631-2-4) Juli 2003	Automatische elektrische Regel- und Steuergeräte für den Hausgebrauch und ähnliche Anwendungen; Teil 2-4: Besondere Anforderungen an thermische Motorschutzeinrichtungen für hermetisch und halbhermetisch gekapselte Motorverdichter (IEC 60730-2-4:1990, modifiziert + A1:1994 + A2:2001, modifiziert); Deutsche Fassung EN 60730-2-4:1993 + A1:1998 + A2:2002	DIN EN 60730-2-4: 1994-02 DIN EN 60730-2-4 Berichtigung 1: 2001-10 DIN EN 60730-2-4/ A1: 1998-11 DIN EN 60730-2-4/ A1 Berichtigung 1: 2001-10	–
		Änderung A2: 2002 Anmerkung 3	01.10.2009

Nationale Norm [5] Ausgabedatum	Titel	Ersetzte Norm	Datum der Beendigung der Konformitätsvermutung für die ersetzte Norm Anmerkung 1
DIN EN 60730-2-5 (VDE 0631-2-5) Mai 2005	Automatische elektrische Regel- und Steuergeräte für den Hausgebrauch und ähnliche Anwendungen – Teil 2-5: Besondere Anforderungen an automatische elektrische Brenner-Steuerungs- und Überwachungssysteme (IEC 60730-2-5:2000, modifiziert + A1:2004, modifiziert); Deutsche Fassung EN 60730-2-5:2002 + A1:2004 + A11:2005	DIN EN 60730-2-5: 2003-03 und deren Änderungen Anmerkung 2.1	01.12.2008
		Änderung A1: 2004 Anmerkung 3	01.12.2008
		Änderung A11: 2005 Anmerkung 3	01.12.2008
DIN EN 60730-2-6 (VDE 0631-2-6) Oktober 1995	Automatische elektrische Regel- und Steuergeräte für den Hausgebrauch und ähnliche Anwendungen; Teil 2: Besondere Anforderungen an automatische elektrische Druckregel- und Steuergeräte einschließlich mechanischer Anforderungen (IEC 730-2-6:1991, modifiziert); Deutsche Fassung EN 60730-2-6:1995	Keine	–
DIN EN 60730-2-6 (VDE 0631-2-6) Berichtigung 2 Oktober 2001	Berichtigungen zu DIN EN 60730-2-6 (VDE 0631-2-6):1995-10	–	–
DIN EN 60730-2-6/A1 (VDE 0631-2-6/A1) Oktober 1997	Automatische elektrische Regel- und Steuergeräte für den Hausgebrauch und ähnliche Anwendungen; Teil 2: Besondere Anforderungen an automatische elektrische Druck-Regel- und Steuergeräte einschließlich mechanischer Anforderungen (IEC 60730-2-6:1991/ A1:1994, modifiziert); Deutsche Fassung EN 60730-2-6:1995/ A1:1997	Anmerkung 3	15.12.2003
DIN EN 60730-2-6/A1 (VDE 0631-2-6/A1) Berichtigung 2 Oktober 2001	Berichtigungen zu DIN EN 60730-2-6/ A1 (VDE 0631-2-6/A1):1997-10	–	–

Nationale Norm [5] Ausgabedatum	Titel	Ersetzte Norm	Datum der Beendigung der Konformitätsvermutung für die ersetzte Norm Anmerkung 1
DIN EN 60730-2-6/A2 (VDE 0631-2-6/A2) November 1998	Automatische elektrische Regel- und Steuergeräte für den Hausgebrauch und ähnliche Anwendungen; Teil 2: Besondere Anforderungen an automatische elektrische Druckregel- und Steuergeräte einschließlich mechanischer Anforderungen – Änderung 2 (IEC 60730-2-6:1991/A2:1997); Deutsche Fassung EN 60730-2-6:1995/A2:1998	Anmerkung 3	01.01.2004
DIN EN 60730-2-6/A2 (VDE 0631-2-6/A2) Berichtigung 1 Oktober 2001	Berichtigungen zu DIN EN 60730-2-6/A2 (VDE 0631-2-6/A2):1998-11	–	–
DIN EN 60730-2-7 (VDE 0631-2-7) März 2004	Automatische elektrische Regel- und Steuergeräte für den Hausgebrauch und ähnliche Anwendungen – Teil 2-7: Besondere Anforderungen an Zeitsteuergeräte und Schaltuhren (IEC 60730-2-7:1990, modifiziert + A1:1994, modifiziert); Deutsche Fassung EN 60730-2-7:1991 + A1:1997 + A11:1994 + A12:1993 + A13:2003 + A14:2003	DIN EN 60730-2-7: 1993-06 DIN EN 60730-2-7 Berichtigung 1: 1998-04 DIN EN 60730-2-7/A1:1997-08 DIN EN 60730-2-7/A1 Berichtigung 2: 2001-10 DIN EN 60730-2-7/A11:1994-10 DIN EN 60730-2-7/A11 Berichtigung 2: 2001-10 DIN EN 60730-2-7/A12:1994-07 DIN EN 60730-2-7/A12:2001-10 Berichtigung 2	–
		Änderung A14: 2003 Anmerkung 3	01.06.2010

Nationale Norm [5)] Ausgabedatum	Titel	Ersetzte Norm	Datum der Beendigung der Konformitätsvermutung für die ersetzte Norm Anmerkung 1
DIN EN 60730-2-8 (VDE 0631-2-8) August 2004	Automatische elektrische Regel- und Steuergeräte für den Hausgebrauch und ähnliche Anwendungen – Teil 2-8: Besondere Anforderungen an elektrisch betriebene Wasserventile, einschließlich mechanischer Anforderungen (IEC 60730-2-8:2000, modifiziert + A1:2002, modifiziert); Deutsche Fassung EN 60730-2-8:2002 + A1:2003	DIN EN 60730-2-8: 2003-03 und deren Änderungen Anmerkung 2.1	01.12.2008
		Änderung A1: 2003 Anmerkung 3	01.12.2008
DIN EN 60730-2-9 (VDE 0631-2-9) Oktober 2005	Automatische elektrische Regel- und Steuergeräte für den Hausgebrauch und ähnliche Anwendungen – Teil 2-9: Besondere Anforderungen an temperaturabhängige Regel- und Steuergeräte (IEC 60730-2-9:2000, modifiziert + A1:2002, modifiziert + A2:2004, modifiziert); Deutsche Fassung EN 60730-2-9:2002 + A1:2003 + A11:2003 + A12:2004 + A2:2005	DIN EN 60730-2-9: 2004-04 und deren Änderungen Anmerkung 2.1	01.12.2008
		Änderung A12: 2004 Anmerkung 3	01.09.2007
		Änderung A2: 2005 Anmerkung 3	01.12.2007
		Änderung A1: 2003 Anmerkung 3	01.12.2008
		Änderung A11: 2003 Anmerkung 3	01.12.2008
DIN EN 60730-2-10 (VDE 0631-2-10) September 2003	Automatische elektrische Regel- und Steuergeräte für den Hausgebrauch und ähnliche Anwendungen; Teil 2-10: Besondere Anforderungen an Motorstartrelais (IEC 60730-2-10:1991, modifiziert + A1:1994 + A2:2001, modifiziert); Deutsche Fassung EN 60730-2-10:1995 + A1:1996 + A2:2002	DIN EN 60730-2-10: 1995-10 DIN EN 60730-2-10 Berichtigung 1: 2001-10 DIN EN 60730-2-10/A1: 1996-10 DIN EN 60730-2-10/A1 Berichtigung 1: 2001-10	–
		Änderung A2: 2002 Anmerkung 3	01.09.2009

Nationale Norm [5)] Ausgabedatum	Titel	Ersetzte Norm	Datum der Beendigung der Konformitätsvermutung für die ersetzte Norm Anmerkung 1
DIN EN 60730-2-11 (VDE 0631-2-11) April 1994	Automatische elektrische Regel- und Steuergeräte für den Hausgebrauch und ähnliche Anwendungen; Teil 2: Besondere Anforderungen an Energieregler (IEC 730-2-11:1993); Deutsche Fassung EN 60730-2-11:1993	Keine	–
DIN EN 60730-2-11 (VDE 0631-2-11) Berichtigung 1 April 1998	Berichtigungen zu DIN EN 60730-2-11 (VDE 0631-2-11):1994-04	–	–
DIN EN 60730-2-11/A1 (VDE 0631-11/A1) Oktober 1997	Automatische elektrische Regel- und Steuergeräte für den Hausgebrauch und ähnliche Anwendungen; Teil 2: Besondere Anforderungen an Energieregler – Änderung 1 (IEC 60730-2-11:1993/ A1:1994, modifiziert); Deutsche Fassung EN 60730-2-11: 1993/A1:1997	Anmerkung 3	01.07.2000
DIN EN 60730-2-11/A1 (VDE 0631-2-11/A1) Berichtigung 1 April 1998	Berichtigungen zu DIN EN 60730-2-11/A1 (VDE 0631-2-11/A1):1997-10	–	–
DIN EN 60730-2-11/A2 (VDE 0631-2-11/A2) November 1998	Automatische elektrische Regel- und Steuergeräte für den Hausgebrauch und ähnliche Anwendungen; Teil 2: Besondere Anforderungen an Energieregler; Änderung 2 (IEC 60730-2-11:1993/ A2:1997); Deutsche Fassung EN 60730-2-11: 1993/A2:1998	Anmerkung 3	01.03.2004
DIN EN 60730-2-11/A11 (VDE 0631-2-11/A11) November 2005	Automatische elektrische Regel- und Steuergeräte für den Hausgebrauch und ähnliche Anwendungen – Teil 2-11: Besondere Anforderungen an Energieregler; Deutsche Fassung EN 60730-2-11: 1993/A11:2005	Anmerkung 3	01.03.2009

Nationale Norm [5)] Ausgabedatum	Titel	Ersetzte Norm	Datum der Beendigung der Konformitätsvermutung für die ersetzte Norm Anmerkung 1
DIN EN 60730-2-12 (VDE 0631-2-12) September 2006	Automatische elektrische Regel- und Steuergeräte für den Hausgebrauch und ähnliche Anwendungen – Teil 2-12: Besondere Anforderungen an elektrisch betriebene Türverriegelungen (IEC 60730-2-12:2005, modifiziert); Deutsche Fassung EN 60730-2-12:2006	DIN EN 60730-2-12: 1994-04 DIN EN 60730-2-12/A1: 1998-06 DIN EN 60730-2-12/ A11: 2005-11 Anmerkung 2.1	01.10.2008
DIN EN 60730-2-13 (VDE 0631-2-13) September 2002	Automatische elektrische Regel- und Steuergeräte für den Hausgebrauch und ähnliche Anwendungen; Teil 2-13: Besondere Anforderungen an feuchtigkeitsempfindliche Regel- und Steuergeräte (IEC 60730-2-13:1995, modifiziert + A1:1997 + A2:2000, modifiziert); Deutsche Fassung EN 60730-2-13:1998 + Corrigendum:2000 + A1:1998 + A2:2002	DIN EN 60730-2-13: 1999-02 DIN EN 60730-2-13 Berichtigung 1: 2000-10	–
		Änderung A2: 2002 Anmerkung 3	01.02.2009
DIN EN 60730-2-13/A11 (VDE 0631-2-13/A11) November 2005	Automatische elektrische Regel- und Steuergeräte für den Hausgebrauch und ähnliche Anwendungen – Teil 2-13: Besondere Anforderungen an feuchtigkeitsempfindliche Regel- und Steuergeräte; Deutsche Fassung EN 60730-2-13:1998 A11:2005	Anmerkung 3	01.02.2009
DIN EN 60730-2-14 (VDE 0631-2-14) Februar 2002	Automatische elektrische Regel- und Steuergeräte für den Hausgebrauch und ähnliche Anwendungen; Teil 2-14: Besondere Anforderungen an elektrische Stellantriebe (IEC 60730-2-14:1995, modifiziert + A1:2001); Deutsche Fassung EN 60730-2-14:1997 + A1:2001	DIN EN 60730-2-14: 1998-06	–
		Änderung A1: 2001 Anmerkung 3	01.07.2008
DIN EN 60730-2-14/A11 (VDE 0631-2-14/A11) November 2005	Automatische elektrische Regel- und Steuergeräte für den Hausgebrauch und ähnliche Anwendungen – Teil 2-14: Besondere Anforderungen an elektrische Stellantriebe; Deutsche Fassung EN 60730-2-14:1997/A11:2005	Anmerkung 3	01.07.2008

Nationale Norm [5) Ausgabedatum	Titel	Ersetzte Norm	Datum der Beendigung der Konformitätsvermutung für die ersetzte Norm Anmerkung 1
DIN EN 60730-2-15 (VDE 0631-2-15) Januar 1996	Automatische elektrische Regel- und Steuergeräte für den Hausgebrauch und ähnliche Anwendungen; Teil 2: Besondere Anforderungen an automatische elektrische wasserstandsabhängige Regel- und Steuergeräte in Schwimmer- oder Elektrodenfühler-Ausführung für den Gebrauch in Wasserboilern (IEC 730-2-15:1994); Deutsche Fassung EN 60730-2-15:1995	Keine	–
DIN EN 60730-2-15/A1 (VDE 0631-2-15/A1) November 1998	Automatische elektrische Regel- und Steuergeräte für den Hausgebrauch und ähnliche Anwendungen; Teil 2: Besondere Anforderungen an automatische elektrische wasserstandsabhängige Regel- und Steuergeräte in Schwimm- oder Elektrodenfühler-Ausführung für den Gebrauch in Wasserboilern; Änderung 1 (IEC 60730-2-15:1994/ A1:1997); Deutsche Fassung EN 60730-2-15: 1995/A1:1998	Anmerkung 3	01.01.2004
DIN EN 60730-2-15/A1 (VDE 0631-2-15/A1) Berichtigung 1 September 2001	Berichtigungen zu DIN EN 60730-2-15 A1 (VDE 0631-2-15/A1):1998-11	–	–
DIN EN 60730-2-15/A11 (VDE 0631-2-15/A11) November 2005	Automatische elektrische Regel- und Steuergeräte für den Hausgebrauch und ähnliche Anwendungen – Teil 2-15: Besondere Anforderungen an automatische elektrische wasserstandsabhängige Regel- und Steuergeräte in Schwimm- oder Elektrodenfühler-Ausführung für den Gebrauch in Wasserboilern; Deutsche Fassung EN 60730-2-15: 1995/A11:2005	Anmerkung 3	01.03.2009

Nationale Norm [5)] Ausgabedatum	Titel	Ersetzte Norm	Datum der Beendigung der Konformitätsvermutung für die ersetzte Norm Anmerkung 1
DIN EN 60730-2-16 (VDE 0631-2-16) August 2002	Automatische elektrische Regel- und Steuergeräte für den Hausgebrauch und ähnliche Anwendungen; Teil 2-16: Besondere Anforderungen an automatische elektrische Wasserstandsregler in Schwimmerausführung für den Hausgebrauch und ähnliche Anwendungen (IEC 60730-2-16: 1995, modifiziert + A1:1997 + A2:2001); Deutsche Fassung EN 60730-2-16:1997 + A1:1998 + A2:2001	DIN EN 60730-2-16: 1998-06 DIN EN 60730-2-16/A1: 1998-11 DIN EN 60730-2-16/A1 Berichtigung 1: 2000-10	–
		Änderung A2: 2001 Anmerkung 3	01.07.2008
DIN EN 60730-2-16/A11 (VDE 0631-2-16/A11) November 2005	Automatische elektrische Regel- und Steuergeräte für den Hausgebrauch und ähnliche Anwendungen – Teil 2-16: Besondere Anforderungen an automatische elektrische Wasserstandsregler in Schwimmerausführung für den Hausgebrauch und ähnliche Anwendungen; Deutsche Fassung EN 60730-2-16: 1997/A11:2005	Anmerkung 3	01.07.2008
DIN EN 60730-2-18 (VDE 0631-2-18) Juli 2000	Automatische elektrische Regel- und Steuergeräte für den Hausgebrauch und ähnliche Anwendungen; Teil 2-18: Besondere Anforderungen an automatische elektrische Wasser- und Luftfluss-Regel- und Steuergeräte einschließlich mechanischer Anforderungen (IEC 60730-2-18: 1997, modifiziert); Deutsche Fassung EN 60730-2-18:1999	Keine	–
DIN EN 60730-2-18/A11 (VDE 0631-2-18/A11) November 2005	Automatische elektrische Regel- und Steuergeräte für den Hausgebrauch und ähnliche Anwendungen – Teil 2-18: Besondere Anforderungen an automatische elektrische Wasser- und Luftfluss-Regel- und Steuergeräte einschließlich mechanischer Anforderungen; Deutsche Fassung EN 60730-2-18:1999/A11:2005	Anmerkung 3	01.03.2009

Nationale Norm [5)] Ausgabedatum	Titel	Ersetzte Norm	Datum der Beendigung der Konformitätsvermutung für die ersetzte Norm Anmerkung 1
DIN EN 60730-2-19 (VDE 0631-2-19) September 2002	Automatische elektrische Regel- und Steuergeräte für den Hausgebrauch und ähnliche Anwendungen; Teil 2-19: Besondere Anforderungen an elektrisch betriebene Ölventile, einschließlich mechanischer Anforderungen (IEC 60730-2-19:1997 + A1:2000, modifiziert); Deutsche Fassung EN 60730-2-19:2002	Keine	–
DIN EN 60730-2-19/A11 (VDE 0631-2-19/A11) November 2005	Automatische elektrische Regel- und Steuergeräte für den Hausgebrauch und ähnliche Anwendungen – Teil 2-19: Besondere Anforderungen an elektrisch betriebene Ölventile, einschließlich mechanischer Anforderungen; Deutsche Fassung EN 60730-2-19:2002/A11:2005	Anmerkung 3	01.10.2008
DIN EN 60799 (VDE 0626) Juni 1999	Elektrisches Installationsmaterial; Geräteanschlussleitungen und Weiterverbindungs-Geräteanschlussleitungen (IEC 60799:1998); Deutsche Fassung EN 60799:1998	DIN VDE 0626: 1998-06 DIN EN 60799 A1:1995-04 Anmerkung 2.1	01.07.2001
DIN EN 60811-1-1 (VDE 0473-811-1-1) Mai 2002	Isolier- und Mantelwerkstoffe für Kabel und isolierte Leitungen; Allgemeine Prüfverfahren; Teil 1-1: Allgemeine Anwendung – Messung der Wanddicke und der Außenmaße – Verfahren zur Bestimmung der mechanischen Eigenschaften (IEC 60811-1-1:1993 + A1:2001); Deutsche Fassung EN 60811-1-1:1995 + A1:2001	DIN EN 60811-1-1: 1996-03 Anmerkung 2.1	01.12.1996
DIN EN 60811-1-2 (VDE 0473-811-1-2) November 2001	Isolier- und Mantelwerkstoffe für Kabel und isolierte Leitungen; Allgemeine Prüfverfahren; Teil 1: Allgemeine Anwendung; Hauptabschnitt 2: Thermische Alterung (IEC 60811-1-2:1985 + Corrigendum Mai 1986 + A1:1989 + A2:2000); Deutsche Fassung EN 60811-1-2:1995 + A2:2000	DIN EN 60811-1-2: 1996-03 Anmerkung 2.1	01.03.1996

Nationale Norm[5] Ausgabedatum	Titel	Ersetzte Norm	Datum der Beendigung der Konformitätsvermutung für die ersetzte Norm Anmerkung 1
DIN EN 60811-1-3 (VDE 0473-811-1-3) September 2002	Isolier- und Mantelwerkstoffe für Kabel und isolierte Leitungen; Allgemeine Prüfverfahren; Teil 1-3: Allgemeine Anwendung – Dichtebestimmung, Wasseraufnahmeprüfungen, Schrumpfungsprüfung (IEC 60811-1-3:1993 + A1:2001); Deutsche Fassung EN 60811-1-3:1995 + A1:2001	DIN EN 60811-1-3: 1996-03 Anmerkung 2.1	01.12.1996
DIN EN 60811-1-4 (VDE 0473-811-1-4) September 2002	Isolier- und Mantelwerkstoffe für Kabel und isolierte Leitungen; Allgemeine Prüfverfahren; Teil 1-4: Allgemeine Anwendung – Prüfungen bei niedriger Temperatur (IEC 60811-1-4:1985 + Corrigendum Mai 1986 + A1:1993 + A2: 2001); Deutsche Fassung EN 60811-1-4:1995 + A2:2001	DIN EN 60811-1-4: 1996-03 Anmerkung 2.1	01.12.1996
DIN EN 60811-2-1 (VDE 0473-811-2-1) September 2002	Isolier- und Mantelwerkstoffe für Kabel und isolierte Leitungen; Allgemeine Prüfverfahren; Teil 2-1: Besondere Verfahren für Elastomere – Ozonbeständigkeit, Wärmedehnung, Ölbeständigkeit (IEC 60811-2-1:1998 + A1:2001); Deutsche Fassung EN 60811-2-1:1998 + A1:2001	DIN EN 60811-2-1: 1996-03 Anmerkung 2.1	01.05.2000
DIN EN 60811-3-1 (VDE 0473-811-3-1) Juli 2002	Isolier- und Mantelwerkstoffe für Kabel und isolierte Leitungen; Allgemeine Prüfverfahren; Teil 3-1: Verfahren für PVC-Mischungen – Wärmedruckprüfung, Prüfung der Rissbeständigkeit (IEC 60811-3-1:1985 + Corrigendum:1986 + A1:1994 + A2:2001); Deutsche Fassung EN 60811-3-1:1995 + A1:1996 + A2:2001	DIN EN 60811-3-1: 1996-03 DIN EN 60811-3-1/ A1: 1998-06 Anmerkung 2.1	01.03.1996

Nationale Norm [5) Ausgabedatum	Titel	Ersetzte Norm	Datum der Beendigung der Konformitätsvermutung für die ersetzte Norm Anmerkung 1
DIN EN 60811-3-2 (VDE 0473-811-3-2) Dezember 2004	Isolier- und Mantelwerkstoffe für Kabel und isolierte Leitungen – Allgemeine Prüfverfahren – Teil 3-2: Verfahren für PVC-Mischungen – Prüfung des Masseverlustes – Prüfung der thermischen Stabilität (IEC 60811-3-2:1985 + Corrigendum 1986 + A1:1993 + A2:2003); Deutsche Fassung EN 60811-3-2:1995 + A2:2004	DIN EN 60811-3-2: 1996-03 Anmerkung 2.1	01.12.1996
DIN EN 60811-4-1 (VDE 0473-811-4-1) April 2005	Isolier- und Mantelwerkstoffe für Kabel und isolierte Leitungen – Allgemeine Prüfverfahren – Teil 4-1: Besondere Verfahren für Polyethylen- und Polypropylen-Verbindungen – Spannungsrissbeständigkeit – Messung des Schmelzindexes – Bestimmung des Ruß- und/oder Füllstoffgehaltes in Polyethylen durch direkte Verbrennung – Bestimmung des Rußgehaltes durch thermogravimetrische Analyse (TGA) – Bewertung der Rußverteilung in Polyethylen unter Verwendung eines Mikroskops (IEC 60811-4-1:2004); Deutsche Fassung EN 60811-4-1:2004	DIN EN 60811-4-1: 1996-03 Anmerkung 2.1	01.07.2007
DIN EN 60811-4-2 (VDE 0473-811-4-2) April 2005	Isolier- und Mantelwerkstoffe für Kabel und isolierte Leitungen – Allgemeine Prüfverfahren – Teil 4-2: Besondere Verfahren für Polyethylen- und Polypropylen-Mischungen – Zugfestigkeit und Reißdehnung nach Vorbehandlung bei erhöhter Temperatur – Wickelprüfung nach Vorbehandlung bei erhöhter Temperatur – Wickelprüfung nach thermischer Alterung in Luft – Messung der Masseaufnahme – Langzeit(Lebensdauer)-Prüfung – Prüfverfahren der Sauerstoffalterung unter Kupfereinfluss (IEC 60811-4-2:2004); Deutsche Fassung EN 60811-4-2:2004	DIN EN 60811-4-2: 2000-08 Anmerkung 2.1	01.07.2007

Nationale Norm[5] Ausgabedatum	Titel	Ersetzte Norm	Datum der Beendigung der Konformitätsvermutung für die ersetzte Norm Anmerkung 1
DIN EN 60811-5-1 (VDE 0473-811-5-1) Dezember 2004	Isolier- und Mantelwerkstoffe für Kabel und isolierte Leitungen – Allgemeine Prüfverfahren – Teil 5-1: Besondere Prüfverfahren für Füllmassen – Tropfpunkt – Ölabscheidung – Kälterissbeständigkeit – Gesamtsäurezahl – Abwesenheit korrosiver Bestandteile – Dielektrizitätskonstante bei 23 °C – Gleichstromwiderstand bei 23 °C und 100 °C (IEC 60811-5-1:1990, modifiziert + A1:2003); Deutsche Fassung EN 60811-5-1:1999 + A1:2004	DIN EN 60811-5-1:2000-04	01.04.2001
DIN EN 60825-1 (VDE 0837-1) Oktober 2003	Sicherheit von Laser-Einrichtungen; Teil 1: Klassifizierung von Anlagen, Anforderungen und Benutzer-Richtlinien (IEC 60825-1:1993 + A1:1997 + A2:2001); Deutsche Fassung EN 60825-1:1994 + A1:2002 + A2:2001	DIN EN 60825-1: 2001-11	–
		Änderung A1: 2002 ersetzt EN 60825-1:1994/ A11:1996 Anmerkung 3	01.01.2004
DIN EN 60825-1 (VDE 0837-1) Berichtigung 1 Juni 2004	Berichtigungen zu DIN EN 60825-1 (VDE 0837-1):2003-10	–	–
DIN EN 60825-2 (VDE 0837-2) Juni 2005	Sicherheit von Laser-Einrichtungen – Teil 2: Sicherheit von Lichtwellenleiter-Kommunikationssystemen (LWLKS) (IEC 60825-2:2004); Deutsche Fassung EN 60825-2:2004	DIN EN 60825-2:2001-05 Anmerkung 2.1	01.09.2007
DIN EN 60825-2 (VDE 0837-2) Berichtigung 1 März 2006	Sicherheit von Lasereinrichtungen – Teil 2: Sicherheit von Lichtwellenleiter-Kommunikationssystemen (LWLKS) (IEC 60825-2:2004); Deutsche Fassung EN 60825-2:2004, Berichtigungen zu DIN EN 60825-2 (VDE 0837-2):2005-06	–	–
DIN EN 60825-4 (VDE 0837-4) Juni 2004	Sicherheit von Lasereinrichtungen – Teil 4: Laserschutzwände (IEC 60825-4:1997 + A1:2002 + A2:2003); Deutsche Fassung EN 60825-4:1997 + A1:2002 + A2:2003	DIN EN 60825-4: 2003-11	–

Nationale Norm [5)] Ausgabedatum	Titel	Ersetzte Norm	Datum der Beendigung der Konformitätsvermutung für die ersetzte Norm Anmerkung 1
DIN EN 60825-12 (VDE 0837-12) Dezember 2004	Sicherheit von Lasereinrichtungen – Teil 12: Sicherheit von optischen Freiraumkommunikationssystemen für die Informationsübertragung (IEC 60825-12:2004); Deutsche Fassung EN 60825-12:2004	Keine	–
DIN EN 60831-1 (VDE 0560-46) August 2003	Selbstheilende Leistungs-Parallelkondensatoren für Wechselstromanlagen mit einer Nennspannung bis 1 kV; Teil 1: Allgemeines – Leistungsanforderungen, Prüfung und Bemessung – Sicherheitsanforderungen – Anleitung für Errichtung und Betrieb (IEC 60831-1:1996 + A1:2002); Deutsche Fassung EN 60831-1:1996 + A1:2003	DIN EN 60831-1:1997-12 Anmerkung 2.1	01.08.1997
DIN EN 60831-2 (VDE 0560-47) September 1997	Selbstheilende Leistungs-Parallelkondensatoren für Wechselstromanlagen mit einer Nennspannung bis 1 kV; Teil 2: Alterungsprüfung, Selbstheilprüfung und Zerstörungsprüfung (IEC 831-2:1995); Deutsche Fassung EN 60831-2:1996	DIN EN 60831-2:1995-03 Anmerkung 2.1	01.12.2001
DIN EN 60838-1 (VDE 0616-5) Mai 2005	Sonderfassungen – Teil 1: Allgemeine Anforderungen und Prüfungen (IEC 60838-1:2004); Deutsche Fassung EN 60838-1:2004	DIN EN 60838-1:2003-05 und deren Änderungen Anmerkung 2.1	01.10.2007
DIN EN 60838-2-1 (VDE 0616-4) Mai 2005	Sonderfassungen – Teil 2: Besondere Anforderungen – Hauptabschnitt 1: Lampenfassungen S 14 (IEC 60838-2-1:1994 + A1:1998 + A2:2004); Deutsche Fassung EN 60838-2-1:1996 + A1:1998 + A2:2004	DIN EN 60838-2-1:1999-07	–
		Änderung A2: 2004 Anmerkung 3	01.10.2007

Nationale Norm[5)] Ausgabedatum	Titel	Ersetzte Norm	Datum der Beendigung der Konformitätsvermutung für die ersetzte Norm Anmerkung 1
DIN EN 60898-1 (VDE 0641-11) März 2006	Elektrisches Installationsmaterial – Leitungsschutzschalter für Hausinstallationen und ähnliche Zwecke – Teil 1: Leitungsschutzschalter für Wechselstrom (AC) (IEC 60898-1:2002, modifiziert + A1:2002, modifiziert); Deutsche Fassung EN 60898-1:2003 + A1:2004 + Corrigendum 2004 + A11:2005	DIN EN 60898-1: 2005-05 und deren Änderungen Anmerkung 2.1	01.10.2008
		Änderung A1: 2004 Anmerkung 3	01.10.2008
		Änderung A11: 2005 Anmerkung 3	01.05.2010
DIN EN 60898-2 (VDE 0641-12) Juli 2002[6)]	Leitungsschutzschalter für Hausinstallationen und ähnliche Zwecke; Teil 2: Leitungsschutzschalter für Wechsel- und Gleichstrom (AC und DC) (IEC 60898-2:2000); Deutsche Fassung EN 60898-2:2001	DIN 57641-2: 1984-04 DIN 57641-3: 1984-04	–
DIN IEC 60914 April 1990	Konferenz-Anlagen; Elektrische und akustische Anforderungen; Identisch mit IEC 914:1988	Keine	–
DIN EN 60931-1 (VDE 0560-48) Juli 2003	Nichtselbstheilende Leistungs-Parallelkondensatoren für Wechselstromanlagen mit einer Nennspannung bis 1 kV; Teil 1: Allgemeines, Leistungsanforderungen, Prüfung und Bemessung; Sicherheitsanforderungen; Anleitung für Errichtung und Betrieb (IEC 60931-1:1996 + A1:2002); Deutsche Fassung EN 60931-1:1996 + A1:2003	DIN EN 60931-1:1997-12 Anmerkung 2.1	01.08.1997
DIN EN 60931-2 (VDE 0560-49) August 1997	Nichtselbstheilende Leistungs-Parallelkondensatoren für Wechselstromanlagen mit einer Nennspannung bis 1 kV; Teil 2: Alterungs- und Zerstörungsprüfung (IEC 931-2:1995); Deutsche Fassung EN 60931-2:1996	DIN EN 60931-2: 1995-03 Anmerkung 2.1	01.12.2001
DIN EN 60931-3 (VDE 0560-45) August 1997	Nichtselbstheilende Leistungs-Parallelkondensatoren für Wechselstromanlagen mit einer Nennspannung bis 1 kV; Teil 3: Eingebaute Sicherungen (IEC 931-3:1996); Deutsche Fassung EN 60931-3:1996	Keine	–

Nationale Norm [5)] Ausgabedatum	Titel	Ersetzte Norm	Datum der Beendigung der Konformitätsvermutung für die ersetzte Norm Anmerkung 1
DIN EN 60934 **(VDE 0642)** Dezember 2001	Geräteschutzschalter (GS) (IEC 60934:2000); Deutsche Fassung EN 60934:2001	DIN EN 60934: 1995-04 DIN EN 60934/A2: 1998-06 DIN EN 60934/A11: 1999-01 Anmerkung 2.1	01.11.2003
DIN EN 60947-1 **(VDE 0660-100)** Januar 2005	Niederspannungsschaltgeräte – Teil 1: Allgemeine Festlegungen (IEC 60947-1:2004); Deutsche Fassung EN 60947-1:2004 + Corrigendum 2004	DIN EN 60947-1: 2002-12 und deren Änderungen Anmerkung 2.1	01.04.2007
DIN EN 60947-1 **Berichtigung 1** **(VDE 0660-100** **Berichtigung 1)** April 2005	Berichtigungen zu DIN EN 60947-1 (VDE 0660-100):2005-01	–	–
DIN EN 60947-2 **(VDE 0660-101)** März 2004[6)]	Niederspannungsschaltgeräte – Teil 2: Leistungsschalter (IEC 60947-2:2003); Deutsche Fassung EN 60947-2:2003	DIN EN 60947-2: 2002-09 und deren Änderungen Anmerkung 2.1	01.06.2006
DIN EN 60947-3 **(VDE 0660-107)** März 2006	Niederspannungsschaltgeräte – Teil 3: Lastschalter, Trennschalter, Lasttrennschalter und Schalter-Sicherungs-Einheiten (IEC 60947-3:1999 + Corrigendum:1999 + A1:2001 + Corrigendum 1:2001 + A2:2005); Deutsche Fassung EN 60947-3:1999 + A1:2001 + A2:2005	DIN EN 60947-3:2001-12	–
		EN 60947-3:1992 + A1:1995 + A2: 1997 Anmerkung 2.1	01.01.2002
		Änderung A2: 2005 Anmerkung 3	01.06.2008
DIN EN 60947-4-1 **(VDE 0660-102)** April 2006	Niederspannungsschaltgeräte – Teil 4-1: Schütze und Motorstarter – Elektromechanische Schütze und Motorstarter (IEC 60947-4-1:2000 + Corrigendum:2001 + A1:2002 + A2:2005); Deutsche Fassung EN 60947-4-1:2001 + A1:2002 + A2:2005	DIN EN 60947-4-1: 2003-09 und deren Änderungen Anmerkung 2.1	01.09.2003
		Änderung A2: 2005 Anmerkung 3	01.07.2008

Nationale Norm [5)] Ausgabedatum	Titel	Ersetzte Norm	Datum der Beendigung der Konformitätsvermutung für die ersetzte Norm Anmerkung 1
DIN EN 60947-4-2 (VDE 0660-117) Dezember 2002[6)]	Niederspannungsschaltgeräte; Teil 4-2: Schütze und Motorstarter – Halbleiter-Motor-Steuergeräte und -Starter für Wechselspannungen (IEC 60947-4-2:1999 + A1:2001); Deutsche Fassung EN 60947-4-2:2000 + A1:2002	DIN EN 60947-4-2: 2000-09 und deren Änderungen Anmerkung 2.1	01.12.2002
DIN EN 60947-4-3 (VDE 0660-109) September 2000[6)]	Niederspannungsschaltgeräte; Teil 4-3: Schütze und Motorstarter – Halbleiter-Steuergeräte und -Schütze für nichtmotorische Lasten für Wechselspannung (IEC 60947-4-3:1999); Deutsche Fassung EN 60947-4-3:2000	DIN VDE 0660-109:1986-10 Anmerkung 2.1	01.12.2002
DIN EN 60947-5-1 (VDE 0660-200) Februar 2005	Niederspannungsschaltgeräte – Teil 5-1: Steuergeräte und Schaltelemente – Elektromechanische Steuergeräte (IEC 60947-5-1:2003); Deutsche Fassung EN 60947-5-1:2004	DIN EN 60947-5-1: 2000-08 und deren Änderungen Anmerkung 2.1	01.05.2007
DIN EN 60947-5-1 (VDE 0660-200) Berichtigung 1 September 2005	Niederspannungsschaltgeräte – Teil 5-1: Steuergeräte und Schaltelemente – Elektromechanische Steuergeräte (IEC 60947-5-1:2003); Deutsche Fassung EN 60947-5-1:2004, Berichtigungen zu DIN EN 60947-5-1 (VDE 0660-200):2005-02	–	–
DIN EN 60947-5-1 (VDE 0660-200) Berichtigung 2 September 2006	Niederspannungsschaltgeräte – Teil 5-1: Steuergeräte und Schaltelemente – Elektromechanische Steuergeräte (IEC 60947-5-1:2003); Deutsche Fassung EN 60947-5-1:2004, Berichtigungen zu DIN EN 60947-5-1 (VDE 0660-200):2005-02	–	–
DIN EN 60947-5-2 (VDE 0660-208) November 2004	Niederspannungsschaltgeräte – Teil 5-2: Steuergeräte und Schaltelemente – Näherungsschalter (IEC 60947-5-2:1997, modifiziert + A1:1999 + A2:2003); Deutsche Fassung EN 60947-5-2:1998 + A1:1999 + A2:2004	DIN EN 60947-5-2: 2000-08 Anmerkung 2.1	01.10.2001

Nationale Norm [5)] Ausgabedatum	Titel	Ersetzte Norm	Datum der Beendigung der Konformitätsvermutung für die ersetzte Norm Anmerkung 1
DIN EN 60947-5-2 (VDE 0660-208) Berichtigung 1 Mai 2005	Niederspannungsschaltgeräte – Teil 5-2: Steuergeräte und Schaltelemente – Näherungsschalter (IEC 60947-5-2:1997, modifiziert + A1:1999 + A2:2003); Deutsche Fassung EN 60947-5-2:1998 + A1:1999 + A2:2004; Berichtigungen zu DIN EN 60947-5-2 (VDE 0660-208):2004-11	–	–
DIN EN 60947-5-2 (VDE 0660-208) Berichtigung 2 Februar 2006	Niederspannungsschaltgeräte – Teil 5-2: Steuergeräte und Schaltelemente – Näherungsschalter (IEC 60947-5-2:1997 + A1:1999 + A2:2003); Deutsche Fassung EN 60947-5-2:1998 + A1:1999 + A2:2004, Berichtigungen zu DIN EN 60947-5-2 (VDE 0660-208):2004-11	–	–
DIN EN 60947-5-3 (VDE 0660-214) November 2005	Niederspannungsschaltgeräte – Teil 5-3: Steuergeräte und Schaltelemente – Anforderungen für Näherungsschalter mit definiertem Verhalten unter Fehlerbedingungen (PDF) (IEC 60947-5-3:1999 + A1:2005); Deutsche Fassung EN 60947-5-3:1999 + A1:2005	DIN EN 60947-5-3: 2000-02	–
		Änderung A1: 2005 Anmerkung 3	01.03.2008
DIN EN 60947-5-4 (VDE 0660-211) März 2005	Niederspannungsschaltgeräte – Teil 5-4: Steuergeräte und Schaltelemente – Verfahren zur Abschätzung der Leistungsfähigkeit von Schwachstromkontakten – Besondere Prüfungen (IEC 60947-5-4:2002); Deutsche Fassung EN 60947-5-4:2003	DIN EN 60947-5-4: 1998-05 Anmerkung 2.1	01.12.2006
DIN EN 60947-5-5 (VDE 0660-210) November 2005	Niederspannungsschaltgeräte – Teil 5-5: Steuergeräte und Schaltelemente – Elektrisches NOT-AUS-Gerät mit mechanischer Verrastfunktion (IEC 60947-5-5:1997 + A1:2005); Deutsche Fassung EN 60947-5-5:1997 + A1:2005	DIN EN 60947-5-5: 1998-09	–
		Änderung A1: 2005 Anmerkung 3	01.03.2008

Nationale Norm [5) Ausgabedatum	Titel	Ersetzte Norm	Datum der Beendigung der Konformitätsvermutung für die ersetzte Norm Anmerkung 1
DIN EN 60947-5-7 (VDE 0660-213) Juni 2004	Niederspannungsschaltgeräte – Teil 5-7: Steuergeräte und Schaltelemente – Anforderungen an Näherungssensoren mit Analogausgang (IEC 60947-5-7:2003); Deutsche Fassung EN 60947-5-7:2003	DIN EN 50319:2000-04 Anmerkung 2.1	01.09.2006
DIN EN 60947-6-1 (VDE 0660-114) Juli 2006	Niederspannungsschaltgeräte – Teil 6-1: Mehrfunktionsschaltgeräte – Netzumschalter (IEC 60947-6-1:2005); Deutsche Fassung EN 60947-6-1:2005	DIN VDE 0660-114:1992-07 DIN EN 60947-6-1/A1: 1996-01 DIN EN 60947-6-1/A2: 1998-08 Anmerkung 2.1	01.10.2008
DIN EN 60947-6-2 (VDE 0660-115) November 2003	Niederspannungsschaltgeräte; Teil 6-2: Mehrfunktionsschaltgeräte – Steuer- und Schutz-Schaltgeräte (CPS) (IEC 60947-6-2:2002); Deutsche Fassung EN 60947-6-2:2003	DIN EN 60947-6-2:1993-09 DIN EN 60947-6-2/ A1:1998-09 DIN EN 60947-6-2/ A2:1999-09 Anmerkung 2.1	01.09.2005
DIN EN 60947-7-1 (VDE 0611-1) Juli 2003	Niederspannungsschaltgeräte; Teil 7-1: Hilfseinrichtungen; Reihenklemmen für Kupferleiter (IEC 60947-7-1:2002 + Corrigendum 1:2003); Deutsche Fassung EN 60947-7-1:2002	DIN EN 60947-7-1: 2000-05 und deren Änderungen Anmerkung 2.1	01.10.2005
DIN EN 60947-7-2 (VDE 0611-3) Juli 2003	Niederspannungsschaltgeräte; Teil 7-2: Hilfseinrichtungen; Schutzleiter-Reihenklemmen für Kupferleiter (IEC 60947-7-2:2002); Deutsche Fassung EN 60947-7-2:2002	DIN EN 60947-7-2: 1996-06 Anmerkung 2.1	01.10.2005
DIN EN 60947-7-3 (VDE 0611-6) Juli 2003	Niederspannungsschaltgeräte; Teil 7-3: Hilfseinrichtungen; Sicherheitsanforderungen für Sicherungs- Reihenklemmen (IEC 60947-7-3:2002 + Corrigendum 1:2003); Deutsche Fassung EN 60947-7-3:2002	Keine	–

Nationale Norm [5)] Ausgabedatum	Titel	Ersetzte Norm	Datum der Beendigung der Konformitätsvermutung für die ersetzte Norm Anmerkung 1
DIN EN 60947-8 (VDE 0660-302) April 2004[6)]	Niederspannungsschaltgeräte – Teil 8: Auslösegeräte für den eingebauten thermischen Schutz (PTC) von rotierenden elektrischen Maschinen (IEC 60947-8:2003); Deutsche Fassung EN 60947-8:2003	DIN VDE 0660-302:1987-02 DIN VDE 0660-303:1987-02	–
DIN EN 60950-1 (VDE 0805-1) März 2003[6)]	Einrichtungen der Informationstechnik – Sicherheit; Teil 1: Allgemeine Anforderungen (IEC 60950-1:2001, modifiziert); Deutsche Fassung EN 60950-1:2001	DIN EN 60950: 2001-12 DIN EN 60950 Berichtigung 1: 2002-06 Anmerkung 2.1	01.07.2006
DIN EN 60950-1 (VDE 0805-1) Berichtigung 1 September 2004	Berichtigungen zu DIN EN 60950-1 (VDE 0805-1):2003-03; Deutsche Fassung EN 60950-1/ A11:2004 + Corrigendum:2004	Anmerkung 3	–
DIN EN 60950-21 (VDE 0805-21) Dezember 2003	Einrichtungen der Informationstechnik – Sicherheit – Teil 21: Fernspeisung (IEC 60950-21:2002); Deutsche Fassung EN 60950-21:2003	DIN 57800-3: 1983-06	–
DIN EN 60968 (VDE 0715-6) April 2000	Lampen mit eingebautem Vorschaltgerät für Allgemeinbeleuchtung; Sicherheitsanforderungen (IEC 60968:1988, modifiziert + A1:1991 + A2:1999); Deutsche Fassung EN 60968:1990 + A1:1993 + A2:1999	DIN EN 60968: 1994-09	–
DIN EN 60974-1 (VDE 0544-1) Juli 2006	Lichtbogenschweißeinrichtungen; Teil 1: Schweißstromquellen (IEC 60974-1:2005); Deutsche Fassung EN 60974-1:2005	DIN EN 60974-1:2004-03 und deren Änderungen Anmerkung 2.1	01.10.2008
DIN EN 60974-2 (VDE 0544-2) September 2003	Lichtbogenschweißeinrichtungen; Teil 2: Flüssigkeitskühlsysteme (IEC 60974-2:2002); Deutsche Fassung EN 60974-2:2003	Keine	–
DIN EN 60974-3 (VDE 0544-3) April 2004	Lichtbogenschweißeinrichtungen; Teil 3: Lichtbogenzünd- und -stabilisierungseinrichtungen (IEC 60974-3:2003); Deutsche Fassung EN 60974-3:2003	Keine	–

Nationale Norm [5) Ausgabedatum	Titel	Ersetzte Norm	Datum der Beendigung der Konformitätsvermutung für die ersetzte Norm Anmerkung 1
DIN EN 60974-5 (VDE 0544-5) Februar 2003	Lichtbogenschweißeinrichtungen; Teil 5: Drahtvorschubgeräte (IEC 60974-5:2002); Deutsche Fassung EN 60974-5:2002	Keine	–
DIN EN 60974-6 (VDE 0544-6) November 2003	Lichtbogenschweißeinrichtungen; Teil 6: Schweißstromquellen mit begrenzter Einschaltdauer (IEC 60974-6:2003); Deutsche Fassung EN 60974-6:2003	DIN VDE 0543: 1990-06 DIN EN 50060/A1: 1995-01 Anmerkung 2.1	01.03.2006
DIN EN 60974-7 (VDE 0544-7) April 2006	Lichtbogenschweißeinrichtungen; Teil 7: Brenner (IEC 60974-7:2005); Deutsche Fassung EN 60974-7:2005	DIN EN 60974-7:2000-10 Anmerkung 2.1	01.08.2008
DIN EN 60974-8 (VDE 0544-8) Dezember 2004	Lichtbogenschweißeinrichtungen; Teil 8: Gaskonsolen für Schweiß- und Plasmaschneidsysteme (IEC 60974-8:2004); Deutsche Fassung EN 60974-8:2004	Keine	–
DIN EN 60974-11 (VDE 0544-11) April 2005	Lichtbogenschweißeinrichtungen; Teil 11: Stabelektrodenhalter (IEC 60974-11:2004); Deutsche Fassung EN 60974-11:2004	DIN EN 60974-11:1996-02 Anmerkung 2.1	01.09.2007
DIN EN 60974-12 (VDE 0544-202) April 2006	Lichtbogenschweißeinrichtungen; Teil 12: Steckverbindungen für Schweißleitungen (IEC 60974-12:2005); Deutsche Fassung EN 60974-12:2005	DIN EN 60974-12:1996-02 Anmerkung 2.1	01.07.2008
DIN EN 60998-1 (VDE 0613-1) März 2005	Verbindungsmaterial für Niederspannungs-Stromkreise für Haushalt und ähnliche Zwecke – Teil 1: Allgemeine Anforderungen (IEC 60998-1:2002, modifiziert); Deutsche Fassung EN 60998-1:2004	DIN EN 60998-1: 1994-04 DIN EN 60998-1/A1: 2001-11 Anmerkung 2.1	01.03.2007
DIN EN 60998-2-1 (VDE 0613-2-1) März 2005	Verbindungsmaterial für Niederspannungs-Stromkreise für Haushalt und ähnliche Zwecke – Teil 2-1: Besondere Anforderungen für Verbindungsmaterial als selbstständige Betriebsmittel mit Schraubklemmstellen (IEC 60998-2-1:2002, modifiziert); Deutsche Fassung EN 60998-2-1:2004	DIN EN 60998-2-1:1994-04 Anmerkung 2.1	01.03.2007

Nationale Norm [5)] Ausgabedatum	Titel	Ersetzte Norm	Datum der Beendigung der Konformitätsvermutung für die ersetzte Norm Anmerkung 1
DIN EN 60998-2-2 (VDE 0613-2-2) März 2005	Verbindungsmaterial für Niederspannungs-Stromkreise für Haushalt und ähnliche Zwecke – Teil 2-2: Besondere Anforderungen für Verbindungsmaterial als selbstständige Betriebsmittel mit schraubenlosen Klemmstellen (IEC 60998-2-2:2002, modifiziert); Deutsche Fassung EN 60998-2-2:2004	DIN EN 60998-2-2: 1994-08 Anmerkung 2.1	01.03.2007
DIN EN 60998-2-3 (VDE 0613-2-3) März 2005	Verbindungsmaterial für Niederspannungs-Stromkreise für Haushalt und ähnliche Zwecke – Teil 2-3: Besondere Anforderungen für Verbindungsmaterial als selbstständige Betriebsmittel mit Schneidklemmstellen (IEC 60998-2-3:2002, modifiziert); Deutsche Fassung EN 60998-2-3:2004	DIN EN 60998-2-3: 1994-09 Anmerkung 2.1	01.03.2007
DIN EN 60998-2-4 (VDE 0613-2-4) März 2006	Verbindungsmaterial für Niederspannungs-Stromkreise für Haushalt und ähnliche Zwecke – Teil 2-4: Besondere Anforderungen an Drehklemmen (IEC 60998-2-4:2004, modifiziert); Deutsche Fassung EN 60998-2-4:2005	DIN EN 60998-2-4: 1994-04 Anmerkung 2.1	01.03.2008
DIN EN 60999-1 (VDE 0609-1) Dezember 2000	Verbindungsmaterial – Elektrische Kupferleiter – Sicherheitsanforderungen für Schraubklemmstellen und schraubenlose Klemmstellen; Teil 1: Allgemeine Anforderungen für Klemmstellen für Leiter von $0{,}2\ mm^2$ bis einschließlich $35\ mm^2$ (IEC 60999-1:1999); Deutsche Fassung EN 60999-1:2000	DIN 57609-1: 1983-06	–
		DIN EN 60999: 1994-04 Anmerkung 2.1	01.01.2003
DIN EN 60999-2 (VDE 0609-101) April 2004	Verbindungsmaterial – Elektrische Kupferleiter – Sicherheitsanforderungen für Schraubklemmstellen und schraubenlose Klemmstellen; Teil 2: Besondere Anforderungen für Klemmstellen für Leiter über $35\ mm^2$ bis einschließlich $300\ mm^2$ (IEC 60999-2:2003); Deutsche Fassung EN 60999-2:2003	Keine	–

Nationale Norm [5)] Ausgabedatum	Titel	Ersetzte Norm	Datum der Beendigung der Konformitätsvermutung für die ersetzte Norm Anmerkung 1
DIN EN 61008-1 **(VDE 0664-10)** Juni 2005	Fehlerstrom-/Differenzstrom-Schutzschalter ohne eingebauten Überstromschutz (RCCBs) für Hausinstallationen und für ähnliche Anwendungen – Teil 1: Allgemeine Anforderungen (IEC 61008-1:1996 + A1:2002, modifiziert); Deutsche Fassung EN 61008-1:2004	DIN EN 61008-1: 2000-09 und deren Änderungen Anmerkung 2.1	01.04.2009
DIN EN 61008-2-1 **(VDE 0664-11)** Dezember 1999	Fehlerstrom-/Differenzstrom-Schutzschalter ohne eingebauten Überstromschutz (RCCBs) für Hausinstallationen und für ähnliche Anwendungen; Teil 2-1: Anwendung der allgemeinen Anforderungen auf netzspannungsunabhängige RCCBs (IEC 61008-2-1:1990); Deutsche Fassung EN 61008-2-1:1994 + A11:1998 + Corrigendum März 1999	DIN VDE 0664-1:1985-10	–
DIN EN 61009-1 **(VDE 0664-20)** Juni 2005	Fehlerstrom-/Differenzstrom-Schutzschalter mit eingebautem Überstromschutz (RCBOs) für Hausinstallationen und für ähnliche Anwendungen; Teil 1: Allgemeine Anforderungen (IEC 61009-1:1996 + Corrigendum 2003 + A1:2002 modifiziert); Deutsche Fassung EN 61009-1:2004	DIN EN 61009-1: 2000-09 und deren Änderungen Anmerkung 2.1	01.04.2009
DIN EN 61009-2-1 **(VDE 0664-21)** Dezember 1999	Fehlerstrom-/Differenzstrom-Schutzschalter mit eingebautem Überstromschutz (RCBOs) für Hausinstallationen und für ähnliche Anwendungen; Teil 2-1: Anwendung der allgemeinen Anforderungen auf netzspannungsunabhängige RCBOs (IEC 61009-2-1:1991); Deutsche Fassung EN 61009-2-1:1994 + A11:1998 + Corrigendum März 1999	DIN VDE 0664-2: 1988-08	–
DIN EN 61010-1 **(VDE 0411-1)** August 2002	Sicherheitsbestimmungen für elektrische Mess-, Steuer-, Regel- und Laborgeräte; Teil 1: Allgemeine Anforderungen (IEC 61010-1:2001); Deutsche Fassung EN 61010-1:2001	DIN EN 61010-1: 1994-03 DIN EN 61010-1/ A2:1996-05 Anmerkung 2.1	01.01.2004
DIN EN 61010-1 **(VDE 0411-1)** **Berichtigung 1** November 2002	Berichtigungen zu DIN EN 61010-1 (VDE 0411-1):2002-08	–	–

Nationale Norm [5)] Ausgabedatum	Titel	Ersetzte Norm	Datum der Beendigung der Konformitätsvermutung für die ersetzte Norm Anmerkung 1
DIN EN 61010-1 (VDE 0411-1) Berichtigung 2 Januar 2004	Berichtigungen zu DIN EN 61010-1 (VDE 0411-1):2002-08	–	–
DIN EN 61010-2-10 (VDE 0411-2-10) Juni 2004	Sicherheitsbestimmungen für elektrische Mess-, Steuer-, Regel- und Laborgeräte – Teil 2-10: Besondere Anforderungen an Laborgeräte für das Erhitzen von Stoffen (IEC 61010-2-10:2003); Deutsche Fassung EN 61010-2-10:2003	DIN EN 61010-2-10: 1995-03 DIN EN 61010-2-10/A1: 1996-10 Anmerkung 2.1	01.10.2006
DIN EN 61010-2-20 (VDE 0411-2-20) März 1995 [6)]	Sicherheitsbestimmungen für elektrische Mess-, Steuer-, Regel- und Laborgeräte; Teil 2-20: Besondere Anforderungen an Laborzentrifugen (IEC 61010-2-20:1992, modifiziert); Deutsche Fassung EN 61010-2-20:1994	Keine	–
DIN EN 61010-2-20/ A1 (VDE 0411-2-20/A1) Oktober 1996	Sicherheitsbestimmungen für elektrische Mess-, Steuer-, Regel- und Laborgeräte; Teil 2-20: Besondere Anforderungen an Laborzentrifugen (IEC 1010-2-20/A1:1996); Deutsche Fassung EN 61010-2-20/A1: 1996	Anmerkung 3	01.12.2001
DIN EN 61010-2-32 (VDE 0411-2-32) Juli 2003	Sicherheitsbestimmungen für elektrische Mess-, Steuer-, Regel- und Laborgeräte; Teil 2-32: Besondere Anforderungen für handgehaltene und handbediente Stromsonden für elektrische Messungen (IEC 61010-2-32:2002); Deutsche Fassung EN 61010-2-32:2002	DIN EN 61010-2-032: 1995-09 Anmerkung 2.1	01.11.2005

Nationale Norm [5) Ausgabedatum	Titel	Ersetzte Norm	Datum der Beendigung der Konformitätsvermutung für die ersetzte Norm Anmerkung 1
DIN EN 61010-2-40 (VDE 0411-2-40) Februar 2006	Sicherheitsbestimmungen für elektrische Mess-, Steuer-, Regel- und Laborgeräte – Teil 2-40: Besondere Anforderungen an Sterilisatoren und Reinigungs-Desinfektionsgeräte für die Behandlung medizinischen Materials (IEC 61010-2-40:2005); Deutsche Fassung EN 61010-2-40:2005	DIN EN 61010-2-41: 1996-10 DIN EN 61010-2-42: 1997-10 DIN EN 61010-2-43: 1998-02 DIN EN 61010-2-45: 2002-05 Anmerkung 2.1	01.06.2008
DIN EN 61010-2-51 (VDE 0411-2-51) Juli 2004	Sicherheitsbestimmungen für elektrische Mess-, Steuer-, Regel- und Laborgeräte – Teil 2-51: Besondere Anforderungen an Laborgeräte zum Mischen und Rühren (IEC 61010-2-51:2003); Deutsche Fassung EN 61010-2-51:2003	DIN EN 61010-2-51: 1996-03 Anmerkung 2.1	01.10.2006
DIN EN 61010-2-61 (VDE 0411-2-61) Juli 2004	Sicherheitsbestimmungen für elektrische Mess-, Steuer-, Regel- und Laborgeräte – Teil 2-61: Besondere Anforderungen an Labor-Atomspektrometer mit thermischer Atomisierung und Ionisation (IEC 61010-2-61:2003); Deutsche Fassung EN 61010-2-61:2003	DIN EN 61010-2-61: 1996-07 Anmerkung 2.1	01.10.2006
DIN EN 61010-2-81 (VDE 0411-2-81) Juli 2004	Sicherheitsbestimmungen für elektrische Mess-, Steuer-, Regel- und Laborgeräte; Teil 2-81: Besondere Anforderungen an automatische und semiautomatische Laborgeräte für Analysen und andere Zwecke (IEC 61010-2-81:2001 + A1:2003); Deutsche Fassung EN 61010-2-81:2002 + A1:2003	DIN EN 61010-2-081: 2002-12	–
DIN EN 61010-31 (VDE 0411-31) November 2002	Sicherheitsbestimmungen für elektrische Mess-, Steuer-, Regel- und Laborgeräte; Teil 31: Sicherheitsbestimmungen für handgehaltenes Messzubehör zum Messen und Prüfen (IEC 61010-31:2002); Deutsche Fassung EN 61010-31:2002	DIN EN 61010-2-31: 1995-04 Anmerkung 2.1	01.02.2005

Nationale Norm [5] Ausgabedatum	Titel	Ersetzte Norm	Datum der Beendigung der Konformitätsvermutung für die ersetzte Norm Anmerkung 1
DIN EN 61010-31 (VDE 0411-31) Berichtigung 1 Mai 2003	Berichtigungen zu DIN EN 61010-031 (VDE 0411-31):2002-11	–	–
DIN EN 61028 Dezember 1993	Elektrische Messgeräte; X-Y-Schreiber (IEC 1028:1991); Deutsche Fassung EN 61028:1993	Keine	–
DIN EN 61028/A2 Dezember 1998	Elektrische Messgeräte; X-Y-Schreiber (IEC 61028:1991/A2:1997); Deutsche Fassung EN 61028:1993/A2: 1997	Anmerkung 3	01.07.1998
DIN EN 61034-1 (VDE 0482-1034-1) März 2006	Messung der Rauchdichte von Kabeln und isolierten Leitungen beim Brennen unter definierten Bedingungen – Teil 1: Prüfeinrichtung (IEC 61034-1:2005); Deutsche Fassung EN 61034-1:2005	DIN EN 50268-1:2000-03 Anmerkung 2.1	01.06.2008
DIN EN 61034-2 (VDE 0482-1034-2) März 2006	Messung der Rauchdichte von Kabeln und isolierten Leitungen beim Brennen unter definierten Bedingungen – Teil 2: Prüfverfahren und Anforderungen (IEC 61034-2:2005); Deutsche Fassung EN 61034-2:2005	DIN EN 50268-2:2000-03 Anmerkung 2.1	01.06.2008
DIN EN 61048 (VDE 0560-61) Dezember 2000 [6]	Geräte für Lampen; Kondensatoren für Entladungslampen-, insbesondere Leuchtstofflampen-Anlagen; Allgemeine und Sicherheitsanforderungen (IEC 61048:1991, modifiziert + Corrigendum 1992 + A1:1995 + A2:1999); Deutsche Fassung EN 61048:1993 + A1:1996 + Corrigendum 1998 + A2:1999	DIN EN 61048: 1994-03 DIN EN 61048/A1: 1997-02	–
DIN EN 61050 (VDE 0713-6) Dezember 1994	Transformatoren mit einer Leerspannung über 1000 V für Leuchtröhren (allgemein Neontransformatoren genannt); Allgemeine und Sicherheitsanforderungen (IEC 1050:1991 + Corrigendum März 1992, modifiziert); Deutsche Fassung EN 61050:1992	DIN VDE 0713-6: 1983-09	–
DIN EN 61050 (VDE 0713-6) Berichtigung 1 Dezember 1995	Berichtigungen zu DIN EN 61050 (VDE 0713-6):1994-12 (EN 61050/A11:1995)	–	–

Nationale Norm [5)] Ausgabedatum	Titel	Ersetzte Norm	Datum der Beendigung der Konformitätsvermutung für die ersetzte Norm Anmerkung 1
DIN EN 61058-1 (VDE 0630-1) März 2003	Geräteschalter; Teil 1: Allgemeine Anforderungen (IEC 61058-1:2000, modifiziert + A1:2001); Deutsche Fassung EN 61058-1:2002	DIN EN 61058-1: 1993-05 und deren Änderung Anmerkung 2.1	01.03.2009
DIN EN 61058-2-1 (VDE 0630-2-1) April 2003	Geräteschalter; Teil 2-1: Besondere Anforderungen an Schnurschalter (IEC 61058-2-1:1992); Deutsche Fassung EN 61058-2-1:1993 + A1:1996 + A11:2002	DIN EN 61058-2-1: 1994-01 DIN EN 61058-2-1/A1: 1996-10	–
		Änderung A11: 2002 Anmerkung 3	01.03.2009
DIN EN 61058-2-1 (VDE 0630-2-1) Berichtigung 1 September 2003	Berichtigungen zu DIN EN 61058-2-1 (VDE 0630-2-1):2003-04	–	–
DIN EN 61058-2-4 (VDE 0630-2-4) September 2006	Geräteschalter – Teil 2-4: Besondere Anforderungen an unabhängig montierte Schalter (IEC 61058-2-4:1995 + A1:2003); Deutsche Fassung EN 61058-2-4:2005	Keine	–
DIN EN 61058-2-5 (VDE 0630-2-5) April 2003	Geräteschalter; Teil 2-5: Besondere Anforderungen an Wahlschalter (IEC 61058-2-5:1994); Deutsche Fassung EN 61058-2-5:1994 + A11:2002	DIN EN 61058-2-5: 1995-04 Änderung A11: 2002 Anmerkung 3	– 01.03.2009
DIN EN 61071-1 (VDE 0560-120) August 1997	Kondensatoren der Leistungselektronik; Teil 1: Allgemeines (IEC 1071-1:1991, modifiziert); Deutsche Fassung EN 61071-1:1996	DIN VDE 0560-12:1990-10	–
DIN EN 61071-2 (VDE 0560-121) September 1997	Kondensatoren der Leistungselektronik; Teil 2: Anforderungen an Ausschaltprüfungen von Sicherungen, Zerstörungsprüfung, Selbstheilungsprüfung und Lebensdauerprüfung (IEC 1071-2:1994); Deutsche Fassung EN 61071-2:1996	Keine	–
DIN EN 61095 (VDE 0637-3) August 2001	Elektromechanische Schütze für Hausinstallationen und ähnliche Zwecke (IEC 61095:1992 + A1:2000); Deutsche Fassung EN 61095:1993 + A1:2000	DIN EN 61095: 1993-10 DIN EN 61095/A11: 1996-10	–

Nationale Norm [5)] Ausgabedatum	Titel	Ersetzte Norm	Datum der Beendigung der Konformitätsvermutung für die ersetzte Norm Anmerkung 1
DIN EN 61131-2 (VDE 0411-500) Februar 2004	Speicherprogrammierbare Steuerungen – Teil 2: Betriebsmittelanforderungen und Prüfungen (IEC 61131-2:2003); Deutsche Fassung EN 61131-2:2003	DIN EN 61131-2: 2001-04 und deren Änderungen Anmerkung 2.1	01.05.2006
DIN EN 61131-2 (VDE 0411-500) Berichtigung 1 Oktober 2004	Berichtigungen zu DIN EN 61131-2 (VDE 0411-500):2004-02	–	–
DIN EN 61138 (VDE 0283-3) Januar 2004	Leitungen für ortsveränderliche Erdungs- und Kurzschließ-Einrichtungen (IEC 61138:1994 + A1:1995, modifiziert); Deutsche Fassung EN 61138:1997 + A11:2003	DIN EN 61138: 1998-07	–
DIN EN 61140 (VDE 0140-1) August 2003[6)]	Schutz gegen elektrischen Schlag; Gemeinsame Anforderungen für Anlagen und Betriebsmittel (IEC 61140:2001); Deutsche Fassung EN 61140:2002	DIN EN 61140: 2001-08	–
DIN EN 61143-1 Januar 1995	Elektrische Messgeräte – X-t-Schreiber; Teil 1: Begriffe und Anforderungen (IEC 1143-1:1992); Deutsche Fassung EN 61143-1:1994	DIN 43782: 1997-05	–
DIN EN 61143-1/A1 Dezember 1998	Elektrische Messgeräte; X-t-Schreiber; Teil 1: Begriffe und Anforderungen (IEC 61143-1:1992/A1:1997); Deutsche Fassung EN 61143-1:1994/ A1:1997	Anmerkung 3	01.07.2003
DIN EN 61143-2 Januar 1995	Elektrische Messgeräte – X-t-Schreiber; Teil 2: Zusätzlich empfohlene Prüfverfahren (IEC 1143-2:1992); Deutsche Fassung EN 61143-2:1994	DIN 43782: 1977-05	–
DIN EN 61167 Dezember 1995	Halogen-Metalldampflampen (IEC 1167:1992 + A1:1995); Deutsche Fassung EN 61167:1994 + A1:1995	Keine	–
DIN EN 61167/A2 Dezember 1997	Halogen-Metalldampflampen (IEC 61167:1992/A2:1997); Deutsche Fassung EN 61167:1994/ A2:1997	Anmerkung 3	01.04.1988

Nationale Norm [5)] Ausgabedatum	Titel	Ersetzte Norm	Datum der Beendigung der Konformitätsvermutung für die ersetzte Norm Anmerkung 1
DIN EN 61167/A3 Februar 1999	Halogen-Metalldampflampen (IEC 61167:1992/A3:1998); Deutsche Fassung EN 61167:1994/ A3:1998	Anmerkung 3	01.07.2001
DIN EN 61184 (VDE 0616-2) Juni 2005	Bajonett-Lampenfassungen (IEC 61184:1997 + A1:2000 + A2:2004); Deutsche Fassung EN 61184:1997 + A1:2001 + A2:2004	DIN EN 61184: 1998-08 DIN EN 61184/A1: 2001-11 Anmerkung 2.1	01.07.2003
		Änderung A2:2004 Anmerkung 3	01.10.2007
		Änderung A1:2001 Anmerkung 3	01.12.2007
DIN EN 61187 Juni 1995	Elektrische und elektronische Messgeräte; Mitzuliefernde Unterlagen (IEC 1187:1993, modifiziert); Deutsche Fassung EN 61187:1994	DIN 43750:1974-11	–
DIN EN 61195 (VDE 0715-8) Juli 2000	Zweiseitig gesockelte Leuchtstofflampen; Sicherheitsanforderungen (IEC 61195:1999); Deutsche Fassung EN 61195:1999	DIN EN 61195: 1995-04 DIN EN 61195 A1:1999-04 Anmerkung 2.1	01.12.2002
DIN EN 61199 (VDE 0715-9) Juni 2000	Einseitig gesockelte Leuchtstofflampen; Sicherheitsanforderungen (IEC 61199:1999); Deutsche Fassung EN 61199:1999	DIN EN 61199: 1995-05 DIN EN 61199 A1:1998-02 DIN EN 61199 A2:1999-05 Anmerkung 2.1	01.12.2002
DIN EN 61204 (VDE 0557-1) September 1995	Stromversorgungsgeräte für Niederspannung mit Gleichstromausgang; Eigenschaften und Sicherheitsanforderungen (IEC 1204:1993, modifiziert); Deutsche Fassung EN 61204:1995	Keine	–
DIN EN 61210 (VDE 0613-6) September 1995	Verbindungsmaterial; Flachsteckverbindungen für elektrische Kupferleiter; Sicherheitsanforderungen (IEC 1210:1993, modifiziert); Deutsche Fassung EN 61210:1995	Keine	–

Nationale Norm [5)] Ausgabedatum	Titel	Ersetzte Norm	Datum der Beendigung der Konformitätsvermutung für die ersetzte Norm Anmerkung 1
DIN EN 61230 (VDE 0683-100) November 1996	Arbeiten unter Spannung; Ortsveränderliche Geräte zum Erden oder Erden und Kurzschließen (IEC 1230:1993, modifiziert); Deutsche Fassung EN 61230:1995	DIN VDE 0683-1: 1988-03	–
DIN EN 61230/A11 (VDE 0683-100/A11) August 2002	Arbeiten unter Spannung; Ortsveränderliche Geräte zum Erden oder Erden und Kurzschließen; Deutsche Fassung EN 61230:1995/ A11:1999	Anmerkung 3	01.10.2002
DIN EN 61236 (VDE 0682-651) November 1996	Mastsättel, Stangenschellen und Zubehör zum Arbeiten unter Spannung (IEC 1236:1993, modifiziert); Deutsche Fassung EN 61236:1995	Keine	–
DIN EN 61242 (VDE 0620-300) Oktober 2006	Elektrisches Installationsmaterial – Leitungsroller für den Hausgebrauch und ähnliche Zwecke (IEC 61242:1995, modifiziert); Deutsche Fassung EN 61242:1997 + A11:2004 + A12:2006 Anmerkung 11	DIN EN 61242: 2004-12	–
		Änderung A12: 2006 Anmerkung 3	01.09.2008
DIN EN 61243-3 (VDE 0682-401) September 1999	Arbeiten unter Spannung; Spannungsprüfer; Teil 3: Zweipoliger Spannungsprüfer für Niederspannungsnetze (IEC 61243-3:1998); Deutsche Fassung EN 61243-3:1998	DIN VDE 0680-5: 1988-09	–
DIN EN 61270-1 (VDE 0560-22) Dezember 1997	Kondensatoren für Mikrowellenkochgeräte; Teil 1: Allgemeines (IEC 61270-1:1996); Deutsche Fassung EN 61270-1:1996	DIN VDE 0560-22:1986-11	–
DIN EN 61293 Februar 1995	Kennzeichnung elektrischer Betriebsmittel mit Bemessungsdaten für die Stromversorgung; Anforderungen für die Sicherheit (IEC 1293:1994); Deutsche Fassung EN 61293:1994	DIN 40004: 1983-07	–
DIN EN 61307 August 1997	Industrielle Mikrowellen-Erwärmungsanlagen; Messverfahren für die Bestimmung der Ausgangsleistung (IEC 1307:1994); Deutsche Fassung EN 61307:1996	Keine	–

Nationale Norm [5)] Ausgabedatum	Titel	Ersetzte Norm	Datum der Beendigung der Konformitätsvermutung für die ersetzte Norm Anmerkung 1
DIN EN 61310-1 (VDE 0113-101) September 1996	Sicherheit von Maschinen; Anzeigen, Kennzeichen und Bedienen; Teil 1: Anforderungen an sichtbare, hörbare und tastbare Signale (IEC 1310-1:1995 und Berichtigung 1995); Deutsche Fassung EN 61310-1:1995	Keine	–
DIN EN 61310-2 (VDE 0113-102) September 1996	Sicherheit von Maschinen; Anzeigen, Kennzeichen und Bedienen; Teil 2: Anforderungen an die Kennzeichnung (IEC 1310-2:1995); Deutsche Fassung EN 61310-2:1995	Keine	–
DIN EN 61310-3 (VDE 0113-103) Dezember 1999	Sicherheit von Maschinen; Anzeigen, Kennzeichen und Bedienen; Teil 3: Anforderungen an die Anordnung und den Betrieb von Bedienteilen (Stellteilen) (IEC 61310-3:1999); Deutsche Fassung EN 61310-3:1999	Keine	–
DIN EN 61316 (VDE 0623-100) September 2000	Leitungsroller für industrielle Anwendung (IEC 61316:1999); Deutsche Fassung EN 61316:1999	DIN VDE 0623-2: 1985-05	–
DIN EN 61347-1 (VDE 0712-30) Dezember 2001	Geräte für Lampen; Teil 1: Allgemeine und Sicherheitsanforderungen (IEC 61347-1:2000); Deutsche Fassung EN 61347-1:2001	Keine	–
DIN EN 61347-1 (VDE 0712-30) Berichtigung 1 Oktober 2003	Berichtigungen zu DIN EN 61347-1 (VDE 0712-30):2001-12 (CENELEC-Corrigendum zu EN 61347-1:2001)	–	–
DIN EN 61347-2-1 (VDE 0712-31) August 2006	Geräte für Lampen – Teil 2-1: Besondere Anforderungen an Startgeräte (andere als Glimmstarter) (IEC 61347-2-1:2000 + A1:2005); Deutsche Fassung EN 61347-2-1:2001 + Corrigendum Juli 2003 + A1:2006	DIN EN 61347-2-1:2001-12 und deren Änderung Anmerkung 2.1	01.12.2006
		Änderung A1:2006 Anmerkung 3	01.02.2009

Nationale Norm [5) Ausgabedatum	Titel	Ersetzte Norm	Datum der Beendigung der Konformitätsvermutung für die ersetzte Norm Anmerkung 1
DIN EN 61347-2-1 (VDE 0712-31) Berichtigung 1 April 2007	Geräte für Lampen – Teil 2-1: Besondere Anforderungen an Startgeräte (andere als Glimmstarter) (IEC 61347-2-1:2000 + A1:2005); Deutsche Fassung EN 61347-2-1:2001 + Corrigendum Juli 2003 + A1:2006, Berichtigungen zu DIN EN 61347-2-1 (VDE 0712-31):2006-08; CENELEC-Corrigendum November 2006 zu EN 61347-2-1:2001/A1:2006	–	–
DIN EN 61347-2-2 (VDE 0712-32) August 2006[6)]	Geräte für Lampen – Teil 2-2: Besondere Anforderungen an gleich- oder wechselstromversorgte elektronische Konverter für Glühlampen (IEC 61347-2-2:2000 + A1:2005); Deutsche Fassung EN 61347-2-2:2001 + Corrigendum Juli 2003 + A1:2006	DIN EN 61347-2-2: 2001-12 und deren Änderung Anmerkung 2.1	01.12.2006
		Änderung A1: 2006 Anmerkung 3	01.02.2009
DIN EN 61347-2-3 (VDE 0712-33) August 2006	Geräte für Lampen – Teil 2-3: Besondere Anforderungen an wechselstromversorgte elektronische Vorschaltgeräte für Leuchtstofflampen (IEC 61347-2-3:2000 + A1:2004 + A2:2006); Deutsche Fassung EN 61347-2-3:2001 + Corrigendum Juli 2003 + A1:2004 + A2:2006	DIN EN 61347-2-3: 2005-02 und deren Änderung Anmerkung 2.1	01.12.2006
		Änderung A1: 2004 Anmerkung 3	01.09.2007
		Änderung A2: 2006 Anmerkung 3	01.02.2009
DIN EN 61347-2-4 (VDE 0712-34) Dezember 2001	Geräte für Lampen; Teil 2-4: Besondere Anforderungen an gleichstromversorgte elektronische Vorschaltgeräte für die Allgemeinbeleuchtung (IEC 61347-2-4:2000); Deutsche Fassung EN 61347-2-4:2001	DIN EN 60924: 1994-10 und deren Änderung Anmerkung 2.1	01.12.2006
DIN EN 61347-2-4 (VDE 0712-34) Berichtigung 1 Oktober 2003	Berichtigungen zu DIN EN 61347-2-4 (VDE 0712-34):2001-12 (CENELEC-Corrigendum zu EN 61347-2-4:2001)	–	–
DIN EN 61347-2-7 (VDE 0712-37) Dezember 2001[6)]	Geräte für Lampen; Teil 2-7: Besondere Anforderungen an gleichstromversorgte elektronische Vorschaltgeräte für die Notbeleuchtung (IEC 61347-2-7:2000); Deutsche Fassung EN 61347-2-7:2001	DIN EN 60924: 1994-10 und deren Änderung Anmerkung 2.1	01.12.2006

Nationale Norm [5)] Ausgabedatum	Titel	Ersetzte Norm	Datum der Beendigung der Konformitätsvermutung für die ersetzte Norm Anmerkung 1
DIN EN 61347-2-7 (VDE 0712-37) Berichtigung 1 Oktober 2003	Berichtigungen zu DIN EN 61347-2-7 (VDE 0712-37):2001-12 (CENELEC-Corrigendum zu EN 61347-2-7:2001)	–	–
DIN EN 61347-2-8 (VDE 0712-38) September 2006	Geräte für Lampen – Teil 2-8: Besondere Anforderungen an Vorschaltgeräte für Leuchtstofflampen (IEC 61347-2-8:2000 + A1:2006); Deutsche Fassung EN 61347-2-8:2001 + Corrigendum Juli 2003 + A1:2006	DIN EN 61347-2-8: 2001-12 und deren Änderungen Anmerkung 2.1	01.12.2006
DIN EN 61347-2-9 (VDE 0712-39) Juni 2004[6)]	Geräte für Lampen – Teil 2-9: Besondere Anforderungen an Vorschaltgeräte für Entladungslampen (ausgenommen Leuchtstofflampen) (IEC 61347-2-9:2000 + A1:2003); Deutsche Fassung EN 61347-2-9:2001 + Corrigendum Juli 2003 + A1:2003	DIN EN 61347-2-9: 2001-12 und deren Änderung Anmerkung 2.1	01.12.2006
		Änderung A1: 2003 Anmerkung 3	01.12.2010
DIN EN 61347-2-10 (VDE 0712-40) Dezember 2001	Geräte für Lampen; Teil 2-10: Besondere Anforderungen an elektronische Wechselrichter und Konverter für Hochfrequenzbetrieb von röhrenförmigen Kaltstart-Entladungslampen (Neonröhren) (IEC 61347-2-10:2000); Deutsche Fassung EN 61347-2-10:2001	Keine	–
DIN EN 61347-2-11 (VDE 0712-41) April 2002	Geräte für Lampen; Teil 2-11: Besondere Anforderungen an elektronische Module für Leuchten (IEC 61347-2-11:2001); Deutsche Fassung EN 61347-2-11:2001	Keine	–
DIN EN 61347-2-12 (VDE 0712-42) März 2006	Geräte für Lampen – Teil 2-12: Besondere Anforderungen an gleich- oder wechselstromversorgte elektronische Vorschaltgeräte für Entladungslampen (ausgenommen Leuchtstofflampen) (IEC 61347-2-12:2005); Deutsche Fassung EN 61347-2-12:2005	Keine	–
DIN EN 61386-1 (VDE 0605-1) Juli 2004	Elektroinstallationsrohrsysteme für elektrische Energie und für Informationen – Teil 1: Allgemeine Anforderungen (IEC 61386-1:1996 + A1:2000); Deutsche Fassung EN 61386-1:2004	DIN EN 50086-1:1994-05 Anmerkung 2.1	–

Nationale Norm [5] Ausgabedatum	Titel	Ersetzte Norm	Datum der Beendigung der Konformitätsvermutung für die ersetzte Norm Anmerkung 1
DIN EN 61386-21 (VDE 0605-21) August 2004	Elektroinstallationsrohrsysteme für elektrische Energie und für Informationen – Teil 21: Besondere Anforderungen für starre Elektroinstallationsrohrsysteme (IEC 61386-21:2002); Deutsche Fassung EN 61386-21:2004	DIN EN 50086-2-1:1995-12 DIN EN 50086-2-1 Berichtigung 1: 2000-04 Anmerkung 2.1	30.06.2008
DIN EN 61386-22 (VDE 0605-22) August 2004	Elektroinstallationsrohrsysteme für elektrische Energie und für Informationen – Teil 22: Besondere Anforderungen für biegsame Elektroinstallationsrohrsysteme (IEC 61386-22:2002); Deutsche Fassung EN 61386-22:2004	DIN EN 50086-2-2:1995-12 DIN EN 50086-2-2 Berichtigung 1: 2000-04 Anmerkung 2.1	30.06.2008
DIN EN 61386-23 (VDE 0605-23) August 2004	Elektroinstallationsrohrsysteme für elektrische Energie und für Informationen – Teil 23: Besondere Anforderungen für flexible Elektroinstallationsrohrsysteme (IEC 61386-23:2002); Deutsche Fassung EN 61386-23:2004	DIN EN 50086-2-3:1995-12 DIN EN 50086-2-3 Berichtigung 1: 2000-04 Anmerkung 2.1	30.06.2008
DIN EN 61386-23 (VDE 0605-23) Berichtigung 1 März 2005	Berichtigungen zu DIN EN 61386-23 (VDE 0605-23):2004-08	–	–
DIN EN 61400-1 (VDE 0127-1) August 2004[6]	Windenergieanlagen – Teil 1: Sicherheitsanforderungen (IEC 61400-1:1999, modifiziert); Deutsche Fassung EN 61400-1:2004	DIN V EN V 61400-1:1996-07	–
DIN EN 61400-1 (VDE 0127-1) Berichtigung 1 Dezember 2005	Windenergieanlagen – Teil 1: Sicherheitsanforderungen (IEC 61400-1:1999, modifiziert); Deutsche Fassung EN 61400-1:2004, Berichtigungen zu DIN EN 61400-1 (VDE 0127-1):2004-08	–	–
DIN EN 61400-2 (VDE 0127-2) Januar 1998[6]	Windenergieanlagen; Teil 2: Sicherheit kleiner Windenergieanlagen (IEC 61400-2:1996); Deutsche Fassung EN 61400-2:1996	Keine	–
DIN EN 61534-1 (VDE 0604-100) April 2004	Stromschienensysteme – Teil 1: Allgemeine Anforderungen (IEC 61534-1:2003); Deutsche Fassung EN 61534-1:2003	Keine	–

Nationale Norm [5) Ausgabedatum	Titel	Ersetzte Norm	Datum der Beendigung der Konformitätsvermutung für die ersetzte Norm Anmerkung 1
DIN EN 61537 (VDE 0639) Oktober 2002[6)]	Kabelträgersysteme zum Führen von Leitungen für elektrische Energie und Informationen (IEC 61537:2001); Deutsche Fassung EN 61537:2001	Keine	–
DIN EN 61549 (VDE 0715-12) September 2005	Sonderlampen (IEC 61549:2003 + A1:2005); Deutsche Fassung EN 61549:2003 + A1:2005	DIN EN 61549: 2004-01 und deren Änderungen Anmerkung 2.1 Änderung A1: 2005 Anmerkung 3	01.06.2006 01.04.2008
DIN EN 61557-1 (VDE 0413-1) Mai 1998	Elektrische Sicherheit in Niederspannungsnetzen bis AC 1000 V und DC 1500 V; Geräte zum Prüfen, Messen oder Überwachen von Schutzmaßnahmen; Teil 1: Allgemeine Anforderungen (IEC 61557-1:1997); Deutsche Fassung EN 61557-1:1997	DIN 57413-1: 1980-09 DIN 57413-2: 1973-01 DIN 57413-3: 1977-07 DIN 57413-4: 1977-07 DIN 57413-5: 1977-07 DIN 57413-7: 1982-07 DIN 57413-8: 1984-02 DIN 57413-9: 1984-02	–
DIN EN 61557-2 (VDE 0413-2) Mai 1998	Elektrische Sicherheit in Niederspannungsnetzen bis AC 1000 V und DC 1500 V; Geräte zum Prüfen, Messen oder Überwachen von Schutzmaßnahmen; Teil 2: Isolationswiderstand (IEC 61557-2:1997); Deutsche Fassung EN 61557-2:1997	DIN 57413-1: 1980-09	–
DIN EN 61557-3 (VDE 0413-3) Mai 1998	Elektrische Sicherheit in Niederspannungsnetzen bis AC 1000 V und DC 1500 V; Geräte zum Prüfen, Messen oder Überwachen von Schutzmaßnahmen; Teil 3: Schleifenwiderstand (IEC 61557-3:1997); Deutsche Fassung EN 61557-3:1997	DIN 57413-3: 1977-07	–

Nationale Norm [5)] Ausgabedatum	Titel	Ersetzte Norm	Datum der Beendigung der Konformitätsvermutung für die ersetzte Norm Anmerkung 1
DIN EN 61557-4 **(VDE 0413-4)** Mai 1998	Elektrische Sicherheit in Niederspannungsnetzen bis AC 1000 V und DC 1500 V; Geräte zum Prüfen, Messen oder Überwachen von Schutzmaßnahmen; Teil 4: Widerstand von Erdungsleitern, Schutzleitern und Potentialausgleichsleitern (IEC 61557-4:1997); Deutsche Fassung EN 61557-4:1997	DIN 57413-4: 1977-07	–
DIN EN 61557-5 **(VDE 0413-5)** Mai 1998	Elektrische Sicherheit in Niederspannungsnetzen bis AC 1000 V und DC 1500 V; Geräte zum Prüfen, Messen oder Überwachen von Schutzmaßnahmen; Teil 5: Erdungswiderstand (IEC 61557-5:1997); Deutsche Fassung EN 61557-5:1997	DIN 57413-5: 1977-07 DIN 57413-7: 1982-07	–
DIN EN 61557-6 **(VDE 0413-6)** Mai 1999	Elektrische Sicherheit in Niederspannungsnetzen bis AC 1000 V und DC 1500 V; Geräte zum Prüfen, Messen oder Überwachen von Schutzmaßnahmen; Teil 6: Fehlerstrom-Schutzeinrichtungen (RCD) in TT-, TN- und IT-Netzen (IEC 61557-6:1997, modifiziert); Deutsche Fassung EN 61557-6:1998	DIN VDE 0413-6:1987-08	–
DIN EN 61557-7 **(VDE 0413-7)** Mai 1998	Elektrische Sicherheit in Niederspannungsnetzen bis AC 1000 V und DC 1500 V; Geräte zum Prüfen, Messen oder Überwachen von Schutzmaßnahmen; Teil 7: Drehfeld (IEC 61557-7:1997); Deutsche Fassung EN 61557-7:1997	DIN 57413-9: 1984-02	–
DIN EN 61557-8 **(VDE 0413-8)** Mai 1998	Elektrische Sicherheit in Niederspannungsnetzen bis AC 1000 V und DC 1500 V; Geräte zum Prüfen, Messen oder Überwachen von Schutzmaßnahmen; Teil 8: Isolationsüberwachungsgeräte für IT-Netze (IEC 61557-8:1997); Deutsche Fassung EN 61557-8:1997	DIN 57413-2: 1973-01 DIN 57413-8: 1984-02	–

Nationale Norm [5) Ausgabedatum	Titel	Ersetzte Norm	Datum der Beendigung der Konformitätsvermutung für die ersetzte Norm Anmerkung 1
DIN EN 61557-9 (VDE 0413-9) August 2000	Elektrische Sicherheit in Niederspannungsnetzen bis AC 1 kV und DC 1,5 kV – Geräte zum Prüfen, Messen oder Überwachen von Schutzmaßnahmen; Teil 9: Einrichtungen zur Isolationsfehlersuche in IT-Systemen (IEC 61557-9:1999); Deutsche Fassung EN 61557-9:1999	Keine	–
DIN EN 61557-10 (VDE 0413-10) Dezember 2001	Elektrische Sicherheit in Niederspannungsnetzen bis AC 1000 V und DC 1500 V; Geräte zum Prüfen, Messen oder Überwachen von Schutzmaßnahmen; Teil 10: Kombinierte Messgeräte zum Prüfen, Messen oder Überwachen von Schutzmaßnahmen (IEC 61557-10:2000); Deutsche Fassung EN 61557-10:2001	Keine	–
DIN EN 61558-1 (VDE 0570-1) Juli 2006	Sicherheit von Transformatoren, Netzgeräten, Drosseln und dergleichen – Teil 1: Allgemeine Anforderungen und Prüfungen (IEC 61558-1:2005); Deutsche Fassung EN 61558-1:2005	DIN EN 61558-1: 1998-07 DIN EN 61558-1/A1: 1998-11 DIN EN 61558-1/A11: 2003-10 Anmerkung 2.1	01.10.2008
DIN EN 61558-2-1 (VDE 0570-2-1) Juli 1998	Sicherheit von Transformatoren, Netzgeräten und dergleichen; Teil 2-1: Besondere Anforderungen an Netztransformatoren für allgemeine Anwendungen (IEC 61558-2-1:1997); Deutsche Fassung EN 61558-2-1:1997	Keine	–
DIN EN 61558-2-2 (VDE 0570-2-2) Oktober 1998	Sicherheit von Transformatoren, Netzgeräten und dergleichen; Teil 2-2 Besondere Anforderungen an Steuertransformatoren (IEC 61558-2-2:1997); Deutsche Fassung EN 61558-2-2:1998 + Corrigendum 1998	Keine	–
DIN EN 61558-2-3 (VDE 0570-2-3) September 2000	Sicherheit von Transformatoren, Netzgeräten und dergleichen; Teil 2-3: Besondere Anforderungen an Zündtransformatoren für Gas- und Ölbrenner (IEC 61558-2-3:1999); Deutsche Fassung EN 61558-2-3:2000	DIN VDE 0550-5: 1972-09	–

Nationale Norm [5)] Ausgabedatum	Titel	Ersetzte Norm	Datum der Beendigung der Konformitätsvermutung für die ersetzte Norm Anmerkung 1
DIN EN 61558-2-4 (VDE 0570-2-4) Juli 1998	Sicherheit von Transformatoren, Netzgeräten und dergleichen; Teil 2-4: Besondere Anforderungen an Trenntransformatoren für allgemeine Anwendungen (IEC 61558-2-4:1997); Deutsche Fassung EN 61558-2-4:1997	DIN EN 60742:1995-09 Anmerkung 2.3	01.08.2001
DIN EN 61558-2-5 (VDE 0570-2-5) Oktober 1998	Sicherheit von Transformatoren, Netzgeräten und dergleichen; Teil 2-5: Besondere Anforderungen an Rasiersteckdosen-Transformatoren und Rasiersteckdosen-Einheiten (IEC 61558-2-5:1997); Deutsche Fassung EN 61558-2-5:1998	DIN EN 60742:1995-09 Anmerkung 2.3	01.01.2002
DIN EN 61558-2-5/A11 (VDE 0570-2-5/A11) Juli 2005	Sicherheit von Transformatoren, Netzgeräten und dergleichen – Teil 2-5: Besondere Anforderungen an Rasiersteckdosen-Transformatoren und Rasiersteckdosen-Einheiten; Deutsche Fassung EN 61558-2-5:1998/ A11:2004	Anmerkung 3	01.06.2007
DIN EN 61558-2-6 (VDE 0570-2-6) Juli 1998	Sicherheit von Transformatoren, Netzgeräten und dergleichen; Teil 2-6: Besondere Anforderungen an Sicherheitstransformatoren für allgemeine Anwendungen (IEC 61558-2-6:1997); Deutsche Fassung EN 61558-2-6:1997	DIN EN 60742:1995-09 Anmerkung 2.3	01.08.2001
DIN EN 61558-2-7 (VDE 0570-2-7) Juli 1998	Sicherheit von Transformatoren, Netzgeräten und dergleichen; Teil 2-7: Besondere Anforderungen an Transformatoren für Spielzeuge (IEC 61558-2-7:1997, modifiziert); Deutsche Fassung EN 61558-2-7:1997	DIN EN 60742:1995-09 Anmerkung 2.3	01.08.2001
DIN EN 61558-2-7/A11 (VDE 0570-2-7/A11) Mai 2003	Sicherheit von Transformatoren, Netzgeräten und dergleichen; Teil 2-7: Besondere Anforderungen an Transformatoren für Spielzeuge; Deutsche Fassung EN 61558-2-7/ A11:2002	Anmerkung 3	01.09.2005

Nationale Norm [5] Ausgabedatum	Titel	Ersetzte Norm	Datum der Beendigung der Konformitätsvermutung für die ersetzte Norm Anmerkung 1
DIN EN 61558-2-8 (VDE 0570-2-8) Juni 1999	Sicherheit von Transformatoren, Netzgeräten und dergleichen; Teil 2-8: Besondere Anforderungen an Klingel- und Läutewerktransformatoren (IEC 61558-2-8:1998); Deutsche Fassung EN 61558-2-8:1998	DIN EN 60742:1995-09 Anmerkung 2.3	01.07.2001
DIN EN 61558-2-9 (VDE 0570-2-9) Juni 2003	Sicherheit von Transformatoren, Netzgeräten und dergleichen; Teil 2-9: Besondere Anforderungen an Transformatoren für Handleuchten der Schutzklasse III für Wolframdrahtlampen (IEC 61558-2-9:2002), Deutsche Fassung EN 61558-2-9:2003	DIN EN 60742:1995-09 Anmerkung 2.3	01.12.2005
DIN EN 61558-2-12 (VDE 0570-2-12) Mai 2002	Sicherheit von Transformatoren, Netzgeräten und dergleichen; Teil 2-12: Besondere Anforderungen an magnetische Spannungskonstanthalter (IEC 61558-2-12:2001); Deutsche Fassung EN 61558-2-12:2001	Keine	–
DIN EN 61558-2-13 (VDE 0570-2-13) August 2000	Sicherheit von Transformatoren, Netzgeräten und dergleichen; Teil 2-13: Besondere Anforderungen an Spartransformatoren für allgemeine Anwendungen (IEC 61558-2-13:1999); Deutsche Fassung EN 61558-2-13:2000	DIN VDE 0550-4: 1966-04 DIN VDE 0550-4/ A1:1992-12	–
DIN EN 61558-2-15 (VDE 0570-2-15) November 2001	Sicherheit von Transformatoren, Netzgeräten und dergleichen; Teil 2-15: Besondere Anforderungen an Trenntransformatoren zur Versorgung medizinischer Räume (IEC 61558-2-15:1999, modifiziert); Deutsche Fassung EN 61558-2-15:2001	Keine	–
DIN EN 61558-2-17 (VDE 0570-2-17) Juli 1998	Sicherheit von Transformatoren, Netzgeräten und dergleichen; Teil 2-17: Besondere Anforderungen an Sicherheitstransformatoren für Schaltnetzteile (IEC 61558-2-17:1997); Deutsche Fassung EN 61558-2-17:1997	Keine	–

Nationale Norm [5)] Ausgabedatum	Titel	Ersetzte Norm	Datum der Beendigung der Konformitätsvermutung für die ersetzte Norm Anmerkung 1
DIN EN 61558-2-19 (VDE 0570-2-19) September 2001	Sicherheit von Transformatoren, Netzgeräten und dergleichen; Teil 2-19: Besondere Anforderungen an Störminderungs-Transformatoren (IEC 61558-2-19:2000); Deutsche Fassung EN 61558-2-19:2001	Keine	–
DIN EN 61558-2-20 (VDE 0570-2-20) April 2001	Sicherheit von Transformatoren, Netzgeräten und dergleichen; Teil 2-20: Besondere Anforderungen an Kleindrosseln (IEC 61558-2-20:2000); Deutsche Fassung EN 61558-2-20:2000	DIN VDE 0550-6: 1966-04	–
DIN EN 61558-2-23 (VDE 0570-2-23) April 2001	Sicherheit von Transformatoren, Netzgeräten und dergleichen; Teil 2-23: Besondere Anforderungen an Transformatoren für Baustellen (IEC 61558-2-23:2000); Deutsche Fassung EN 61558-2-23:2000	Keine	–
DIN EN 61643-11 (VDE 0675-6-11) Dezember 2002[6)]	Überspannungsschutzgeräte für Niederspannung; Teil 11: Überspannungsschutzgeräte für den Einsatz in Niederspannungsanlagen; Anforderungen und Prüfungen (IEC 61643-11:1998 + Corrigendum 1998, modifiziert); Deutsche Fassung EN 61643-11:2002	Keine	–
DIN EN 61643-21 (VDE 0845-3-1) März 2002	Überspannungsschutzgeräte für Niederspannung; Teil 21: Überspannungsschutzgeräte für den Einsatz in Telekommunikations- und signalverarbeitenden Netzwerken; Leistungsanforderungen und Prüfverfahren (IEC 61643-21:2000 + Corrigendum:2001); Deutsche Fassung EN 61643-21:2001	Keine	–
DIN EN 61770 (VDE 0700-600) Dezember 2004[6)]	Elektrische Geräte zum Anschluss an die Wasserversorgungsanlage – Vermeidung von Rücksaugung und des Versagens von Schlauchsätzen (IEC 61770:1998 + A1:2004); Deutsche Fassung EN 61770:1999 + A1:2004	DIN EN 61770: 2001-05 DIN EN 61770 Berichtigung 1: 2002-01 Anmerkung 2.1	01.04.2002

Nationale Norm [5]) Ausgabedatum	Titel	Ersetzte Norm	Datum der Beendigung der Konformitätsvermutung für die ersetzte Norm Anmerkung 1
DIN EN 61800-5-1 (VDE 0160-105) September 2003	Elektrische Leistungsantriebssysteme mit einstellbarer Drehzahl; Teil 5-1: Anforderungen an die Sicherheit – Elektrische, thermische und energetische Anforderungen (IEC 61800-5-1:2003-02); Deutsche Fassung EN 61800-5-1:2003	Keine	–
DIN EN 61800-5-1 (VDE 0160-105) Berichtigung 1 März 2004	Berichtigung zu DIN EN 61800-5-1 (VDE 0160-105):2003-09	–	–
DIN EN 61800-5-1 (VDE 0160-105) Berichtigung 2 Januar 2006	Elektrische Leistungsantriebssysteme mit einstellbarer Drehzahl – Teil 5-1: Anforderungen an die Sicherheit – Elektrische, thermische und energetische Anforderungen (IEC 61800-5-1:2003-02); Deutsche Fassung EN 61800-5-1:2003, Berichtigungen zu DIN EN 61800-5-1 (VDE 0160-105):2003-09	–	–
DIN EN 61812-1 (VDE 0435-2021) August 1999	Relais mit festgelegtem Zeitverhalten (Zeitrelais) für industrielle Anwendungen; Teil 1: Anforderungen und Prüfungen (IEC 61812-1:1996, modifiziert); Deutsche Fassung EN 61812-1:1996 + A11:1999	DIN EN 61812-1: 1997-07	
DIN EN 61851-1 (VDE 0122-1) November 2001	Elektrische Ausrüstung von Elektro-Straßenfahrzeugen; Konduktive Ladesysteme für Elektrofahrzeuge; Teil 1: Allgemeine Anforderungen (IEC 61851-1:2001); Deutsche Fassung EN 61851-1:2001	DIN V EN V 50275-1:2000-02	–
DIN EN 61851-1 (VDE 0122-1) Berichtigung 1 Dezember 2002	Berichtigungen zu DIN EN 61851-1 (VDE 0122-1):2001-11	–	–
DIN EN 61851-21 (VDE 0122-2-1) Oktober 2002	Elektrische Ausrüstung von Elektro-Straßenfahrzeugen; Konduktive Ladesysteme für Elektrofahrzeuge; Teil 2-1: Anforderung eines Elektrofahrzeuges für konduktive Verbindung an AC/DC-Versorgung (IEC 61851-21:2001); Deutsche Fassung EN 61851-21:2002	DIN V EN V 50275-2-1:2000-02	–

Nationale Norm [5) Ausgabedatum	Titel	Ersetzte Norm	Datum der Beendigung der Konformitätsvermutung für die ersetzte Norm Anmerkung 1
DIN EN 61851-22 (VDE 0122-2-2) Oktober 2002	Elektrische Ausrüstung von Elektro-Straßenfahrzeugen; Konduktive Ladesysteme für Elektrofahrzeuge; Teil 2-2: Wechselstrom-Ladestation für Elektrofahrzeuge (IEC 61851-22:2001); Deutsche Fassung EN 61851-22:2002	DIN V EN V 50275-2-2: 2000-02	–
DIN EN 61921 (VDE 0560-700) Februar 2004	Leistungskondensatoren – Kondensatorbatterien zur Korrektur des Niederspannungsleistungsfaktors (IEC 61921:2003); Deutsche Fassung EN 61921:2003	Keine	–
DIN EN 62020 (VDE 0663) November 2005	Elektrisches Installationsmatarial – Differenzstrom-Überwachungsgeräte für Hausinstallationen und ähnliche Verwendungen (RCMs) (IEC 62020:1998 + A1:2003, modifiziert); Deutsche Fassung EN 62020:1998 + A1:2005.	DIN EN 62020: 1999-07	–
		A1:2005 Anmerkung 3	01.03.2008
DIN EN 62035 (VDE 0715-10) Mai 2004	Entladungslampen (ausgenommen Leuchtstofflampen) – Sicherheitsanforderungen (IEC 62035:1999, modifiziert + A1:2003, modifiziert); Deutsche Fassung EN 62035:2000 + A1:2003	DIN EN 62035: 2000-08	–
DIN EN 62040-1-1 (VDE 0558-511) Oktober 2003	Unterbrechungsfreie Stromversorgungssysteme (USV); Teil 1-1: Allgemeine Anforderungen und Sicherheitsanforderungen an USV außerhalb abgeschlossener Betriebsräume (IEC 62040-1-1:2002 + Corrigendum 2002); Deutsche Fassung EN 62040-1-1:2003	DIN EN 50091-1-1: 1997-07 Anmerkung 2.1	01.11.2005
DIN EN 62040-1-2 (VDE 0558-512) Oktober 2003	Unterbrechungsfreie Stromversorgungssysteme (USV); Teil 1-2: Allgemeine Anforderungen und Sicherheitsanforderungen an USV in abgeschlossenen Betriebsräumen (IEC 62040-1-2:2002 + Corrigendum 2002); Deutsche Fassung EN 62040-1-2:2003	DIN EN 50091-1-2: 1999-05 DIN EN 50091-1-2 Berichtigung 1: 2000-07 Anmerkung 2.1	01.11.2005

Nationale Norm [5)] Ausgabedatum	Titel	Ersetzte Norm	Datum der Beendigung der Konformitätsvermutung für die ersetzte Norm Anmerkung 1
DIN EN 62094-1 (VDE 0632-700) November 2003	Anzeigeleuchten für Haushalt und ähnliche ortsfeste elektrische Installationen; Teil 1: Allgemeine Anforderungen (IEC 62094-1:2002); Deutsche Fassung EN 62094-1:2003	Keine	–
DIN EN 62094-1/A11 (VDE 0632-700/A11) November 2004	Anzeigeleuchten für Haushalt und ähnliche ortsfeste elektrische Installationen – Teil 1: Allgemeine Anforderungen – Änderung A11; Deutsche Fassung EN 62094-1:2003/ A11:2003	Anmerkung 3	01.07.2006
DIN EN 62196-1 (VDE 0623-5) Juni 2004	Stecker, Steckdosen, Fahrzeugsteckvorrichtungen und Fahrzeugstecker – Ladung von Elektrowerkzeugen – Teil 1: Leitungsgebundenes Laden von Elektrofahrzeugen bis 250 A Wechselstrom und 400 A Gleichstrom (IEC 62196-1:2003); Deutsche Fassung EN 62196-1:2003	Keine	–
DIN EN 62208 (VDE 0660-511) April 2005	Leergehäuse für Niederspannungs-Schaltgerätekombinationen – Allgemeine Anforderungen (IEC 62208:2002); Deutsche Fassung EN 62208:2003	DIN EN 50298:1999-06 Anmerkung 2.1	01.12.2006
DIN EN 62208 (VDE 0660-511) Berichtigung 1 Mai 2007	Leergehäuse für Niederspannungs-Schaltgerätekombinationen – Allgemeine Anforderungen (IEC 62208:2002); Deutsche Fassung EN 62208:2003, Berichtigungen zu DIN EN 62208 (VDE 0660-511):2005-04	–	–
DIN EN 62310-1 (VDE 0558-310-1) März 2006	Statische Transferschalter (STS) – Teil 1: Allgemeine und Sicherheitsanforderungen (IEC 62310-1:2005); Deutsche Fassung EN 62310-1:2005	Keine	–
DIN VDE 0276-603 Januar 2005	Starkstromkabel – Teil 603: Energieverteilungskabel mit Nennspannungen Uo/U 0,6/1 kV; Deutsche Fassung HD 603 S1:1994/ A2:2003	DIN VDE 0276-603:2000-05	–
		Änderung A1: 1997 Anmerkung 3	01.09.1998
		Änderung A2: 2003 Anmerkung 3	01.02.2006

Nationale Norm [5) Ausgabedatum	Titel	Ersetzte Norm	Datum der Beendigung der Konformitätsvermutung für die ersetzte Norm Anmerkung 1
DIN VDE 0276-603 (VDE 0276-603) Berichtigung 1 April 2005	Berichtigungen zu DIN VDE 0276-603 (VDE 0276-603):2005-01	–	–
DIN VDE 0276-604 Oktober 1995	Starkstromkabel; Teil 604: Starkstromkabel mit Nennspannungen Uo/U 0,6/1 kV mit verbessertem Verhalten im Brandfall für Kraftwerke; Deutsche Fassung HD 604 S1 Teil 1 und Teil 5G:1994	DIN 0266:1985-02	–
DIN VDE 0276-605 Oktober 1995	Starkstromkabel; Teil 605: Ergänzende Prüfverfahren; Deutsche Fassung HD 605 S1:1994	Keine	–
DIN VDE 0276-605/A1 Dezember 1996	Starkstromkabel; Teil 605: Ergänzende Prüfverfahren; Deutsche Fassung HD 605 S1:1994/ A1:1996	Anmerkung 3	01.12.1996
DIN VDE 0276-626 Januar 1997	Starkstromkabel; Teil 626: Isolierte Freileitungsseile für oberirdische Verteilungsnetze mit Nennspannung Uo/U(Um):0,6/1(1,2) kV; Deutsche Fassung HD 626 S1 Teil 1, 2 und 4F-1:1996	Keine	–
DIN VDE 0276-626/A1 Juli 1998	Starkstromkabel; Teil 626/A1: Isolierte Freileitungsseile für oberirdische Verteilungsnetze mit Nennspannungen Uo/U(Um):0,6/1(1,2)kV; Deutsche Fassung HD 626 S1/A1:1997	Anmerkung 3	01.12.1997
DIN VDE 0276-627 (VDE 0276-627) September 2006	Starkstromkabel – Teil 627: Vieladrige und vielpaarige Kabel für die Verlegung in Luft und in Erde; Deutsche Fassung HD 627 S1:1996 + A1:2000 + A2:2005, Teile 0, 1, 4H und 7H	DIN VDE 0276-627:2002-06	–
		Änderung A2: 2005 Anmerkung 3	01.06.2008
DIN VDE 0281-1 September 2003	Starkstromleitungen mit thermoplastischer Isolierhülle für Nennspannungen bis 450/750 V; Teil 1: Allgemeine Anforderungen; Deutsche Fassung HD 21.1 S4:2002	DIN VDE 0281-1:1999-01 Anmerkung 2.1	01.09.2003

Nationale Norm [5)] Ausgabedatum	Titel	Ersetzte Norm	Datum der Beendigung der Konformitätsvermutung für die ersetzte Norm Anmerkung 1
DIN VDE 0281-2 September 2003	Starkstromleitungen mit thermoplastischer Isolierhülle für Nennspannungen bis 450/750 V; Teil 2: Prüfverfahren (IEC 60227-2:1979, modifiziert); Deutsche Fassung HD 21.2 S3:1997 + A1:2002	DIN VDE 0281-2: 1999-01 und deren Änderungen Anmerkung 2.1	01.06.1999
DIN VDE 0281-3 Januar 2001	Polyvinylchlorid-isolierte Leitungen mit Nennspannungen bis 450/750 V; Teil 3: Aderleitungen für feste Verlegung; Deutsche Fassung HD 21.3 S3:1995 + A1:1999	DIN VDE 0281-3: 1995-12	–
DIN VDE 0281-5 September 2002	Polyvinylchlorid-isolierte Leitungen mit Nennspannungen bis 450/750 V; Teil 5: Flexible Leitungen (IEC 60227-5:1979, modifiziert); Deutsche Fassung HD 21.5 S3:1994 + A1:1999 + A2:2001	DIN VDE 0281-5: 2001-01	–
DIN VDE 0281-7 Januar 2001	Polyvinylchlorid-isolierte Leitungen mit Nennspannungen bis 450/750 V; Teil 7: Einadrige Leitungen ohne Mantel für die innere Verdrahtung mit einer höchstzulässigen Betriebstemperatur am Leiter von 90 °C; Deutsche Fassung HD 21.7 S2:1996 + A1:1999	DIN VDE 0281-7: 1996-10	–
		DIN VDE 0281-108/03: 1994/Anmerkung 2.1	01.09.1997
DIN VDE 0281-8 September 2000	Polyvinylchlorid-isolierte Leitungen mit Nennspannungen bis 450/750 V; Teil 8: Einadrige Leitungen ohne Mantel für Lichterketten; Deutsche Fassung HD 21.8 S2:1999	DIN VDE 0281-8: 1995-10 Anmerkung 2.1	01.08.2001
DIN VDE 0281-9 Januar 2001	Polyvinylchlorid-isolierte Leitungen mit Nennspannungen bis 450/750 V; Teil 9: Einadrige Leitungen ohne Mantel zur Verlegung bei tiefen Temperaturen; Deutsche Fassung HD 21.9 S2:1995 + A1:1999	DIN VDE 0281-9: 1995-12	
DIN VDE 0281-10 Februar 2003	Polyvinylchlorid-isolierte Starkstromleitungen mit Nennspannungen bis 450/750 V; Teil 10: Wendelleitungen; Deutsche Fassung HD 21.10 S2:2001	DIN VDE 0281-10:1994-03 Anmerkung 2.1	01.08.2003

Nationale Norm [5] Ausgabedatum	Titel	Ersetzte Norm	Datum der Beendigung der Konformitätsvermutung für die ersetzte Norm Anmerkung 1
DIN VDE 0281-11 Februar 2003	Polyvinylchlorid-isolierte Stromleitungen mit Nennspannungen bis 450/750 V; Teil 11: Leitungen für Leuchten; Deutsche Fassung HD 21.11 S1:1995 + A1:2001	DIN VDE 0281-11:1996-05	–
DIN VDE 0281-12 Februar 2003	Polyvinylchlorid-isolierte Starkstromleitungen mit Nennspannungen bis 450/750 V; Teil 12: Wärmebeständige flexible Leitungen; Deutsche Fassung HD 21.12 S1:1994 + A1:2001	DIN VDE 0281-12:1995-10	–
DIN VDE 0281-13 Februar 2003	Polyvinylchlorid-isolierte Starkstromleitungen mit Nennspannungen bis 450/750 V; Teil 13: Ölbeständige PVC-Steuerleitungen mit zwei oder mehr Adern; Deutsche Fassung HD 21.13 S1:1995 + A1:2001	DIN VDE 0281-13:1996-05	–
DIN VDE 0281-14 Mai 2004	Leitungen mit thermoplastischer Isolierhülle für Nennspannungen bis 450/750 V – Teil 14: Flexible Leitungen, Schlauchleitung mit thermoplastischen halogenfreien Werkstoffen; Deutsche Fassung HD 21.14 S1:2003	Keine	–
DIN VDE 0282-1 September 2003	Starkstromleitungen mit vernetzter Isolierhülle für Nennspannungen bis 450/750 V; Teil 1: Allgemeine Anforderungen; Deutsche Fassung HD 22.1 S4:2002	DIN VDE 0282-1: 1999-01 Anmerkung 2.1	01.09.2003
DIN VDE 0282-2 September 2003	Starkstromleitungen mit vernetzter Isolierhülle für Nennspannungen bis 450/750 V; Teil 2: Prüfverfahren (IEC 60245-2:1994, modifiziert); Deutsche Fassung HD 22.2 S3:1997 + A1:2002	DIN VDE 0282-2: 1999-01 und deren Änderungen Anmerkung 2.1	01.06.1999
DIN VDE 0282-3 (VDE 0282-3) Dezember 2006	Starkstromleitungen mit vernetzter Isolierhülle für Nennspannungen bis 450/750 V – Teil 3: Wärmebeständige Silikonaderleitungen; Deutsche Fassung HD 22.3 S4:2004 + A1:2006	DIN VDE 0282-3: 2005-02 Anmerkung 2.1	01.02.2006
		Änderung A1:2006 Anmerkung 3	01.12.2007

Nationale Norm [5)] Ausgabedatum	Titel	Ersetzte Norm	Datum der Beendigung der Konformitätsvermutung für die ersetzte Norm Anmerkung 1
DIN VDE 0282-4 Februar 2005	Starkstromleitungen mit vernetzter Isolierhülle für Nennspannungen bis 450/750 V; Teil 4: Flexible Leitungen; Deutsche Fassung HD 22.4 S4:2004	DIN VDE 0282-4: 2003-10 und deren Änderungen Anmerkung 2.1	01.02.2006
DIN VDE 0282-4 Berichtigung 1 Mai 2005	Starkstromleitungen mit vernetzter Isolierhülle für Nennspannungen bis 450/750 V – Teil 4: Flexible Leitungen; Deutsche Fassung HD 22.4 S4:2004; Berichtigungen zu DIN VDE 0282-4 (VDE 0282-4):2005-02	–	–
DIN VDE 0282-6 Februar 2005	Starkstromleitungen mit vernetzter Isolierhülle für Nennspannungen bis 450/750 V – Teil 6: Lichtbogenschweißleitungen; Deutsche Fassung HD 22.6 S2:1995 + A1:1999 + A2:2004	DIN VDE 0282-6: 2000-07 DIN VDE 0282-803/04:1991 Anmerkung 2.1	– 01.07.1997
DIN VDE 0282-7 Februar 2005	Starkstromleitungen mit vernetzter Isolierhülle für Nennspannungen bis 450/750 V – Teil 7: Aderleitungen mit erhöhter Wärmebeständigkeit für die innere Verdrahtung mit einer höchstzulässigen Temperatur am Leiter von 110 °C; Deutsche Fassung HD 22.7 S2:1995 + A1:1999 + A2:2004	DIN VDE 0282-7: 2000-07 DIN VDE 0282-501:1994-01 Anmerkung 2.1	– 01.07.1997
DIN VDE 0282-8 Februar 2005	Starkstromleitungen mit vernetzter Isolierhülle für Nennspannungen bis 450/750 V – Teil 8: Starkstromleitungen mit einem Mantel aus Polychloropren oder gleichwertigem synthetischen Elastomer für Lichterketten; Deutsche Fassung HD 22.8 S2:1994 + A1:1999 + A2:2004	DIN VDE 0282-8: 2000-07	
DIN VDE 0282-9 Juli 2000	Gummi-isolierte Leitungen mit Nennspannungen bis 450/750 V; Teil 9: Einadrige Leitungen ohne Mantel für feste Verlegung mit geringer Entwicklung von Rauch und korrosiven Gasen im Brandfall; Deutsche Fassung HD 22.9 S2:1995 + A1:1999	DIN VDE 0282-9: 1996-03 DIN VDE 0282-9:1994-01 Anmerkung 2.1	– 01.07.1997

Nationale Norm [5)] Ausgabedatum	Titel	Ersetzte Norm	Datum der Beendigung der Konformitätsvermutung für die ersetzte Norm Anmerkung 1
DIN VDE 0282-10 Juli 2000	Gummi-isolierte Leitungen mit Nennspannungen bis 450/750 V; Teil 10: EPR-isolierte flexible Starkstromleitungen mit Polyurethanmantel; Deutsche Fassung HD 22.10 S1:1994 + A1:1999	DIN VDE 0282-10:1995-11	–
DIN VDE 0282-11 Juli 2000	Gummi-isolierte Leitungen mit Nennspannungen bis 450/750 V; Teil 11: EVA-Schlauchleitungen; Deutsche Fassung HD 22.11 S1:1995 + A1:1999	DIN VDE 0282-11:1995-11	–
DIN VDE 0282-12 Juli 2000	Gummi-isolierte Leitungen mit Nennspannungen bis 450/750 V; Teil 12: Wärmebeständige Schlauchleitungen mit EPR-Isolierhülle; Deutsche Fassung HD 22.12 S1:1996 + A1:1999	DIN VDE 0282-12:1997-04	–
DIN VDE 0282-13 Dezember 2000	Gummi-isolierte Leitungen mit Nennspannungen bis 450/750 V; Teil 13: Ein-, mehr- und vieladrige Schlauchleitungen mit Isolierhülle und Mantel aus vernetztem Polymer, mit geringer Entwicklung von Rauch und korrosiven Gasen im Brandfall; Deutsche Fassung HD 22.13 S1:1996 + A1:2000	DIN VDE 0282-13:1996-12	–
DIN VDE 0282-14 September 2003	Starkstromleitungen mit vernetzter Isolierhülle für Nennspannungen bis 450/750 V; Teil 14: Leitungen für Anwendungen, die hohe Flexibilität erfordern; Deutsche Fassung HD 22.14 S2:2002	DIN VDE 0282-14:2000-07 Anmerkung 2.1	01.09.2003
DIN VDE 0282-15 Mai 2000	Gummi-isolierte Leitungen mit Nennspannungen bis 450/750 V; Teil 15: Wärmebeständige mehradrige SiR-Schlauchleitungen; Deutsche Fassung HD 22.15 S1:1999	DIN VDE 0250-816:1982-06	–

Nationale Norm[5] Ausgabedatum	Titel	Ersetzte Norm	Datum der Beendigung der Konformitätsvermutung für die ersetzte Norm Anmerkung 1
DIN VDE 0282-16 Oktober 2000	Gummi-isolierte Leitungen mit Nennspannungen bis 450/750 V; Teil 16: Wasserbeständige schwere Schlauchleitungen mit Mantel aus Polychloropren oder gleichwertigem synthetischen Gummi; Deutsche Fassung HD 22.16 S1:2000	Keine	–
DIN VDE 0292 Oktober 1999[6]	System für Typkurzzeichen von isolierten Leitungen; Deutsche Fassung HD 361 S3:1999	Keine	–
DIN VDE 0293-308 Januar 2003	Kennzeichnung der Adern von Kabeln/ Leitungen und flexiblen Leitungen durch Farben; Deutsche Fassung HD 308 S2:2001	DIN VDE 0293:1990-01 Anmerkung 2.1	01.04.2006
DIN VDE 0298-300 Februar 2004	Verwendung von Kabeln und isolierten Leitungen für Starkstromanlagen – Teil 300: Leitfaden für die Verwendung harmonisierter Niederspannungsstarkstromleitungen; Deutsche Fassung HD 516 S2:1997 + A1:2003	DIN VDE 0298-300:1999-04	–
DIN VDE 0545-1 Januar 1990	Sicherheitsanforderungen für den Bau und die Errichtung von Einrichtungen zum Widerstandsschweißen und für verwandte Verfahren; Deutsche Fassung EN 50063:1989	Keine	–
DIN VDE 0636-201 Januar 2006	Niederspannungssicherungen (NH-System) – Teil 2-1: Zusätzliche Anforderungen an Sicherungen zum Gebrauch durch Elektrofachkräfte bzw. elektrotechnisch unterwiesene Personen (Sicherungen überwiegend für den industriellen Gebrauch) – Hauptabschnitte I bis VI: Beispiele von genormten Sicherungstypen (IEC 60269-2-1:2004, modifiziert); Deutsche Fassung HD 60269-2-1:2005	DIN VDE 0636-201:2004-10 DIN 43623/05: 1981-05 Anmerkung 2.1	01.04.2008 –

Nationale Norm [5)] Ausgabedatum	Titel	Ersetzte Norm	Datum der Beendigung der Konformitätsvermutung für die ersetzte Norm Anmerkung 1
DIN VDE 0636-301 August 2005	Niederspannungssicherungen – Teil 3-1: Zusätzliche Anforderungen an Sicherungen zum Gebrauch durch Laien (Sicherungen überwiegend für Hausinstallationen und ähnliche Anwendungen) – Hauptabschnitte I bis IV: Beispiele von genormten Sicherungstypen (IEC 60269-3-1:2004, modifiziert); Deutsche Fassung HD 60269-3-1:2004	DIN VDE 0636-301:2003-06 Anmerkung 2.1	01.11.2007
DIN VDE 0711-201 September 1991	Leuchten; Teil 2: Besondere Anforderungen; Hauptabschnitt Eins – Ortsfeste Leuchten für allgemeine Zwecke (IEC 598-2-1 (1979) – 1. Ausgabe und Änderung 1 (1987)); Deutsche Fassung EN 60598-2-1:1989	Keine	–
DIN VDE 0711-207 März 1992	Leuchten; Teil 2: Besondere Anforderungen; Hauptabschnitt Sieben – Ortsveränderliche Gartenleuchten (IEC 598-2-7 (1982) – 1. Ausgabe und Änderung 1 (1987), modifiziert); Deutsche Fassung EN 60598-2-7:1989	Änderung A13: 1997 s. DIN EN 60598-2-7:1989 Anmerkung 3 Änderung A2:1996, s. DIN EN 60598-2-7:1989 Anmerkung 3	– 01.03.2002
DIN VDE 0711-209 Mai 1992	Leuchten; Teil 2: Besondere Anforderungen; Hauptabschnitt Neun – Photo- und Filmaufnahmeleuchten (nicht professionelle Anwendung) (IEC 598-2-9 (1987) – 2. Ausgabe); Deutsche Fassung EN 60598-2-9:1989	Änderung A1: 1994 s. DIN EN 60598-2-9:1989 Anmerkung 3	01.04.2000
DIN VDE 0711-217 Juli 1992	Leuchten; Teil 2: Besondere Anforderungen; Hauptabschnitt Siebzehn – Leuchten für Bühnen, Fernseh-, Film- und Photographie-Studios (außen und innen) (IEC 598-2-17 (1984), 1. Ausgabe, und Änderung 1 (1987) und Änderung 2 (1990)); Deutsche Fassung EN 60598-2-17:1989 + A2:1991		
DIN VDE 0711-217 Berichtigung 1 Oktober 1999	Berichtigungen zu DIN VDE 0711-217 (VDE 0711-217):1992-07	–	–

Nationale Norm [5] Ausgabedatum	Titel	Ersetzte Norm	Datum der Beendigung der Konformitätsvermutung für die ersetzte Norm Anmerkung 1
DIN VDE 0711-219 August 1992	Leuchten; Teil 2: Besondere Anforderungen; Hauptabschnitt Neunzehn: Luftführende Leuchten (Sicherheitsanforderungen) (IEC 598-2-19:1981, 1. Ausgabe, und Änderung 1:1987, modifiziert); Deutsche Fassung EN 60598-2-19:1989	Änderung A2:1998, s. DIN EN 60598-2-19:1989 Anmerkung 3	01.10.1998

1) Dieses Verzeichnis ersetzt den Abschnitt 1 des Verzeichnisses 1, Teil 1 (Normen gemäß Verordnung über das Inverkehrbringen elektrischer Betriebsmittel zur Verwendung innerhalb bestimmter Spannungsgrenzen – 1. GPSGV – Stand Februar 2006; BAnz. 2006 S. 1162 ff.).

2) Abschnitt 2 Internationale und nationale Normen ist in Vorbereitung. Bis zum Zeitpunkt der Bekanntmachung gilt der Abschnitt 2 des Verzeichnisses Normen gemäß Verordnung über das Inverkehrbringen elektrischer Betriebsmittel zur Verwendung innerhalb bestimmter Spannungsgrenzen – 1. GSGV – Stand November 2002 – (BAnz. 2003 S, 284 ff.).

3) Konformitätsvermutung: Der Hersteller kann davon ausgehen, dass bei korrekter Anwendung dieser Normen die grundlegenden Anforderungen der entsprechenden EU-Richtlinie erfüllt sind.

4) Dieses Verzeichnis enthält alle umgesetzten harmonisierten Normen, die im Amtsblatt der Europäischen Union C 208 S. 1 ff. vom 30. August 2006 veröffentlicht worden sind.

5) DIN Deutsches Institut für Normung e. V.; Bezugsquelle Beuth Verlag GmbH, 10772 Berlin.
VDE VERLAG, Bismarckstraße 33, 10625 Berlin.

6) Folgende Ausgaben der harmonisierten Normen wurden inzwischen ersetzt. Die ersetzten Ausgaben wurden jedoch noch nicht im Amtsblatt der Europäischen Union veröffentlicht:

Nationale Norm	Datum	wurde ersetzt durch
DIN EN 50366	November 2003	November 2006
DIN EN 60034-5	Dezember 2001	September 2007
DIN EN 60061-4	August 2005	Februar 2007
DIN EN 60065	Januar 2003	Dezember 2006
DIN EN 60127-1	August 2003	Februar 2007
DIN EN 60143-1	Januar 1995	Dezember 2004
DIN EN 60155	Februar 1996	Juli 2007
DIN EN 60204-1	November 1998	Juni 2007
DIN EN 60335-1	Juni 2005	Februar 2007
DIN EN 60335-2-4	Dezember 2004	Januar 2007
DIN EN 60335-2-7	Dezember 2004	Januar 2007
DIN EN 60335-2-9	November 2004	Januar 2007
DIN EN 60335-2-11	September 2005	Februar 2007
DIN EN 60335-2-14	Mai 2004	April 2007
DIN EN 60335-2-17	August 2003	Dezember 2006
DIN EN 60335-2-25	März 2006	April 2007
DIN EN 60335-2-35	Juli 2003	Juli 2007
DIN EN 60335-2-59	April 2004	Dezember 2006
DIN EN 60335-2-73	April 2004	Dezember 2006
DIN EN 60335-2-79	Juni 2005	März 2007
DIN EN 60335-2-90	Mai 2004	Dezember 2006
DIN EN 60439-5	Februar 1997	Mai 2007
DIN EN 60519-2	März 1995	Mai 2007
DIN EN 60519-4	September 2000	Mai 2007
DIN EN 60669-2-2	Oktober 1997	Mai 2007
DIN EN 60669-2-3	Juni 1998	Mai 2007
DIN EN 60691	Juli 2003	September 2007
DIN EN 60898-2	Juli 2002	März 2007
DIN EN 60947-2	März 2004	April 2007
DIN EN 60947-4-2	Dezember 2002	September 2007
DIN EN 60947-4-3	September 2000	August 2007
DIN EN 60947-8	April 2004	Juli 2007
DIN EN 60950-1	März 2003	November 2006
DIN EN 61010-2-020	März 1995	März 2007
DIN EN 61048	Dezember 2000	Februar 2007
DIN EN 61140	August 2003	März 2007
DIN EN 61347-2-2	August 2006	März 2007
DIN EN 61347-2-7	Dezember 2001	Juni 2007
DIN EN 61347-2-9	Juni 2004	März 2007
DIN EN 61400-1	August 2004	Juli 2006
DIN EN 61400-2	Januar 1998	Februar 2007
DIN EN 61537	Oktober 2002	September 2007
DIN EN 61643-11	Dezember 2002	August 2007
DIN EN 61770	Dezember 2004	Januar 2007
DIN VDE 0292	Oktober 1999	Mai 2007

Anmerkung 1:

Im Allgemeinen wird das Datum der Beendigung der Konformitätsvermutung das Datum der Zurückziehung sein („Dow"), das von der europäischen Normungsorganisation festgelegt wird, aber die Anwender dieser Normen werden darauf aufmerksam gemacht, dass dies in bestimmten Ausnahmefällen anders sein kann.

Anmerkung 2.1:

Die neue (oder geänderte) Norm hat denselben Anwendungsbereich wie die ersetzte Norm. Ab dem festgelegten Datum besteht für die ersetzte Norm nicht mehr die Konformitätsvermutung mit den grundlegenden Anforderungen der Richtlinie.

Anmerkung 2.2:

Die neue Norm hat einen größeren Anwendungsbereich als die ersetzte Norm. Zu dem festgelegten Datum besteht für die ersetzte Norm nicht mehr die Konformitätsvermutung mit den grundlegenden Anforderungen der Richtlinie.

Anmerkung 2.3:

Die neue Norm hat einen kleineren Anwendungsbereich als die ersetzte Norm. Ab dem festgelegten Datum besteht für die (teilweise) ersetzte Norm nicht mehr die Konformitätsvermutung mit den grundlegenden Anforderungen der Richtlinie für jene Produkte, die in den Anwendungsbereich der neuen Norm fallen. Die Konformitätsvermutung mit den grundlegenden Anforderungen der Richtlinie für Produkte, die noch in den Anwendungsbereich der (teilweise) ersetzten Norm, aber nicht in den Anwendungsbereich der neuen Norm fallen, ist nicht betroffen.

Anmerkung 3:

Wenn es Änderungen gibt, dann besteht die betroffene Norm aus EN CCCCC:YYYY, ihren vorangegangenen Änderungen, falls vorhanden, und der zitierten neuen Änderung. Die ersetzte Norm (Spalte 3) besteht folglich aus EN CCCCC:YYYY und ihren vorangegangenen Änderungen, falls vorhanden, aber ohne die zitierte neue Änderung. Ab dem festgelegten Datum besteht für die ersetzte Norm nicht mehr die Konformitätsvermutung mit den grundsätzlichen Anforderungen der Richtlinie.

Anmerkung 4:

Die Normenreihen EN 60061-1, -2, -3 und -4 haben eine besondere Struktur, und daher berührt das angegebene Datum für das Ende der Konformitätsvermutung nur die Arten, die durch die verschiedenen Änderungen modifiziert wurden.

Anmerkung 9:

EN 60335-2-9:2003 deckt die Schutzziele der Richtlinie 73/23/EWG nur ab, wenn in Verbindung damit die Stellungnahme der Kommission 2000/C 104/07 berücksichtigt wird.

Anmerkung 11:

EN 61242:1997 deckt die Schutzziele der Richtlinie 73/23/EWG nur ab, wenn in Verbindung damit die Stellungnahme der Kommission 2003/C 297/06 berücksichtigt wird.

Anmerkung 12:

EN 60335-2-27:1997 und EN 60335-2-27:2003 decken die Schutzziele der Richtlinie 73/23/EWG nur ab, wenn in Verbindung damit die Stellungnahme der Kommission 2004/C 275/03 berücksichtigt wird.

Dieses Verzeichnis ersetzt alle früheren, im *Amtsblatt der Europäischen Union* veröffentlichten Verzeichnisse.

30.08.2006 DE Amtsblatt der Europäischen Union C 208/89

Stichwortverzeichnis

A
Aerosolpackungen 38
Akkreditierung 20
allgemeine Leitsätze 17
Altgeräterichtlinie 84
Aufzüge 38

B
batteriebetriebene Geräte 75
Bauelemente 74
Baumusterprüfung 19
Bauprodukte 80
Bauprodukterichtlinie 61, 80
Bauteile 49
Begriffsbestimmungen 70
Bevollmächtigter 54, 72
Binnenmarkt 7, 11
Binnenmarktrichtlinien 21

C
CE-Kennzeichnung 20, 21, 54, 56, 86, 88
CE-Kennzeichnungs-Richtlinie 22

D
Druckbehälter 38
Druckgeräte 38

E
EG-Vertrag 11, 14, 15
Einheitliche Europäische Akte 14
elektrische Betriebsmittel 38, 73
EMV-Richtlinie 79
Energieverbrauchs-Kennzeichnungs-Richtlinie 85
Erste Verordnung 39
europäisch harmonisierte Normen 38
explosionsgefährdete Bereiche 38

F
formeller Einwand 18
Fundstellen der nationalen Normen 42

G
Gasverbrauchseinrichtungen 38
Gebrauchsgegenstände 37
Geltungsbereich 48, 49, 68, 73
Geräte- und Produktsicherheitsgesetz 36
globales Konzept 18
grundlegende Sicherheitsanforderungen 13
GS-Zeichen 21

H
harmonisierte Normen 13, 17, 18, 78, 93
harmonisierter Bereich 37
Haushaltssteckvorrichtungen 76
Hersteller 54, 72

I
Importeur 56, 73
Informationsverfahren 12
Inverkehrbringen 36, 70, 77

K
Komponenten 75
Konformität 52
Konformitätsbewertung 54
Konformitätsbewertungsverfahren 18, 86
Konformitätserklärung 56, 86, 89, 90
Konformitätsvermutung 87

L
Leitfaden 44, 46

M
Mandate 16, 17
Marktüberwachung 43
Maschinen 38
Maschinenrichtlinie 57, 59, 82

N
neuer Ansatz 13
New Approach 7
Nichtkonformität 91
Niederspannungsrichtlinie 17, 21, 25, 47
Normen 12, 16
Normenorganisationen 92
Normung 16
notifizierte Stellen 92, 93
Notifizierung 20

O
Öko-Design Richtlinie 85

P
persönliche Schutzausrüstungen 38
Produkt 37
Produktzertifizierung 19

Q
Qualitätssicherung 19

R
Richtlinie über Aufzüge 63
Richtlinie über die allgemeine Produktsicherheit 64
Richtlinie über Funkanlagen und Telekommunikationsendeinrichtungen 81
Richtlinie über Funkanlagen und Telekommunikationsendgeräte 62
Richtlinie über Gasverbrauchseinrichtungen 63, 81
RoHS-Richtlinie 84

S
Schutzklauselverfahren 91
Sicherheitsanforderungen 51
Sicherheitsaspekte 50
Sicherheitsziele 77
Spannungsgrenzen 73, 75
Spielzeug 38
Sportboote 38
Stand der Technik 16

T
technische Arbeitsmittel 37
technische Harmonisierung 7, 13, 16
technische Rechtsangleichung 12
technische Unterlagen 54, 55, 86, 87
technische Vorschriften 12

V
Verantwortung im Rahmen des Normungsverfahrens 18
Verbraucherprodukte 37
Vermutung der Konformität 16
Vermutungswirkung 14
Verordnungen 38

W
widerlegbare Vermutung 38

Z
Zertifizierung 18
zugelassene Stellen 42